高等学校规划教材·电子、通信与自动控制技术

MATLAB 语言及控制系统仿真

马　静　缑林峰　编著

西北工业大学出版社

西安

【内容简介】 本书系统阐述了 MATLAB 语言的基础知识及其在控制系统数字仿真中的应用。本书共分为 13 章:第 1 章 MATLAB 概述;第 2 章 MATLAB 的矩阵运算;第 3 章 MATLAB 的符号运算;第 4 章 MATLAB 的数值分析和处理;第 5 章绘图及数据可视化;第 6 章 MATLAB 程序设计;第 7 章 Simulink 仿真与应用;第 8 章 MATLAB 与控制系统仿真概述;第 9 章控制系统数学模型的建立和求解;第 10 章控制系统的时域分析;第 11 章控制系统的根轨迹分析;第 12 章控制系统的频率特性分析;第 13 章控制系统的校正。另外,本书还配套有 9 个和本书内容对应的实验,用于上机练习。

本书可作为高等学校相关专业的教学用书,也可作为相关科研人员的参考用书,同时还适用于对 MATLAB 语言感兴趣的读者。

图书在版编目(CIP)数据

MATLAB 语言及控制系统仿真 / 马静,缑林峰编著
. — 西安 : 西北工业大学出版社,2022.8
高等学校规划教材. 电子、通信与自动控制技术
ISBN 978 - 7 - 5612 - 8204 - 5

Ⅰ. ①M⋯ Ⅱ. ①马⋯ ②缑⋯ Ⅲ. ①自动控制系统-
系统仿真- Matlab 软件 Ⅳ. ①TP273 - 39

中国版本图书馆 CIP 数据核字(2022)第 137684 号

MATLAB YUYAN JI KONGZHI XITONG FANGZHEN
MATLAB 语 言 及 控 制 系 统 仿 真
马静　缑林峰　编著

责任编辑:刘　敏　李阿盟		策划编辑:何格夫	
责任校对:孙　倩		装帧设计:李　飞	

出版发行:西北工业大学出版社
通信地址:西安市友谊西路 127 号　　邮编:710072
电　话:(029)88491757,88493844
网　址:www.nwpup.com
印 刷 者:陕西奇彩印务有限责任公司
开　本:787 mm×1 092 mm　　1/16
印　张:25
字　数:656 千字
版　次:2022 年 8 月第 1 版　　2022 年 8 月第 1 次印刷
书　号:978 - 7 - 5612 - 8204 - 5
定　价:90.00 元

前　　言

　　MATLAB(Matrix Laboratory)是一种专业的计算机语言,它以工程科学的矩阵数学运算为基础,已发展成为一种灵活的计算体系,用于解决各种重要的技术问题。目前,MATLAB是国际上最优秀的科技应用软件之一。它以强大的科学计算与可视化功能、开放式可扩展环境、简单易学以及使用方便等一系列优点,成为各行各业计算机辅助设计和分析、算法研究和应用开发的卓越平台,特别是其还附带丰富的、面向各个领域的工具箱,使其应用范围覆盖了当今几乎所有的工业领域。

　　本书旨在培养高等院校理科、工科、管理等各专业学生解决实际工程计算问题的能力,使读者能够掌握 MATLAB 语言的基础知识,并能熟练运用它去解决一些基本问题。

　　本书结合实际设计、仿真和计算等问题,主要介绍 MATLAB 软件的安装、构成、原理、应用和使用方法等。本书依照计算机语言学习的层次分为以下三部分。

　　第一部分介绍 MATLAB 语言的基础知识,包括常用命令、矩阵计算、数值计算、符号计算、绘图、程序设计和 Simulink 仿真工具软件,突出了新版软件的特点,对一些指令、函数的变化、常用的 GUI 界面工具箱也进行了介绍。

　　第二部分介绍 MATLAB 在控制系统仿真中的应用,包括时域、复域和频域中的系统建模、分析和设计,并结合具体实例和自动控制专业理论加以说明。

　　第三部分介绍 9 个具有针对性的上机实验,包括基础知识和应用方法的演示操作、基本练习和综合设计等,使学生能够循序渐进地掌握本书的重点,并学以致用。

　　本书每章的最后都附有相关的习题,便于学生及时巩固在课堂上所学的内容。本书中的所有示例程序均在 MATLAB 2021a 版本软件中进行了验证。

　　在编写本书的过程中,得到了西北工业大学动力与能源学院动力控制与测试系教师和研究生的大力支持,在此深表感谢! 同时对研究生鲁鹏等给予的支持也表示感谢!

　　在编写本书的过程中,参阅了部分国内外文献资料和高等院校的有关教材,在此谨对原作者深表感谢。

　　由于水平有限,书中难免有不妥之处,希望能够得到各位读者的批评和帮助。

编著者

2022 年 4 月

目　　录

第一部分　　MATLAB 语言

第二部分　基于 MATLAB 的控制系统仿真

第三部分　上机实验

第一部分　MATLAB 语言

第 1 章　MATLAB 概述

　　MATLAB 作为解决复杂问题的强大的科学计算软件,将高性能的数值计算和可视化集成在一起,是一种高性能的工程计算语言,已成为线性代数、自动控制理论、数字信号处理、时间序列分析、动态系统仿真、图像处理等诸多领域的基本教学工具,也被广泛地用于研究和解决各种具体的工程问题。本章主要对 MATLAB 的发展、特点、工作环境、命令窗口应用和帮助系统等进行介绍,这些都是后续进行深入学习的基础。

1.1　MATLAB 的发展简史

　　20 世纪 70 年代中期,美国新墨西哥州大学计算机系系主任 Cleve Moler 博士以 FORTRAN 语言为基础开发了 LINPACK(解线性方程)和 EISPACK(特征值求解)两个子程序库,这两个子程序库代表了当时矩阵运算的最高水平。他将这个程序取名为 MATLAB,其名称是由 Matrix 和 Laboratory(矩阵实验室)两个单词的前三个字母所组成的。该程序一出现就受到了学生的广泛欢迎,在多所大学里作为教学辅助软件使用,并作为面向大众的免费软件广为流传。

　　1984 年,Stanford 大学的 Jack Little 用 C 语言重新编写了 MATLAB 的核心,并和 Cleve Moler 博士一起成立了 MathWorks 公司,首次推出了 MATLAB 商用版,并很快就占据了大部分数学计算软件的市场。

　　1992 年,MATLAB 4.0 版本被推出。它支持 Windows 3.x,并且增加了 Simulink, Control,Neural Network,Signal Processing 等专用工具箱。

　　1993 年 11 月,MathWorks 公司推出了 MATLAB 4.1,其中主要增加了符号运算功能。当此软件升级至 MATLAB 4.2 时,这一功能得到了广泛应用。

　　1997 年,MATLAB 5.0 版本问世了。它实现了真正的 32 位运算,加快了数值计算,图形表现也有效。

　　2001 年初,MathWorks 公司推出了 MATLAB 6.0(R12)。

　　2002 年 7 月,MathWorks 公司推出了 MATLAB 6.5(R13)。在这一版本中,Simulink 升级到了 5.0,性能有了很大的提升,另一大特点就是推出了即时编译(Just In Time,JIT)程序加速器,MATLAB 的计算速度有了明显的提高。

　　2005 年 9 月,MathWorks 公司推出了 MATLAB 7.1(Release14 SP3)。在这一版本中, Simulink 升级到了 6.3,软件性能有了新的提高,用户界面更加友好。值得说明的是, MATLAB V7.1 版采用了更加先进的数学程序库,即"LAPACK"和"BLAS"。

　　此后从 2006 年开始,MATLAB 就不再以版本号命名,而是采用与发布时间一致的建造编号,并采用 a 和 b 分别表示每年上半年和下半年更新的版本。其中比较有特色的版本有如下几个。

2008 版最重大的突破功能是推出了 Simscape 语言，可在 Simulink 环境中创建物理建模的组件和非因果仿真域。另外，Parallel Computing Toolbox（并行计算工具箱）能让用户制作并发布并行 MATLAB 应用程序，这些程序既可作为独立的可执行文件，也可作为计算机集群使用的软件组件。

2014 版 MATLAB 的更新包括新的图形系统、大数据的新增支持、代码打包与分享功能、源控制集成以及支持模型搭建加速与连续仿真运行的 Simulink 新功能。

2017 版的突出特色是：在深度学习方面使用 DAG 和 LSTM 网络，采用一个应用程序给图像加标签，执行语义分割，为 NVIDIA GPU 生成 CUDA 代码；在数据分析方面采用文本分析、自定义的数据存储、更多大数据可视化工具和机器学习算法，以及 Microsoft Azure Blob 存储支持；在实时软件建模方面对用于软件环境的调度效果进行建模并实现可插入式组件；还有验证和确认用于需求建模、测试覆盖率分析和合规性检查的新工具。

2018 版实现了深度学习，深度神经网络的数据准备、设计、仿真和部署/探查数据，构建机器学习模型，执行预测性分析，在虚拟三维环境下对车辆动力学进行建模和仿真，设计和测试状态监控和预测性维护算法。

2019 版使用强化学习来开发控制器和决策系统，在 NVIDIA DGX 和云平台上训练深度学习模型，并将深度学习应用于三维数据，并使用 System Composer 设计分析系统与软件架构。Stateflow 使用状态机与流程图进行决策逻辑的建模和仿真。

2020 版将 MATLAB 应用程序和 Simulink 仿真作为基于浏览器的 Web 应用程序共享，Simulink Compiler 将仿真作为独立的可执行程序、Web 应用程序和功能样机单元（Functional Model Unit，FMU）共享从 MATLAB 类生成 C++ 类，使用 MATLAB 进行无线设计。

2021 版新增了 DDS Blockset、雷达工具箱、卫星通信工具箱，在 Aerospace Toolbox 等工具箱进行了功能更新，深度学习工具箱提供了用于创建和互连深度神经网络各层的简单 MATLAB 命令，并且能够从 MATLAB 2021a 中直接调用以 Perl、Java、ActiveX 或 .NET 编写的库，可以将许多支持 XML 或 SQL 的库用作 Java 或 ActiveX 库的包装。

目前，MATLAB 软件支持多种系统平台，如常见的 Windows NT/XP/7/8/10、UNIX、Linux 等。

1.2　MATLAB 的系统构成

MATLAB 系统主要由桌面工具和开发环境、数学函数库、编程语言、图形处理、应用程序接口（Application Programming Interface，API）和 Simulink 平台六大部分构成。

1. 桌面工具和开发环境

MATLAB 开发环境是一套方便用户使用 MATLAB 函数和文件的工具集，其中许多工具是图形化用户界面，方便用户使用 MATLAB 的函数和文件。它还是一个集成化的工作空间，可以方便用户输入、输出数据，并提供了 M 文件的集成编译和调试环境。它包括桌面、命令窗口、M 文件编辑调试器、工作空间和帮助文档等。

2. 数学函数库

MATLAB 数学函数库包含了丰富、全面的计算算法，从初等函数（如加法、正弦、余弦）到复杂的高等函数(如矩阵求逆、矩阵特征值、傅里叶变换)。

3.编程语言

MATLAB 编程语言是一种基于矩阵和数组的高级编程语言,其主要特点是程序流控制、函数、数据结构、输入/输出和面向对象编程。它可以用来快速编写简单的程序,也可以用来编写复杂的应用程序。用户可以在命令行窗口将输入语句与执行命令同步,来创建快速抛弃型程序,也可以先编写 M 文件再一起运行,方便创建大型应用程序。

4.图形处理

MATLAB 图形处理系统能够方便地图形化显示向量和矩阵类型的数据,可以利用相关函数显示二维及三维的函数图形、进行图像处理和动画显示等,而且能够方便地对图形进行注解和打印,实现数据的可视化。

5.应用程序接口

MATLAB 应用程序接口(API)是一个使 MATLAB 语言能与 C、Fortran 等其他高级编程语言进行交互的函数库,该函数库的函数通过调用动态链接库(Dynamic Link Library,DLL)实现与 MATLAB 文件的数据交换。MATLAB 有三种类型的应用程序接口:外部程序调用接口、MAT 文件应用程序、计算引擎。

6.Simulink 平台

Simulink 平台是 MATLAB 提供的实现动态系统建模和仿真的一个软件包,支持图形用户界面。它由模块搭建系统,使用户把精力从编程转向模型构造和系统分析。通过此方法构造模型可以使用户省去许多重复的代码编写工作。

1.3　MATLAB 的主要优点

MATLAB 在学术界和工程界广受欢迎,其主要优点有以下几个方面。

1.编程和建模直观、简便

MATLAB 语言是以 C 语言为基础的,因而语法与 C 语言极为相似,而且更加简单。MATLAB 是一种以矩阵为基础的高级语言,即用户可以在命令窗口输入语句的同时同步执行命令,也可执行预先写好的大型程序,然后再进行调试、修改和运行。尤其是 Simulink 平台将各种功能模块化,可以直接用鼠标拖放模块,建立信号连接,进行建模。它用模块进行控制系统和控制对象建模,每个子模块的参数可以单独设置和修改,不影响其他模块的运行,从而给系统的扩展带来了方便。由于被控对象的模块化和标准化,所以采用不同控制模块可以对比出不同控制方式的优劣,从中选择最佳的控制算法。

2.提供了大量的工具箱函数

MATLAB 工具箱(TOOLBOX)实际上是一些高度优化并且是面向专门应用领域的函数的集合,它可以方便地实现用户所需的各种计算功能。函数所能解决的问题大致包括矩阵运算和线性方程组的求解、微分方程及偏微分方程组的求解、符号运算、傅里叶变换和数据的统计分析、工程中的优化问题、稀疏矩阵运算、复数运算、三角函数和其他初等函数运算、多维数组以及建模动态仿真等。

另外,MATLAB 也提供了许多可供科学研究和工程应用的专用工具箱,以帮助用户解决各个具体领域的复杂问题。如能帮助用户解决自动控制、图像处理、信号处理、神经网络、半实物仿真、嵌入式系统开发、电力系统仿真等其他许多领域的一些复杂问题。

3.具有强大的图形处理功能

MATLAB 有许多的画图和图像处理命令,能够使数据可视化,以不同维数的图形表现出来,充分体现了一维、二维、三维及四维数据的特征,同时还可以对图形进行色度和光照处理,甚至以动态图形的形式进行表现。这些功能使得 MATLAB 成为一个能够形象化技术数据的卓越工具。

4.具有多功能的用户图形界面

MATLAB 在图形用户界面(Graphical User Interface,GUI)的设计上做了很大改善,提供了多种交互式的用户图形界面,尤其是新的版本中开发了多种 GUI 界面。利用 MATLAB 的这种功能,程序员可以设计出相对于无经验的用户也可以操作的复杂的数据分析程序。

此外,为用户使用工具箱方便,MATLAB 还提供了大量的基于 GUI 界面的集成工具箱,如神经网络工具箱(nntool)、最优化工具箱(optimtool)、小波分析工具箱(wavemenu)、模糊工具箱(fuzzy)、函数拟合工具箱(cftool)等。

5.具有方便的程序接口和发布平台

用户既可以利用 MATLAB 编译器和 C/C++数学库和图形库,将 MATLAB 程序自动转换为独立于 MATLAB 运行的 C 和 C++代码,也可以编写和 MATLAB 进行交互的 C 或 C++语言程序。MATLAB 与外部程序的编程接口分为两类:在 MATLAB 中调用其他语言编写的程序和在其他语言里调用 MATLAB。

另外,还有一个重要特点就是网页服务程序容许在 Web 应用中使用自己的 MATLAB 数学和图形程序。

1.4　MATLAB 中的文件类型

MATLAB 中根据文件的建立目标和用途有不同类型的文件,主要的文件类型有以下几种。

(1)m 文件(以.m 为扩展名):包括脚本文件或者函数文件,脚本文件类似于其他高级语言中的主程序函数,而函数文件类似于子程序或被调函数,当然两者都有 MATLAB 自身的特点和优势,后面结合各章内容需要将会详细介绍。

(2)mat 文件(以.mat 为扩展名):是数据存储文件,以二进制文件 ASCII 码形式保存和加载。在工作空间窗口中显示的变量数据都是以 MAT 文件格式存储。

(3)asv 文件(以.asv 为扩展名):是 auto save 文件的缩写,为 m 文件的备份文件,可以在 Preference 菜单中进行设置。

(4)mdl 文件(以.mdl 为扩展名):是在 Simulink 仿真平台中建立的各种仿真模型时建立的模型文件,包含模型、贴图、所有动作以及脚本等文件。

(5)s 文件(以.s 为扩展名):是仿真文件。在 Simulink 仿真平台中通过编制仿真文件,用户创建个人仿真建模模块,在 MATLAB 中提供有相应模板便于用户编制仿真模块。

(6)mex 文件(以.mex 为扩展名):是 MATLAB Executable 的缩写,为可脱离 MATLAB 环境运行的可执行文件。

(7)sxl 文件(以.sxl 为扩展名):为 Simulink 仿真扩展文件。

（8）fig 文件（以.fig 为扩展名）：是用户界面窗口产生的图像文件。

（9）txt 文件（以.txt 为扩展名）：是文本文件。

（10）xml 文件（以.xml 为扩展名）：是可扩展标记语言文件，占用空间大，但易用、好操作。

（11）rpt 文件（以.rpt 为扩展名）：是 report generator 文件，使用 MATLAB 报告生成器自动生成报告。

（12）mlx 文件（以.mlx 为扩展名）：是实时代码文件，用于存储实时脚本和函数，使用 Open Packaging Conventions 技术，是 zip 文件格式的扩展。

1.5　MATLAB 的工作环境

1.5.1　MATLAB 的启动和退出

在操作系统中安装好 MATLAB 后，桌面上就会生成相应的快捷方式，可以双击此快捷方式的图标来启动 MATLAB，也可以选择"开始"→"程序"→"MATLAB"来启动。软件启动后的工作界面及各部分功能如图 1-1 所示，主要由标题栏、功能区、工具栏、当前目录窗口（Current Folder），即当前文件夹窗口、命令行窗口（Command Window）、工作区窗口（Workspace）和命令历史记录窗口（Command History）等构成，与早期版本相比更注重功能的划分和操作的简单。

在启动 MATLAB 且命令编辑区显示入门提示信息后，命令窗口将显示提示符"＞＞"，表示 MATLAB 已完成启动，正等待用户输入指令。键入命令，按回车键执行命令。若要同时执行多条命令，则各条命令之间用分号间隔开，最后按回车键执行。需要退出 MATLAB 时，可以用鼠标单击窗口的关闭图标，还可以在"文件"菜单（File）中选择"Exit"（在命令行窗口中输入"exit"或"quit"命令，也可以关闭 MATLAB）。

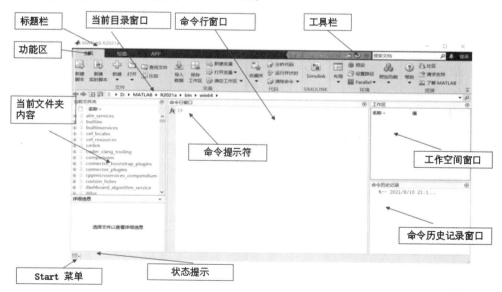

图 1-1　MATLAB 工作界面

1.5.2　MATLAB 工作界面

MATLAB 工作界面主菜单栏的菜单项有功能区和工具栏两部分。

1. 功能区

有别于传统的菜单栏的样式,MATLAB 用功能区这种形式来显示各种常用的功能命令,将所有的功能命令分类放置在 3 个选项卡中。

(1)"主页"选项卡。选择标题栏下方的"主页"选项卡,就会显示出基本的"新建脚本""新建实时脚本"和"新建"等命令,如图 1-2 所示。

图 1-2　"主页"选项卡

(2)"绘图"选项卡。选择标题栏下方的"绘图"选项卡,就会显示出关于图形绘制的编辑命令,如图 1-3 所示。这些命令的具体使用方法将在第 5 章中结合绘图做详细讲解。

图 1-3　"绘图"选项卡

(3)"APP(应用程序)"选项卡。选择标题栏下方的"APP(应用程序)"选项卡,就会显示出多种应用程序命令,如图 1-4 所示。这些命令的具体使用方法将在第 9 章中结合数学建模做详细讲解。

图 1-4　"APP(应用程序)"选项卡

2. 工具栏

功能区上方是工具栏,其中用图标的形式汇集了常用的操作命令。下面对按钮的功能做简要的说明。

:保存 M 文件。

:剪切、复制或粘贴已选中的对象。

:撤销或恢复上一次操作。

:切换窗口。

:打开 MATLAB 帮助系统。

:向前、向后、向上一级或浏览路径文件夹。

D: ▸ MATLAB ▸ R2021a ▸ 范例　　　　　　：当前路径的设置栏。

1.5.3　命令窗口及应用基础

命令窗口(Commond Window)为图 1-1 中间的窗口,在此命令窗口中可以直接输入命令行来实现计算或画图的功能,也可以使用这些命令打开各种 MATLAB 工具,而且还可以查看各种命令的帮助说明,如图 1-5 所示。

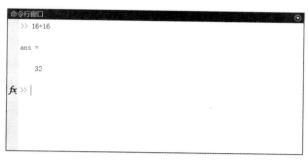

图 1-5　命令行窗口

下面通过简单的例子来演示命令窗口的计算。

在命令窗口中提示符后输入:

```
>> X=[1 2]          %创建矩阵 X
```

按回车键后得到如下结果:

```
X =
        1      2
```

★此后本书中 MATLAB 命令窗口显示的运行结果均用方框表示,以便和输入命令语句、程序相区别。

继续输入命令:

```
>> Y=X+1
```

按回车键后得到如下结果:

```
Y =
        2      3
```

通过上例可以简单了解命令窗口的使用方法。

下面介绍命令窗口中一些较常用的命令及操作。

1.命令窗口中输出数据格式的定义

在命令窗口中输出数据的格式,可以通过修改数值类型进行改变。命令窗口默认的数值类型为"short"短格式。修改数值类型的方法有两种。

一种方法是通过在 MATLAB 命令窗口执行 format 命令,从而重新定义输出格式,也可以在命令行窗口中输入"help format"来获得 MATLAB 内置帮助文档中的信息,如图 1-6 所示,还可以通过点击"format 的文档"得到如图 1-7 所示的反馈界面,从而获得关于"format"的信息,如语法、说明和示例等信息。

```
>> help format
format Set output format.
    format with no inputs sets the output format to the default appropriate
    for the class of the variable. For float variables, the default is
    format SHORT.

    format does not affect how MATLAB computations are done. Computations
    on float variables, namely single or double, are done in appropriate
    floating point precision, no matter how those variables are displayed.
    Computations on integer variables are done natively in integer. Integer
    variables are always displayed to the appropriate number of digits for
    the class, for example, 3 digits to display the INT8 range -128:127.
    format SHORT and LONG do not affect the display of integer variables.

    format may be used to switch between different output display formats
    of all float variables as follows:
        format SHORT     Short fixed point format with 4 digits after the
                         decimal point.
        format LONG      Long fixed point format with 15 digits after the
                         decimal point for double values and 7 digits after
                         the decimal point for single values.
        format SHORTE    Short scientific notation with 4 digits after the
                         decimal point.
        format LONGE     Long scientific notation with 15 digits after the
                         decimal point for double values and 7 digits after
                         the decimal point for single values.
        format SHORTG    Short fixed format or scientific notation,
                         whichever is more compact, with a total of 5 digits.
        format LONGG     Long fixed format or scientific notation, whichever
                         is more compact, with a total of 15 digits for
                         double values and 7 digits for single values.
        format SHORTENG  Engineering format with 4 digits after the decimal
                         point and a power that is a multiple of three.
        format LONGENG   Engineering format that has exactly 15 significant
                         digits and a power that is a multiple of three.

    format may be used to switch between different output display formats
    of all numeric variables as follows:
        format HEX       Hexadecimal format.
        format +         The symbols +, - and blank are printed
                         for positive, negative and zero elements.
                         Imaginary parts are ignored.
        format BANK      Currency format with 2 digits after the decimal
                         point.
        format RATIONAL  Approximation by ratio of small integers. Numbers
                         with a large numerator or large denominator are
                         replaced by *.

    format may be used to affect the spacing in the display of all
    variables as follows:
        format COMPACT   Suppresses extra line-feeds.
        format LOOSE     Puts the extra line-feeds back in.

    Example:
        format short, pi, single(pi)
    displays both double and single pi with 5 digits as 3.1416 while
        format long, pi, single(pi)
    displays pi as 3.141592653589793 and single(pi) as 3.1415927.

        format, intmax('uint64'), realmax
    shows these values as 18446744073709551615 and 1.7977e+308 while
        format hex, intmax('uint64'), realmax
    shows them as ffffffffffffffff and 7fefffffffffffff respectively.
    The HEX display corresponds to the internal representation of the value
    and is not the same as the hexadecimal notation in the C programming
    language.

    See also disp, display, isnumeric, isfloat, isinteger.

    format 的文档


    format 的文档

>>
```

图 1-6 "help format"命令执行结果

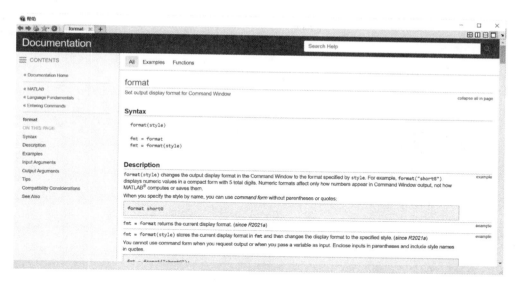

图 1-7　format 详细信息

MATALB 中提供的数据显示格式的控制命令如表 1-1 所示。

表 1-1　数据显示格式的控制命令

命　　令	功　　能
format	默认值,相当于 format short
format short	显示小数点后 4 位有效数字
format long	显示小数点后 15 位有效数字
format short e	用 5 位科学计数法表示
format long e	用 15 位科学计数法表示
format short g	从 format short 和 format short e 中选择最佳输出格式
format long g	从 format long 和 format long e 中选择最佳输出格式
format hex	用十六进制数表示
format rat	用近似的有理数表示
format compact	显示变量之间不加空行
format loose	显示变量之间加空行
format +	显示矩阵时,正数、负数、零分别用+、-、空格表示,而且忽略虚数

　　另一种方法是通过"主页"选项卡修改设置,从而重新定义输出格式,其具体步骤是:先点击"主页"选项卡中环境上的"预设"选项,然后在预设项目中选择命令行窗口,就可以对数值格式进行修改,从而重新定义输出格式,如图 1-8 所示。

图 1-8　预设对话窗口

2. 命令窗口中常用的操作命令

MATLAB 提供了一些常用的操作命令,如表 1-2 所示。

表 1-2　常用的操作命令

命　令	功　能
clear	将工作空间中的所有变量清除
clc	清除命令窗口中的所有指令
clf	清除图形窗口中的内容
who	显示出工作空间中的所有变量
whos	显示出工作空间中的所有变量及其信息
which filename	查找指定文件的路径
delete filename	删除指定文件
save filename	保存工作空间中的变量到文件 filename. mat
save filename a b	保存工作空间中的指定变量 a 和 b 到文件 filename. mat

续表

命　令	功　能
typefilename. m	在命令窗口查看文件 filename. m 内容
what	显示出当前目录下的 m 文件和 mat 文件
helpfuncname	查询指定命令的帮助信息

3. MATLAB 中的变量

MATLAB 并不要求对要使用的变量提前声明,也不需要提前指定变量类型。MATLAB 会自动根据所赋给变量的值或对变量所进行的操作来确定变量的类型。

在 MATLAB 中变量命名是以字母开头,后接字母、数字或下画线的字符序列,最多 63 个字符。在 MATLAB 中变量名还是区分字母的大小写的,比如 aa1 和 Aa1 表示不同的变量;变量名必须以字母开头,但不能包含空格和标点,比如 re_02 是合法的,re 02 是不合法的。

变量也可以通过赋值语句赋值:变量＝表达式,其中表达式是用运算符将有关运算量连接起来的式子。

4. 常用的 MATLAB 内部预定义变量

在 MATLAB 中系统预定了一些变量,这些变量是系统自带的。常用的预定义变量如表 1-3 所示。

表 1-3　常用的预定义变量

特殊变量	作　用
pi	圆周率 π
NaN	不定量,如 0/0
inf	无穷大量,加负号则为负无穷大量
ans	系统默认的计算输出变量名
eps	相对浮点精度
i 或 j	虚数单位
nargin	函数输入变量个数
nargout	函数输出变量个数

5. 命令窗口中的标点符号的功能

在 MATLAB 中标点符号有很大的作用。常用标点符号的功能如表 1-4 所示。

表 1-4　常用标点符号的功能

名　称	符　号	功　能
空格		用于输入变量之间的分隔符及矩阵行元素之间的分隔符
逗号	,	分隔符
分号	;	用于命令行的结尾,使其计算结果不显示;矩阵行之间的分隔符

续表

名　称	符　号	功　　能
百分号	%	注释标识符,其后面的内容为注释,不需要执行
单引号	' '	用于表示字符串
下画线	—	用于变量、函数或文件名中的连字符
续行号	…	输入命令较长时,需要换行,此时需要续行号连接上下行

6. 调用外部程序

在 MATLAB 中还可以通过命令来调用外部程序,即可以在不退出 MATLAB 运行的情况下,直接调用外部程序。

调用外部程序的命令函数为 dos。利用 dos 函数可以调用相当多的系统程序,比如调用任务管理器,其调用格式如下:

> >>dos('taskmgr.exe')

按回车键运行后,就可以打开任务管理器。

再比如调用 Windows 的命令行提示符程序:

> >> dos('cmd.exe')

按回车键运行后,显示的内容如图 1-9 所示。

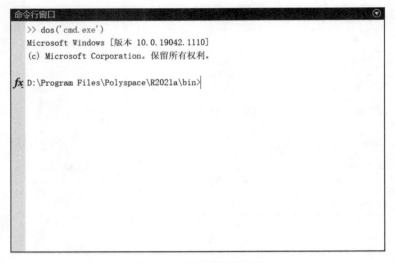

图 1-9　打开任务管理器

在命令窗口提示符处输入要打开的外部程序,也可以同样将其调用,如仍要调用任务管理器,则只需在提示符处输入"taskmgr.exe"即可,如图 1-10 所示。

如果要退出命令行提示符程序,则在提示符处输入"exit"指令即可,如图 1-11 所示。

上一个简单的例子说明了调用外部程序的过程,其他外部程序的调用也是如此。

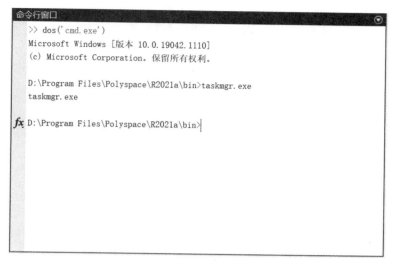

图 1-10　打开外部程序

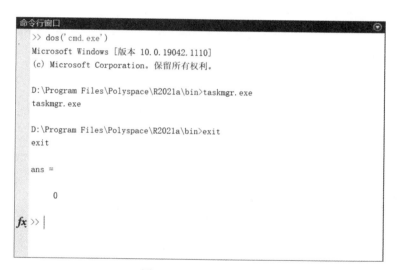

图 1-11　退出命令行

1.5.4　工作空间窗口

工作空间窗口用于显示所有 MATLAB 工作空间中的变量名、数据结构、类型和大小,不同的变量类型有不同的变量名图标。在默认情况下工作空间窗口位于工作界面左上侧,单独显示时如图 1-12 所示。

1. 通过命令管理变量

MATLAB 提供了一些管理和查看内存变量的命令,通过这些命令可以方便地完成保存、加载、删除及查看工作空间中变量的操作。这些操作命令已经在表 1-2 中介绍,在此不做重复介绍。

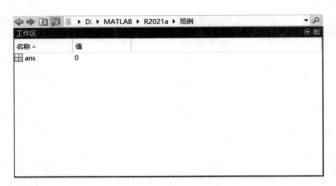

图 1-12　单独显示工作空间窗口

2. 在工作空间中直接管理变量

除了通过命令对变量进行管理外,还可以在工作空间中直接对变量进行操作,如对变量进行观察、编辑、提取和保存等操作。操作的具体方法如表 1-5 所示。

表 1-5　工作空间主要应用功能

功　能	操　作
变量的字符显示	选中若干个变量,单击鼠标右键,选择【打开所选内容】菜单项,则在变量编辑器 Variable Editor 中显示该变量;或者双击该变量,效果相同
内存变量保存为 MAT 文件	选中若干个变量,单击鼠标右键,选择【另存为】菜单项,则可把选中的变量保存为数据文件
删除内存变量	选中若干个变量,单击鼠标右键,选择【删除】菜单项,则可把选中的变量删除
重命名变量	选中单个变量,单击鼠标右键,选择【重命名】菜单项,即可对变量进行重命名
复制变量	选中若干个变量,单击鼠标右键,选择【复制】菜单项,即可复制变量
数据输入	点击 MATLAB 窗口的【主页】→【导入数据】可直接打开"输入向导",然后选择要输入的数据,导入工作空间
编辑变量	选中单个变量,单击鼠标右键,选择【编辑值】菜单项,则可修改选中的变量的值
新建变量	在工作空间的空白处,单击鼠标右键,选择【新建】菜单项,则可新建一个空变量
变量的图形显示	此功能只针对变量值为多元素数值矩阵的变量,选中此类单个变量,右击,选择绘图方式,则将变量值以图形的方式显示

注意:创建变量或者创建 M 文件时,变量名或文件名不能与 MATLAB 内建函数或命令重名,否则容易出现编程错误。

1.5.5　历史命令窗口

历史命令窗口用于记录所有命令窗口中执行过的命令。窗口中首先记录每次的启动时间,并记录在命令窗口输入的命令,此次运行期间,输入的所有命令被记录为一组,并以此次启动时间为标志。利用历史命令窗口可以查看命令窗口输入过的命令或语句,也可以选择一条或多条命令实现拷贝、执行、创建 M 文件等。

在默认情况下历史命令窗口为弹出状态,可在主页选项卡中通过"布局"→"命令历史记录"→"停靠"使其固定显示在 MATLAB 工作界面中,如图 1-13 所示。

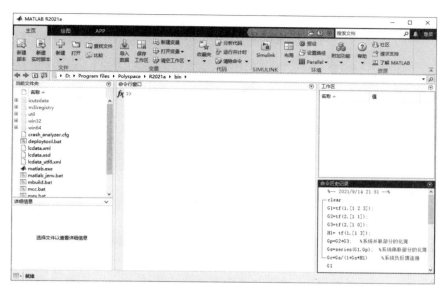

图 1-13　显示历史命令窗口的 MATLAB 工作界面

1.5.6　MATLAB 搜索路径

　　MATLAB 是通过搜索路径来查找所有(M、MAT、MEX)文件的。MATLAB 将这些文件都存放在一组结构严整的目录上,再把这些目录按优先顺序设计为"搜索路径"上的各个节点,此后,MATLAB 工作时,就沿着搜索路径,从搜索目录上寻找所需要调用的文件、函数和数据。

　　MATLAB 提供了搜索路径管理窗口。选择 MATLAB 主窗口"主页"选项卡中的"设置路径"选项,就可以进入如图 1-14 所示的设置搜索路径对话框。

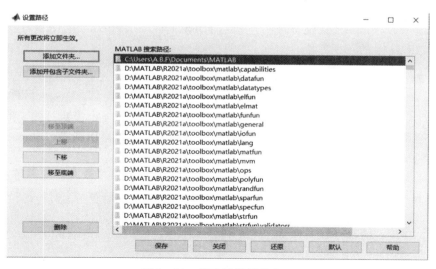

图 1-14　搜索路径管理窗口

图 1-14 中搜索路径管理窗口中按钮的功能如下。

(1)【添加文件夹】按钮：将指定文件夹添加到搜索路径中。

(2)【添加并包含子文件夹】按钮：可以一次将指定的目录及子目录添加到路径中，添加的文件夹位于路径最上方。

(3)【移至顶端】和【移至底端】按钮：可以将选定的文件夹移动到最上面和最下面。

(4)【上移】和【下移】按钮：可以将选定的文件夹上移和下移一个位置。

(5)【删除】按钮：在搜索路径上删除指定的文件夹。

(6)【保存】按钮：将修改后的搜索路径保存，以便下次启动 MATLAB 时能够应用新的设置。若没保存，则修改后的路径设置只能在本次任务中起作用。

(7)【还原】按钮：恢复搜索路径的默认设置。

修改搜索路径时，还可以利用指令 path 设置路径。

假设要把目录 D:\Program Files\MATLAB\filename 添加到搜索路径中，那就可以通过如下的指令来实现：

```
path(path,'D:\program files\MATLAB\filename')
```

上述指令将目录 D:\Program Files\MATLAB\filename 设置到搜索路径的尾端。

```
path('d:\program files\MATLAB\filename',path)
```

上述指令将目录 D:\Program Files\MATLAB\filename 设置到搜索路径的首端。

值得说明的是，用 path 指令设置的搜索路径仅在当前 MATLAB 环境下有效，也就是说，在 MATLAB 重启后，前面的设置就失效了。还可以使用 pathtool 命令拓展目录。在 MATLAB 命令行窗口中输入 pathtool 命令，将进入如图 1-14 所示的 MATLAB 设置搜索路径对话框。

1.6 MATLAB 的帮助系统

MATLAB 提供了大量的函数和命令，也提供了联机帮助系统，选中如图 1-15 所示的"主页"→"帮助"下拉菜单中文档、示例和支持网站中任一项，就可以打开 MATLAB 联机帮助系统窗口。通过 MATLAB 系统自带的帮助功能可以学习 MATLAB 的使用，还可以方便地获得有关函数和命令的使用方法。

图 1-15 "帮助"下拉菜单

1.6.1　帮助命令

使用 MATLAB 的帮助功能,最简捷的方式是在命令窗口通过帮助命令对特定的内容进行快速查询。帮助命令包括 help 命令、lookfor 命令和其他常用的帮助命令。

1. help 命令

help 命令是查询函数语法的最基本方法,查询信息直接显示在命令窗口。在命令窗口中直接输入 help 命令将会显示当前帮助系统中包含的所有项目,即搜索路径中所有的目录名称。帮助命令有 help、help＋函数(类)名、helpwin 和 helpdesk,其中后两个命令是用来调用 MATLAB 联机帮助窗口的。

要查询某一函数的帮助说明时,输入 help＋函数名就可以在命令窗口中显示该函数的帮助说明。例如,为了显示 sin 函数的使用方法和功能,可以使用如下命令:

```
>>help sin
```

命令窗口会显示如下帮助信息:

```
sin 一参数的正弦,以弧度为单位
此 MATLAB 函数返回 X 的元素的正弦。sin 函数按元素处理数组。该函数同时接受实数和复数
输入。对于 X 的实数值,sin(X) 返回区间 [-1, 1] 内的实数值。对于 X 的复数值,sin(X) 返回复
数值。
    Y = sin(X)
另请参阅 sind, asin, asind, sinh, sinpi
    sin 的文档
```

MATLAB 按照函数的不同用途把函数分别存放在不同的子目录下,用相应的帮助命令可显示一类函数。例如,所有的专业数学函数均存放在 specfun 子目录中,用如下的命令可显示所有的专业数学函数。

```
>>help specfun
```

2. lookfor 命令

help 命令只搜索与关键字完全匹配的结果,而 lookfor 命令还对搜索的范围内的 M 文件进行搜索,条件比较宽松。同时在不知道某个函数确切名称的情况下,可以利用 lookfor 函数进行搜索。例如,因为不存在 inverse 函数,故输入如下命令:

```
>>help inverse
```

其搜索结果为

```
inverse not found.
```

而执行如下命令:

```
lookfor inverse
```

将得到 M 文件中包含 inverse 的全部函数:

```
ifft              - Inverse discrete Fourier transform.
ifft2             - Two-dimensional inverse discrete Fourier transform.
ifftn             - N-dimensional inverse discrete Fourier transform.
ifftshift         - Inverse FFT shift.
datafuntinv       - Compute Student's t inverse cumulative distribution function
acos              - Inverse cosine, result in radians.
acosd             - Inverse cosine, result in degrees.
acosh             - Inverse hyperbolic cosine.
acot              - Inverse cotangent, result in radian.
acotd             - Inverse cotangent, result in degrees.
acoth             - Inverse hyperbolic cotangent.
acsc              - Inverse cosecant, result in radian.
acscd             - Inverse cosecant, result in degrees.
acsch             - Inverse hyperbolic cosecant.
asec              - Inverse secant, result in radians.
asecd             - Inverse secant, result in degrees.
asech             - Inverse hyperbolic secant.
asin              - Inverse sine, result in radians.
asind             - Inverse sine, result in degrees.
asinh             - Inverse hyperbolic sine.
atan              - Inverse tangent, result in radians.
atan2             - Four quadrant inverse tangent.
```

......

1.6.2 帮助窗口

MATLAB 帮助窗口相当于一个显示帮助信息的浏览器。使用帮助窗口可以搜索和查看所有 MATLAB 的帮助文档,还能运行有关的演示程序。

一般可以通过以下两种方法打开 MATLAB 帮助窗口。

(1)单击 MATLAB 主窗口工具栏中的 ❓ 按钮。

(2)在命令窗口中运行 helpwin、helpdesk 或 doc 命令。

MATLAB 的帮助窗口如图 1-16 所示,包括左边的帮助目录和右边的帮助显示窗格两部分。用户在左边的帮助向导窗格选择帮助项目图标,系统将在右边的帮助显示窗格中显示对应的帮助信息。

MATLAB 除了有超文本格式的帮助文档外,还有 PDF 格式的帮助文档。PDF 格式文档可用 Adobe Acrobat Reader 软件进行阅读。

1.6.3 联机演示系统

对于 MATLAB 初学者,该软件自带的演示系统非常有用。打开该系统,选择 MATLAB 主窗口功能区的"主页"→"帮助"→"示例"选项,或者直接在 MATLAB 联机帮助窗口中选择"MATLAB Example"选项卡,或者直接在命令行窗口中输入"demos"命令,都将进入 MATLAB 帮助系统的主演示界面,打开的演示系统如图 1-17 所示。

图 1-17 的左边是演示选项超链接,用户单击某个选项超链接即可进入具体的演示界面,具体内容在右边显示,如图 1-18 所示。

图 1-16　MATLAB 帮助窗口

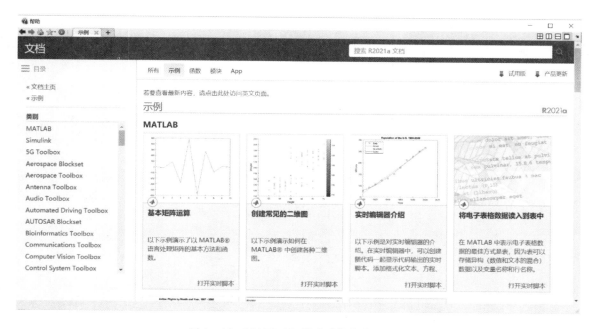

图 1-17　MATLAB 帮助系统主演示界面

　　单击界面上的"打开实时脚本"按钮,打开该实例,运行此实例可以得到如图 1-19 所示的数值结果。

图 1-18 具体演示界面

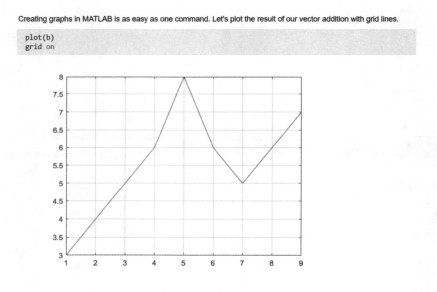

图 1-19 部分运行结果

习 题 1

1. 在电脑上安装 MATLAB 2021a 以上版本,熟悉其安装过程和工作界面。

2. 总结 MATLAB 中的变量命名规则。

3. 在命令窗口中输入以下语句,分别计算半径为 3 cm 的圆的周长和面积。

```
>>R=3;           %圆的半径
>>S=pi * 3^2;        %圆的面积
>>L=2 * pi * 3;       %圆的周长
```

（1）分别在工作空间窗口和命令窗口查询所产生变量；

（2）比较这些语句后面的分号去除前后运行结果的异同。

4.在 MATLAB 中如何获得 cos 函数的帮助？举例说明帮助文件的基本结构。

第 2 章　MATLAB 的矩阵运算

在数学中,矩阵(Matrix)是一个按照长方阵列排列的复数或实数集合,它是线性代数的基本运算单元。MATLAB 支持线性代数所定义的全部矩阵运算。本章将向量看作特殊的矩阵,主要讲述矩阵的表示、寻访、运算、分解以及矩阵在线性方程组求解中的应用。

2.1　矩阵的表示

2.1.1　基本矩阵的创建

MATLAB 的强大功能之一体现在能直接处理矩阵或向量,因此首要任务是创建矩阵。

1. 实数矩阵

方法 1:不管是矩阵还是向量,都可以直接按行方式输入每个元素来完成创建:同一行中的元素用逗号(,)或者用空格符来分隔,且空格符个数不限;不同的行用分号(;)分隔。矩阵的所有元素处于一对方括号([ ])内。

例如:

```
>>X=[11 12 12 34 56 78 910]
```

```
X =
    11   12   12   34   56   78   910
```

```
>> X=[3.35   4.85;   5.67   9.32]
```

```
X =
    3.35   4.85
    5.67   9.32
```

```
>>X=[123;234;345]
```

```
X =
   123
   234
   345
```

```
>>X = [ ] %生成一个空矩阵
```

```
X =
    []
```

方法 2:除了上述用直接输入的方式创建矩阵外,还有一种较常用的矩阵创建方式,即利

用冒号":"来创建矩阵,其格式为:

　　X=first:increment:last

此创建方式表示创建一个从 first 开始,至 last 结束,增量为 increment 的数组。用冒号表示定义数据元素之间的增量,若增量 increment 为 1,则可省略不写。当 increment 为正值时,则必须有 first< last;当 increment 为负值时,则必须有 first>last;否则,创建的为空向量。

例如:

```
>> X=1:5
```

```
X =
    1    2    3    4    5
```

```
>> X=1:2:7
```

```
X =
    3    5    7
```

```
>> X=5:-1:1
```

```
X =
    5    4    3    2    1
```

方法 3:利用函数 linspace 也可以生成一个矩阵。函数 linspace 的基本语法为:

　　x= linspace(x1, x2, n)

该函数生成一个由 n 个元素组成的行向量,其中 x1 为其第一个元素;x2 为其最后一个元素;x1、x2 之间元素的间隔为 $(x2-x1)/(n-1)$。如果忽略参数 n,则系统默认生成 100 个元素的行向量。

例如:

```
>> x=linspace(1,3,10)
```

```
x =
    1.0000    1.2222    1.4444    1.6667    1.8889    2.1111    2.3333
```

2. 复数矩阵

方法 1:以虚数单位 i 或 j 作为虚部标识,直接写每一个复数,再参照产生实数矩阵的方式完成复数矩阵的创建。

例如:

```
>> a=2.7;b=13/25;
>> C=[1,2*a+i*b,b*sqrt(a); sin(pi/4),a+5*b,3.5+1]
```

```
C=
    1.0000    5.4000 + 0.5200i    0.8544
    0.7071    5.3000              4.5000
```

方法 2:分别创建实部矩阵和虚部矩阵,再通过虚数单位 i 或 j 将两者联系起来构成复数矩阵。

例如:

```
>> R=[1 2 3;4 5 6], M=[11 12 13;14 15 16]
```

```
R =
    1    2    3
    4    5    6
M =
    11   12   13
    14   15   16
    >> CN=R+i*M
CN =
   1.0000 +11.0000i   2.0000 +12.0000i   3.0000 +13.0000i
   4.0000 +14.0000i   5.0000 +15.0000i   6.0000 +16.0000i
```

2.1.2 特殊矩阵的创建

1. 全零矩阵

函数格式:B = zeros(n)　　　　　生成 n×n 全零矩阵

　　　　　B = zeros(m,n)　　　　生成 m×n 全零矩阵

　　　　　B = zeros(size(A))　　生成与矩阵 A 阶数相同的全零矩阵

【例 2-1】 创建全 0 的 3×3 矩阵。

```
>>zeros(3)
```

```
ans =

    0    0    0
    0    0    0
    0    0    0
```

【例 2-2】 创建全 0 的 4×5 矩阵。

```
>>zeros(3,4)
```

```
ans =

    0    0    0    0
    0    0    0    0
    0    0    0    0
```

2. 单位矩阵

函数格式：Y ＝ eye(n)　　　　　生成 n×n 单位矩阵

　　　　　Y ＝ eye(m,n)　　　　生成 m×n 单位矩阵

　　　　　Y ＝ eye(size(A))　　生成与矩阵 A 阶数相同的单位矩阵

3. 全 1 矩阵

函数格式：Y ＝ ones(n)　　　　　生成 n×n 全 1 矩阵

　　　　　Y ＝ ones(m,n)　　　　生成 m×n 全 1 矩阵

　　　　　Y ＝ ones(size(A))　　生成与矩阵 A 维数相同的全 1 矩阵

4. 均匀分布随机矩阵

函数格式：Y ＝ rand(n)　　　　　生成 n×n 均匀分布的随机矩阵，其元素都在(0,1)内

　　　　　Y ＝ rand(m,n)　　　　生成 m×n 均匀分布的随机矩阵

　　　　　rand　　　　　　　　　无变量输入时只产生一个随机数

　　　　　rand('state', sum (100 * clock))　　每次重置到不同状态

【例 2 - 3】　创建一个 3×4 随机矩阵。

```
>>R＝rand(3,4)
```

```
R ＝
    0.9501    0.4860    0.4565    0.4447
    0.2311    0.8913    0.0185    0.6154
    0.6068    0.7621    0.8214    0.7919
```

【例 2 - 4】　创建一个在区间[10，20]内均匀分布的 4 阶随机矩阵。

```
>> a＝10;b＝20;
>> x＝a＋(b－a) * rand(4)
```

```
x ＝
    19.2181    19.3547    10.5789    11.3889
    17.3821    19.1690    13.5287    12.0277
    11.7627    14.1027    18.1317    11.9872
    14.0571    18.9365    10.0986    16.0379
```

5. 正态分布随机矩阵

函数格式：Y ＝ randn(n)　　　　　生成 n×n 正态分布随机矩阵

　　　　　Y ＝ randn(m,n)　　　　生成 m×n 正态分布随机矩阵

【例 2 - 5】　创建一个均值为 0.6，方差为 0.1 的 4 阶矩阵。

```
>> mu＝0.6; sigma＝0.1;
>> x＝mu+sqrt(sigma) * randn(4)
```

```
x ＝
    0.4632    0.2375    0.7035    0.4140
    0.0733    0.9766    0.6552    1.2904
    0.6396    0.9760    0.5410    0.5569
    0.6910    0.5881    0.8295    0.6360
```

6. 生成随机排列

函数格式:p = randperm(n)　　　生成 1～n 之间整数的随机排列

例如:

```
>> randperm(5)
```

```
ans =
    2    3    1    5    4
```

7. 生成线性等分向量

函数格式:y = linspace(a,b)　　　在(a,b)上生成 100 个线性等分点

　　　　　y = linspace(a,b,n)　　　在(a,b)上生成 n 个线性等分点

例如:

```
>> y = linspace(1,2,5)
```

```
y =
    1.0000    1.2500    1.5000    1.7500    2.0000
```

8. 生成对数等分向量

函数格式:y = logspace(a,b)　　　在(10^a,10^b)之间生成 50 个对数等分向量

　　　　　y = logspace(a,b,n)　　　在(10^a,10^b)之间生成 n 个对数等分向量

例如:

```
>>y = logspace(2,pi,6)
```

```
y =
    100.0000    50.0530    25.0530    12.5398    6.2765    3.1416
```

9. 生成以输入元素为对角线元素的矩阵

函数格式:y = blkdiag(a,b,c,d,...)　　　生成以 a,b,c,d,…为对角线元素的矩阵

例如:

```
>> y =blkdiag(1,2,3,4)
```

```
y =
    1    0    0    0
    0    2    0    0
    0    0    3    0
    0    0    0    4
```

10. 希尔伯特(Hilbert)矩阵

函数格式:H = hilb(n)　　　返回 n 阶 Hilbert 矩阵,其元素为 $H(i,j)=1/(i+j-1)$

【例 2-6】 创建一个 3 阶 Hilbert 矩阵。

```
>> format rat        %以有理形式输出
>> H=hilb(3)
```

```
H =
    1              1/2            1/3
    1/2            1/3            1/4
    1/3            1/4            1/5
```

11. 逆 Hilbert 矩阵

函数格式:H = invhilb(n)　　　生成 n 阶逆 Hilbert 矩阵

12. 帕斯卡(Pascal)矩阵

函数格式:A = pascal(n)　　　　生成 n 阶 Pascal 矩阵,是对称正定矩阵,其元素由 Pascal
　　　　　　　　　　　　　　三角组成,它的逆矩阵的所有元素都是整数

　　　　　　A = pascal(n,1)　　返回由下三角的 Cholesky 系数组成的 Pascal 矩阵

　　　　　　A = pascal(n,2)　　返回 Pascal(n,1)的转置和交换的形式

例如:

```
>> A=pascal(4)

A =
    1              1              1              1
    1              2              3              4
    1              3              6              10
    1              4              10             20
```

```
>> A=pascal(4,1)

A =
    1              0              0              0
    1              -1             0              0
    1              -2             1              0
    1              -3             3              -1
```

```
>> A=pascal(4,2)

A =
    -1             -1             -1             -1
    3              2              1              0
    -3             -1             0              0
    1              0              0              0
```

2.1.3　矩阵的二次创建

对于已有的矩阵,MATLAB 提供了反转、插入、提取、收缩、重组或进行修改和寻访等一系列的操作,可以再次生成一些比较复杂的矩阵。

1. 矩阵的赋值扩展(矩阵变维)

reshape 函数的调用形式如下:

reshape(X,m,n)　　　　　将已知的矩阵 X 变维为 m 行 n 列的矩阵

例如：

>> A=reshape(1:9,3,3)　　　%将从 2～10 的 9 个整数按列创建成 3×3 矩阵 A

```
A =
    1    4    7
    2    5    8
    3    6    9
```

>> A(5,4)=15　　%将矩阵 A 扩展为 5×5 矩阵(按行列维数最大值)，
　　　　　　　　%扩展部分除元素(5,4)为 15 外,其余均为 0

```
A =
    1    4    7    0
    2    5    8    0
    3    6    9    0
    0    0    0    0
    0    0    0   15
```

>> A(:,6)=25　　%向矩阵 A 中插入一列,将 A 扩展为 5×6 矩阵,新增加列元素全部为 25
　　　　　　　　%注意这里:代表所有的行

```
A =
    1    4    7    0    0   25
    2    5    8    0    0   25
    3    6    9    0    0   25
    0    0    0    0    0   25
    0    0    0   15    0   25
```

>> reshape(A,2,15)　　%将矩阵 A 变为 2 行 15 列矩阵

```
ans =
  1   3   0   5   0   7   9   0   0   0   0   0   0  25  25
  2   0   4   6   0   8   0   0   0  15   0   0  25  25  25
```

　★注意:此时矩阵元素的排列顺序为按列从上到下排列,先排第一列,然后第二列……以此类推,并且无论怎样变形,要求数组元素的总个数不变。

2. 多次寻访扩展法

>> A=reshape(2:10,3,3)

```
A =
    2    5    8
    3    6    9
    4    7   10
```

```
>> AA=A(:,[1:3,1:3])     %取所有的行和列重复构建形成新的矩阵
```

```
AA =
    2    5    8    2    5    8
    3    6    9    3    6    9
    4    7   10    4    7   10
```

3. 合成扩展法

```
>> A=reshape(2:10,3,3)
```

```
A =
    2    5    8
    3    6    9
    4    7   10
```

```
>> B=ones(2,3)
```

```
B =
    1    1    1
    1    1    1
```

```
>> AB1=[A;B]     %行数扩展合成
```

```
AB1 =
    2    5    8
    3    6    9
    4    7   10
    1    1    1
    1    1    1
```

```
>> AB2=[A,B]     %列数扩展合成
```

```
AB2 =
    2    5    8    1    1
    3    6    9    1    1
    4    7   10    1    1
```

4. 提取子矩阵,合成新矩阵

```
>> A=reshape(2:10,3,3)
```

```
A =
    2    5    8
    3    6    9
    4    7   10
```

```
>> A1=A(1:2,end:-1:1)     %提取子矩阵
```

```
A1 =
    8    5    2
    9    6    3
```

```
>> A2=A(3,:)                        %提取子矩阵
```

```
A2 =
    4    7    10
```

```
>> AA=[A1;A2]                       %合成新矩阵
```

```
AA =
    8    5    2
    9    6    3
    4    7    10
```

5. 按下标寻访矩阵元素

矩阵元素的标识有两种。一种是全下标(index)标识,指矩阵中每一维对应一个下标。如对于二维数组,用行下标和列下标组合起来标识该数组的元素,$a(2,3)$就表示二维数组 a 位于第 2 行第 3 列的元素;对于一维数组,用一个下标即可,$b(2)$就表示一维数组 b 的第 2 个元素,无论 b 是行向量还是列向量。本章在此之前的例子都是按这种方式进行下标标识的。另一种是单下标(linear index)标识,就是用一个下标来表明元素在矩阵中的位置。对于二维数组,单下标标识是把矩阵的所有列,按先后顺序首尾相接排成一个一维长列,然后自上而下对元素的位置进行编号。

例如:

```
>> A=reshape(2:10,3,3)
```

```
A =
    2    5    8
    3    6    9
    4    7    10
```

```
>> s=[1 3 4 6 7];                   %定义单下标数组,确定要寻访的元素
>> A(s)=0                           %利用单下标数组对 A 中对应的元素重新赋值,赋值为 0
```

```
A =
    0    0    0
    3    6    9
    0    0    10
```

```
>> A(s)=[1:5]
```

```
A =
    1    3    5
    3    6    9
    2    4    10
```

```
>>A=zeros(2,5);
>>A(:)=-4:5        %按单下标寻访,矩阵 A 中所有元素按列赋-4~5 之间的值
```

```
a =
    -4    -2     0     2     4
    -3    -1     1     3     5
```

单、双两种下标标识是可以互相变换的,变换函数分别为:sub2ind 完成双下标到单下标的转换,ind2sub 完成单下标到双下标的转换。

sub2ind 函数的调用格式如下:

IND = sub2ind(size,I,J)

其中:size 表示要转换的矩阵的行列数;I 是要转换矩阵的行标;J 是要转换矩阵的列标。I 和 J 分别表示的行数和列数必须相同。

例如:

```
>>A = [10 4 12 13; 22 52 17 44; 14 26 33 24]
```

```
A =
    10     4    12    13
    22    52    17    44
    14    26    33    24
```

```
>>sub2ind(size(A),2,1)    %将矩阵 A 的双下标(2,1)转换为单下标
```

```
ans =
     2
```

```
>>sub2ind(size(A),3,2)    %将矩阵 A 的双下标(3,2)转换为单下标
```

```
ans =
     6
```

★注:size 函数返回变量的大小,即变量数组的行列数。

例如:

```
>> a=ones(5,3)
```

```
a =
     1     1     1
     1     1     1
     1     1     1
     1     1     1
     1     1     1
```

```
>> m=size(a)
```

```
m =
     5     3
```

ind2sub 函数的调用格式如下：

[I,J] = ind2sub(size,IND)

其中：size 表示要转换的矩阵的行列数；I 是要转换矩阵的行标；J 是要转换矩阵的列标；IND 表示要转换矩阵 **B** 的单下标。

例如：

```
>>B = zeros(3)
```

```
B =
    0    0    0
    0    0    0
    0    0    0
```

```
>>B(:) = 11:19
```

```
b =
    11   14   17
    12   15   18
    13   16   19
```

```
>>IND = [3 4 5 6]          %IND 表示索引值
>>[I,J] = ind2sub(size(B),IND)      %将矩阵 B 的单下标转换为双下标
```

```
I =
    3    1    2    3
J =
    1    2    2    2
```

6. 对列（或行）同加（或减）一个数的特殊操作

例如：

```
>> A = reshape(2:10,3,3)
```

```
A =
    2    5    8
    3    6    9
    4    7   10
```

```
>> A(1,:) = A(1,:)-1          %使 A 的第一行元素减1
```

```
A =
    1    4    7
    3    6    9
    4    7   10
```

```
>> b=[1 2 3];
>> A=A-b([1 1 1],:)          %使 A 的第1、2、3 行元素分别减向量[1 2 3]
```

```
A =
    0    2    4
    2    4    6
    3    5    7
```

7.删除矩阵中的元素

例如：

```
>> A=reshape(2:10,3,3)
```

```
A =
    2    5    8
    3    6    9
    4    7   10
```

```
>> A(2,:)=[]                    %删除矩阵 A 的第二行元素
```

```
A =
    2    5    8
    4    7   10
```

```
>> A([1 3])=[]                  %删除矩阵中单下标为 1、3 的元素
```

```
A =
    4    7    8   10
```

2.2　矩阵的基本运算

MATLAB 可以完成线性代数中所有的矩阵运算,运算符列表如表 2－1 所示。

表 2－1　MATLAB 矩阵运算符列表

运　算	运算符	说　明
加	＋	相应元素相加
减	－	相应元素相减
乘	＊	矩阵乘法
点乘	.＊	相应元素相乘
幂	^	矩阵幂运算
点幂	.^	相应元素进行幂运算
左除或右除	\或／	矩阵左除或右除
左点除或右点除	A.\B 或 A./B	矩阵 A 的元素被矩阵 B 的对应元素相除

2.2.1 加、减运算

格式:C＝A±B

运算规则:把矩阵中对应元素相加或相减,即按线性代数中矩阵的"＋""－"运算进行。

★注:对于矩阵的加减运算,矩阵必须具有相同的阶数,除非其中有一个是标量,标量可以和任意阶数的矩阵相加减。

例如:

```
>> A=[1, 2, 1; 1, 2, 3; 3, 3, 6];
>> B=[8, 1, 6; 3, 7, 7; 4, 9, 8];
>> A+B
```

```
ans =
    9     3     7
    4     9    10
    7    12    14
```

```
>> A-B
```

```
ans =
   -7     1    -5
   -2    -5    -4
   -1    -6    -2
```

```
>> A-1
```

```
ans =
    0     1     0
    0     1     2
    2     2     5
```

2.2.2 乘法运算

1. 两个矩阵相乘

格式:Z＝X * Y

运算规则:按线性代数中矩阵的乘法运算法则进行,即放在前面的矩阵的各行元素,分别与放在后面的矩阵的各列元素对应相乘并相加。对于矩阵 X 与 Y,矩阵 X 的列数必须等于矩阵 Y 的行数;矩阵 Z 的行数等于矩阵 X 的行数,矩阵 Z 的列数等于矩阵 Y 的列数;矩阵 Z 的第 m 行 n 列元素的值等于矩阵 X 的 m 行元素与矩阵 Y 的 n 列元素对应值乘积的和。

例如:

```
>> X=[1 2 3;4 5 6];
>> Y=[2 3;4 5;6 7];
>> Z=X * Y
```

```
Z =
    28          34
    64          79
```

2. 矩阵的数乘

运算规则:标量与矩阵相乘,即标量与矩阵中的每个元素相乘。

例如:

```
>> Y=[2 3;4 5;4 7];
>> Z=2*Y
```

```
Z =
    4           6
    8           10
    12          14
```

3. 矩阵的点乘

格式:X.*Y

运算规则:把矩阵 **X** 与 **Y** 中相同位置的元素相乘,将积保存在原位置组成新矩阵。除非其中一个是标量,否则 **X** 与 **Y** 必须有相同的阶数。

例如:

```
>> X=[1 2 3;4 5 6];
>> Y=[2 3 4;5 6 7];
>> Z=X.*Y
```

```
Z =
    2           6           12
    20          30          42
```

4. 向量点积

函数格式:Z = dot(X,Y)　　　X、Y 为向量,返回向量 X 与 Y 的点积,即向量 X 与 Y 的点积为 sum(X.*Y),其中 X 与 Y 长度相同

例如:

```
>>X=[-1  0  2];
>>Y=[-2  -1  1];
>>Z=dot(X,Y)
```

```
Z =
    4
```

```
>>sum(X.*Y)
```

```
ans =
    4
```

5. 向量叉乘

在数学上,两向量的叉乘是指在三维空间中,一个过两相交向量的交点且垂直于两向量所在平面的向量。在 MATLAB 中用函数 cross 实现。

函数格式:Z= cross(X,Y)　　　X、Y 为向量,返回 X 与 Y 的叉乘 Z,X、Y 必须是 3 个元素的向量

　　　　　Z=cross(X,Y,dim)　返回向量 X 和 Y 在 dim 维的叉乘

需要说明的是, X 和 Y 必须有相同的维数,size(X,dim) 和 size(Y,dim) 的结果必须都是 3。

例如:

```
>> X=[1 1 2];
>> Y=[2 2 3];
>> Z=cross(X,Y)
```

```
Z =
    -1          1          0
```

由程序可得,垂直于向量(1, 1, 3)和(2, 2, 3)的向量为±(-1, 1, 0)。

6. 数组乘方

格式:A.^p　　　　A 为矩阵,p 为任意标量,对 A 的元素分别求 p 次幂

　　　p.^A　　　　A 为矩阵,p 为任意标量,以 p 为底,分别以 A 的元素为指数求幂值

例如:

```
>> A=[1 -2 3;-4 5 6];
>> A.^-0.5
```

```
ans =
    1.0000           0.0000 - 0.7071i      0.5774
    0.0000 - 0.5000i  0.4472              0.4082
```

```
>> A.^2
```

```
ans =
    1     4     9
   16    25    36
```

```
>>2.^A
```

```
ans =
    2.0000     0.2500     8.0000
    0.0625    32.0000    64.0000
```

7. 矩阵乘方

格式:A^p　　　　A 为方阵,p 为任意标量,对方阵 A 求 p 次幂

　　　p^A　　　　A 为方阵,p 为任意标量,求标量 p 的矩阵乘方

例如:

```
>> A=[1 2;3 −4];
>> A^2
```

```
ans =
     7     −6
    −9     22
```

```
>> A^0.5
```

```
ans =
   1.2122 + 0.3194i     0.4041 − 0.6389i
   0.6061 − 0.9583i     0.2020 + 1.9166i
```

```
>> 2^A
```

```
ans =
   3.4330     1.1339
   1.7009     0.5982
```

2.2.3　除法运算

1. 矩阵除法

格式：A\B　　　　　矩阵左除（A 和 B 的行数一致），X＝A\B 是方程 A∗X＝B 的解

　　　　B/A　　　　　矩阵右除（A 和 B 的列数一致），X＝B/A 是方程 X∗A＝B 的解

例如：

```
>>A=[1 2 3;4 2 6;7 4 8];
>>B=[4;1;2];
>>X=A\B
```

```
X =
   −1.3333
    2.1667
    0.3333
```

```
>>B=[4 1 2];
>>X=B/A
```

```
X =
   −1.0000   −0.5000   1.0000
```

如果 A 为非奇异矩阵，则 A\B 和 B/A 都可利用 A 的逆矩阵得到，即 inv(A)∗B＝A\B，inv(B)∗A＝B/A。

例如：

```
>> A=[1 2 3;4 2 6;7 4 8];
>> B=[4;1;2];
>> X=inv(A)∗B
```

```
X =
    -1.3333
    2.1667
    0.3333
```

```
>> B=[4 1 2];
>> X=B*inv(A)
```

```
X =
    -1.0000    -0.5000    1.0000
```

2. 数组除法

格式：A./B   A 中元素与 B 中元素对应相除

例如：

```
>> A=[1  2  3;4  2  6;7  4  8];
>> B=[1  2  3;2  1  2;7  2  2];
>> A./B
```

```
ans =
    1    1    1
    2    2    3
    1    2    4
```

2.2.4　矩阵转置

格式：A′

运算规则：若矩阵 **A** 的元素为实数，则 **A**′ 与线性代数中矩阵的转置相同。若矩阵 **A** 为复数矩阵，则 **A**′ 为矩阵 **A** 的共轭转置；如果仅转置，则用命令 A.′ 来实现。

例如：

```
>> A=[1  2  3;4  2+i  6;7-2i  4  8];
>> A′
```

```
ans =
    1.0000        4.0000             7.0000 + 2.0000i
    2.0000        2.0000 - 1.0000i   4.0000
    3.0000        6.0000             8.0000
```

```
>> A.′
```

```
ans =
    1.0000        4.0000             7.0000 - 2.0000i
    2.0000        2.0000 + 1.0000i   4.0000
    3.0000        6.0000             8.0000
```

2.2.5　方阵的行列式

函数格式:D= det(X)　　　　　返回方阵 X 的行列式的值

例如:

```
>> X=[1 2 3;1 2 3;7 8 9];
>> D=det(X)
```

```
D =
    0
```

2.2.6　逆

函数格式:Y=inv(X)　　　　　求方阵 X 的逆矩阵,若 X 为奇异阵或近似奇异阵,将给出警告信息

例如:

```
>> A=[1 2 3;4 5 6;7 8 9];
>> D=det(A)
```

```
D =
    0
```

```
>> Y=inv(A)
```

```
警告:矩阵接近奇异值,或者缩放错误。结果可能不准确。RCOND =   2.202823e-18。
Y =
    1.0e+16 *
    0.3153      -0.6305       0.3153
    -0.6305      1.2610       -0.6305
    0.3153      -0.6305       0.3153
```

2.2.7　矩阵的秩

函数格式:k = rank (A)　　　　求矩阵 A 的秩

例如:

```
>> A=[1 2 3;4 5 6;7 8 9];
>> K=rank(A)
```

```
K =
    2
```

2.2.8　特征值与特征向量

设 A 为 n 阶方阵,如果数 λ 和 n 维列向量 x 使得关系式 $Ax=\lambda x$ 成立,则称 λ 为方阵 A 的特征值,非零向量 x 称为 A 对应于特征值 λ 的特征向量。通常使用特征值分解函数 eig 来求

取方阵的特征值和特征向量。

函数格式：$[V,D]=eig(A)$　　　生成特征值矩阵 D 和特征值向量构成的矩阵 V,使得 $A*V=V*D$,其中:矩阵 D 是以 A 的特征值为主对角线的对角矩阵;V 是由 A 的特征向量按列构成的矩阵

$lambda=eig(A)$　　　返回由矩阵 A 的所有特征值组成的列向量 lambda

例如：

```
>> A=[-2  1  1;0  2  0;-4  1  3];
>> [V,D]=eig(A)
```

```
V =
    -0.7071   -0.2425    0.3015
          0         0    0.9045
    -0.7071   -0.9701    0.3015
D =
    -1    0    0
     0    2    0
     0    0    2
```

```
>> lambda=eig(A)
```

```
lambda =
    -1
     2
     2
```

即特征值 -1 对应的特征向量为 $(-0.7071\ \ 0\ \ -0.7071)^T$;重特征值 2 对应的特征向量为 $(-0.2425\ \ 0\ \ -0.9701)^T$ 和 $(-0.3015\ \ 0.9045\ \ -0.3015)^T$。

例如：

```
>>A=[-1 1 0;-4 3 0;1 0 2];
>>[V,D]=eig(A)
```

```
V =
     0      0.4082   -0.4082
     0      0.8165   -0.8165
 1.0000    -0.4082    0.4082
D =
     2    0    0
     0    1    0
     0    0    1
```

即特征值 2 对应的特征向量为 $(0\ \ 0\ \ 1.0000)^T$;重特征值 1 对应的特征向量都是 $(0.4082\ \ 0.8165\ \ -0.4082)^T$。

2.3 矩阵的特殊运算

1. 矩阵对角线元素的抽取

MATLAB 关于矩阵对角线元素的抽取函数如表 2－2 所示。

表 2－2 MATLAB 关于矩阵对角线元素的抽取函数

函数格式	说　明
X ＝ diag(v,k)	以向量 v 的元素作为矩阵 X 的第 k 条对角线元素：当 k＝0 时，v 为 X 的主对角线；当 k＞0 时，v 为上方第 k 条对角线；当 k＜0 时，v 为下方第 k 条对角线
X ＝ diag(v)	以向量 v 为主对角线元素，其余元素为 0 构成矩阵 X
v ＝ diag(X,k)	抽取矩阵 X 的第 k 条对角线元素构成向量 v：k＝0，抽取主对角线元素；k＞0，抽取上方第 k 条对角线元素；k＜0，抽取下方第 k 条对角线元素
v ＝ diag(X)	抽取矩阵 X 主对角线元素构成向量 v

例如：

```
>> v=[1 2 3];
>> x=diag(v,-1)
```

```
x =
     0     0     0     0
     1     0     0     0
     0     2     0     0
     0     0     3     0
```

```
>> A=[1,2,1;1,2,3;3,3,6]
```

```
A =
     1     2     1
     1     2     3
     3     3     6
```

```
>> v=diag(A,1)
```

```
v =
     2
     3
```

2. 上三角阵和下三角阵的抽取

阵函数取下三角格式：L ＝ tril(X)　　抽取矩阵 X 的主对角线的下三角部分构成矩阵 L

　　　　　　　　　　L ＝tril(X,k)　　抽取矩阵 X 的第 k 条对角线的下三角部分：k＝0

为主对角线;k>0 为主对角线以上;k<0 为主对
角线以下

阵函数取上三角格式:U = triu(X)　　抽取矩阵 X 的主对角线的上三角部分构成矩阵 U

U =triu(X,k)　　抽取矩阵 X 的第 k 条对角线的上三角部分:k=0
为主对角线;k>0 为主对角线以上;k<0 为主对
角线以下

例如:

```
>> A=ones(4)        %产生 4 阶全 1 阵
```

```
A =
    1    1    1    1
    1    1    1    1
    1    1    1    1
    1    1    1    1
```

```
>> L=tril(A,1)       %取下三角部分
```

```
L =
    1    1    0    0
    1    1    1    0
    1    1    1    1
    1    1    1    1
```

```
>> U=triu(A,-1)         %取上三角部分
```

```
U =
    1    1    1    1
    1    1    1    1
    0    1    1    1
    0    0    1    1
```

3.矩阵的变维

矩阵的变维有两种方法,即用":"和函数"reshape"都可以实现矩阵的变维,前者主要针对两个已知维数矩阵之间的变维操作,而后者是对于一个矩阵的操作。

(1)":"变维。

例如:

```
>> A=[1:6;7:12]
```

```
A =
    1    2    3    4    5    6
    7    8    9   10   11   12
```

```
>> B=ones(3,4)
```

```
B =
    1    1    1    1
    1    1    1    1
    1    1    1    1
```

```
>>B(:)=A(:)
```

```
B =
    1    8    4    11
    7    3    10   6
    2    9    5    12
```

★注:用"∶"法变维必须先设定修改后矩阵的形状。

(2)reshape 函数变维。

函数格式:B = reshape(A,m,n)　　　　返回以矩阵 A 的元素构成的 m×n 矩阵 B

例如:

```
>> A=[1:12];
>> B =reshape(A,2,6)
```

```
B =
    1    3    5    7    9    11
    2    4    6    8    10   12
```

需要注意的是,在使用上面的两种方法对矩阵进行变维操作时,对矩阵元素的读取和操作都是按列顺序进行的。

4.矩阵的变向

(1)矩阵的旋转。

函数格式:B = rot90（A）　　　将矩阵 A 逆时针方向旋转 90°

　　　　　B = rot90（A,k）　　将矩阵 A 逆时针方向旋转(k×90°),k 可取正负整数

例如:

```
>> A=[1 2 3;4 5 6;7 8 9]
```

```
A =
    1    2    3
    4    5    6
    7    8    9
```

```
>> Y1=rot90(A)            %逆时针方向旋转
```

```
Y1 =
    3    6    9
    2    5    8
    1    4    7
```

```
>> Y2=rot90(A,−1)        %顺时针方向旋转
```

Y2 =

7	4	1
8	5	2
9	6	3

(2)矩阵的左右翻转。

函数格式:B = fliplr(A)　　　　将矩阵 A 左右翻转

(3)矩阵的上下翻转。

函数格式:B = flipud(A)　　　　将矩阵 A 上下翻转

例如:

```
>> A=[1 2 3;4 5 6]
```

A =

1	2	3
4	5	6

```
>> B1=fliplr(A),B2=flipud(A)
```

B1 =

3	2	1
6	5	4

B2 =

4	5	6
1	2	3

(4)矩阵的内部翻转。

函数格式:fiipdim(X,dim)　　　　dim=1 时对行翻转,dim=2 时对列翻转

5. 矩阵元素的数据变换

对于小数构成的矩阵 A 来说,如果想对它取整数,有以下几种方法。

(1)按 $-\infty$ 方向取整。

函数格式:floor(A)　　　　将 A 中元素按 $-\infty$ 方向取整,即取不足整数

(2)按 $+\infty$ 方向取整。

函数格式:ceil(A)　　　　将 A 中元素按 $+\infty$ 方向取整,即取过剩整数

(3)四舍五入取整。

函数格式:round(A)　　　　将 A 中元素按最近的整数取整,即四舍五入取整

(4)按离 0 近的方向取整。

函数格式:fix(A)　　　　将 A 中元素按离 0 近的方向取整

例如:

```
>> A=5 * rand(3)-2
```

A =

2.8244	2.7858	-1.2906
-1.2119	0.4269	0.1088
2.8530	2.0014	2.5787

```
>> B1=floor(A),B2=ceil(A),B3=round(A),B4=fix(A)
```

```
B1 =
      2      2     -2
     -2      0      0
      2      2      2
B2 =
      3      3     -1
     -1      1      1
      3      3      3
B3 =
      3      3     -1
     -1      0      0
      3      2      3
B4 =
      2      2     -1
     -1      0      0
      2      2      2
```

6."空"数组用于删除矩阵元素

例如：

```
>> A=reshape(1:10,2,5)
```

```
A =
      1      3      5      7      9
      2      4      6      8     10
```

```
>> A(:,[1,3])=[]                    %删除矩阵 A 中的第 1、3 列
```

```
A =
      3      7      9
      4      8     10
```

7.按条件查找矩阵元素的位置

利用函数 find 可以查找矩阵中符合要求元素的位置。

例如：

```
>> A=[1,2,1;1,2,3;3,3,6]
```

```
A =
      1      2      1
      1      2      3
      3      3      6
```

```
>> B=find(A>2)
```

```
B =
    3
    6
    8
    9
```

8. 矩阵元素个数的确定

函数格式: n = numel(A)　　　　计算矩阵 A 中元素的个数

　　　　　　n = size(A)　　　　　计算矩阵 A 的维数

　　　　　　n = length (A)　　　计算矩阵 A 的列数或向量 A 的长度

例如:

```
>> A=[1 2 3 4;5 6 7 8];
>> n=numel(A)
```

```
n =
    8
```

```
>> n=size(A)
```

```
n =
    2    4
```

```
>> n=length(A)
```

```
n =
    4
```

2.4　矩阵的关系运算

MATLAB 提供了以下关系运算符来实现两个量之间的比较: 大于">"、小于"<"、大于等于">="、小于等于"<="、等于"=="、不等于"~="。

关系运算符的规则说明如下:

(1) 若是两个标量进行比较,则二者的关系成立时,关系运算结果为逻辑真"1",二者关系不成立时,关系运算结果为逻辑假"0"。

(2) 如果是两个矩阵进行比较,其前提要求是这两个矩阵的阶数必须相同;比较是两个矩阵中对应元素的比较,最终的关系运算结果是生成一个与这两个矩阵阶数相同的矩阵,其元素由"1"和"0"组成。

(3) 若参与比较的一个是矩阵,另一个是标量时,则把矩阵中的每一个元素与此标量逐个进行比较,最终的关系运算结果是一个与原矩阵阶数相同的矩阵,其元素由"1"和"0"组成。

(4) 关系运算符"<""">""<="和">="仅对参加比较量的实部进行比较,而算术运算符

"＝＝"和"～＝"则同时对参加比较量的实部和虚部进行比较。

(5)关系运算符的优先级小于算术运算符,而大于逻辑运算符。

例如:

```
>>A=[ 1 3 5 7];B=[10 1 12 7];
>>a1=(A<5)
```

```
a1 =
    1   1   0   0
```

```
>>b1=(A==B)
```

```
b1 =
    0   0   0   1
```

```
>>B>A
```

```
ans =
    1   0   1   0
```

2.5 矩阵的逻辑运算

设矩阵 A 和 B 都是 $m \times n$ 矩阵或其中之一为标量,在 MATLAB 中定义的逻辑运算如表 2-3 所示。

表 2-3 MATLAB 中定义的逻辑运算

运算类型	格　式	说　明
与运算	A&B 或 and(A, B)	A 与 B 对应元素进行与运算,若两个数均非 0,则结果元素的值为 1,否则为 0
或运算	A|B 或 or(A, B)	A 与 B 对应元素进行或运算,若两个数均为 0,则结果元素的值为 0,否则为 1
非运算	～A 或 not (A)	若 A 的元素为 0,则结果元素为 1,否则为 0
异或运算	xor (A,B)	A 与 B 对应元素进行异或运算,若相应的两个数中一个为 0,一个非 0,则结果为 1,否则为 0
any 运算	any (A,dim), any (A)	A 中有非零元素则为真
all 运算	all(A,dim),all(A)	A 中所有元素均非零则为真

★注:在逻辑运算符中,"非"的优先级最高,"与"和"或"的优先级相同。

例如:

```
>> A=[0 2 3 4;1 3 5 0],B=[1 0 5 3;1 5 0 5]
```

```
A =
    0    2    3    4
    1    3    5    0
B =
    1    0    5    3
    1    5    0    5
```

```
>> C1=A&B
```

```
C1 =
    0    0    1    1
    1    1    0    0
```

```
>> C2=A|B
```

```
C2 =
    1    1    1    1
    1    1    1    1
```

```
>> C3=~A
```

```
C3 =
    1    0    0    0
    0    0    0    1
```

```
>> C4=xor(A,B)
```

```
C4 =
    1    1    0    0
    0    0    1    1
```

2.6 矩阵的分解

在 MATLAB 中对线性方程组的求解主要基于三个基本的矩阵分解:对称正定矩阵的楚列斯基(Cholesky)分解、一般方阵的高斯(Gaussian)消去法分解和矩阵的正交(QR)分解。这三种分解结果都是三角矩阵,即位于对角线以上或以下的所有元素都为 0。

2.6.1 Cholesky 分解

进行 Cholesky 分解的矩阵必须是对称矩阵,且必须是正定的,即矩阵的所有对角线元素都是正的。Cholesky 分解也可以应用于复数矩阵,要求复数矩阵必须是厄米(Hermitian)正定的。假设 $A=(a_{ij})\in \mathbf{R}^{n\times n}$ 是对称正定矩阵,$A=R^{\mathrm{T}}RA=R^{\mathrm{T}}R$ 称为矩阵 A 的 Cholesky 分解,其中 $R\in \mathbf{R}^{n\times n}$ 是一个具有正的对角元素的上三角矩阵。

函数格式:R = chol(X)   返回 Cholesky 分解因子 R:若 X 为 n 阶对称正定矩阵,则存

在一个实的非奇异上三角阵 R,满足 R′ * R = X;若 X 非正定,则产生错误信息

$[R,p]$ = chol(X)　　返回 Cholesky 分解因子 R 及判断 X 是否为正定矩阵的数值 p:若 X 为正定阵,则 p=0,R 与上相同;若 X 非正定,则 p 为正整数,R 为有序的上三角阵

例如:

```
>> X=pascal(3)          %生成三阶 pascal 矩阵(对称正定)
```

```
X =
    1    1    1
    1    2    3
    1    3    6
```

```
>>  [R,p]=chol(X)       % Cholesky 分解
```

```
R =
    1    1    1
    0    1    2
    0    0    1
p =
    0
```

2.6.2　LU 分解

矩阵的 Gaussian 消去法又被称为 LU 分解(矩阵的三角分解),是将一个输入矩阵 X 分解成一个下三角矩阵 L 和一个上三角矩阵 U 的乘积,即 $X=LU$。

函数格式:$[L,U]$ = lu(X)　　返回下三角矩阵 L 与上三角矩阵 U

$[L,U,P]$ =lu(X)　　返回下三角矩阵 L 与上三角矩阵 U 及置换矩阵 P。U 为上三角阵,L 为下三角阵,置换矩阵 P 为单位矩阵的行变换矩阵,满足 LU=PX

例如:

```
>> A=[1 2 3;4 5 6;7 8 9];
>> [L,U]=lu(A)
```

```
L =
    0.1429    1.0000         0
    0.5714    0.5000    1.0000
    1.0000         0         0
U =
    7.0000    8.0000    9.0000
         0    0.8571    1.7143
         0         0    0.0000
```

```
>> [L1,U1,P]=lu(A)
```

```
L1 =
    1.0000         0         0
    0.1429    1.0000         0
    0.5714    0.5000    1.0000
U1 =
    7.0000    8.0000    9.0000
         0    0.8571    1.7143
         0         0    0.0000
P =
    0    0    1
    1    0    0
    0    1    0
```

```
>> L=inv(P)*L1
```

```
L =
    0.1429    1.0000         0
    0.5714    0.5000    1.0000
    1.0000         0         0
```

2.6.3 QR 分解

QR 分解又被称为正交分解,将矩阵分解为一个正交阵或酉矩阵和上三角矩阵的乘积,即 $X=QR$ 或 $XP=QR$,其中, Q 是正交矩阵或酉矩阵, R 是一个上三角矩阵, P 是置换矩阵。

函数格式:[Q,R]=qr(X)   返回一个上三角矩阵 R 和正交矩阵 Q,使得 X=Q * R,其中 R 与 X 同阶

[Q,R,E]=qr(X)   返回置换矩阵 E、上三角矩阵 R 和正交矩阵 Q,使得 X * E=Q * R

例如:

```
>> X=[1 2 3;4 5 6;7 8 9];
>> [Q,R]=qr(X)
```

```
Q =
   -0.1231    0.9045    0.4082
   -0.4924    0.3015   -0.8165
   -0.8616   -0.3015    0.4082
R =
   -8.1240   -9.6011   -11.0782
         0    0.9045    1.8091
         0         0   -0.0000
```

```
>> [Q,R,E]=qr(X)
```

```
Q =
    -0.2673    0.8729    0.4082
    -0.5345    0.2182   -0.8165
    -0.8018   -0.4364    0.4082
R =
   -11.2250   -8.0178   -9.6214
         0   -1.3093   -0.6547
         0         0   -0.0000
E =
     0     1     0
     0     0     1
     1     0     0
```

```
>> abs(diag(R))
```

```
ans =
    11.2250
     1.3093
     0.0000
```

2.7　线性方程组的求解

线性方程的求解可以分为两类:一类是方程组求唯一解或求特解,另一类是方程组求无穷解即通解。这都可以通过系数矩阵的秩来进行判断。

(1)若系数矩阵的秩 $r=n$(n 为方程组中未知变量的个数),则有唯一解;

(2)若系数矩阵的秩 $r<n$,则可能有无穷解或者无解;

(3)线性方程组的无穷解 = 对应齐次方程组的通解 + 非齐次方程组的一个特解。线性方程组特解的求法属于解的第一类问题,通解部分的求法属于第二类问题。

2.7.1　求非齐次线性方程组的唯一解或特解

1. 利用矩阵除法求线性方程组的特解(或一个解)

方程:$AX=b$,解法:$X=A\backslash b$。

【例 2 - 7】　求方程组 $\begin{cases} 5x_1+6x_2=1 \\ x_1+5x_2+6x_3=0 \\ x_2+5x_3+6x_4=0 \\ x_3+5x_4+6x_5=0 \\ x_4+5x_5=1 \end{cases}$ 的解。

解：

```
>>A=[5  6  0  0  0;
      1  5  6  0  0;
      0  1  5  6  0;
      0  0  1  5  6;
      0  0  0  1  5];
>>B=[1 0 0 0 1];
>>R_A=rank(A)    %求秩
>>X=A\B          %求解
```

运行后结果如下：

```
R_A =
      5
X =
      2.2662
     -1.7218
      1.0571
     -0.5940
      0.3188
```

这就是方程组的解，系数矩阵的秩等于解向量的长度，故该方程组有唯一解。

同时，还可以使用函数 rref 来进行如下求解：

```
>> C=[A,B]       %由系数矩阵和常数列构成增广矩阵 C
>> R=rref(C)     %将 C 化成行最简矩阵
```

```
R =
    1.0000         0         0         0         0    2.2662
         0    1.0000         0         0         0   -1.7218
         0         0    1.0000         0         0    1.0571
         0         0         0    1.0000         0   -0.5940
         0         0         0         0    1.0000    0.3188
```

则 **R** 的最后一列元素就是所求之解。

【例 2-8】　求方程组 $\begin{cases} x_1+x_2-3x_3-x_4=1 \\ 3x_1-x_2-3x_3+4x_4=4 \\ x_1+5x_2-9x_3-8x_4=0 \end{cases}$ 的一个特解。

解：

```
>>A=[1 1 -3 -1;3 -1 -3 4;1 5 -9 -8];
>>B=[1  4  0];
>>format  rat
>>X=A\B
```

```
X =
          0
          0
       -8/15
        3/5
```

由于系数矩阵的秩小于解向量的长度,故方程组的解有无穷个,$X = \begin{bmatrix} 0 & 0 & -8/15 & 3/5 \end{bmatrix}$为其一个特解。还可以使用函数 rref 求解:

```
>> A=[1 1 -3 -1;3 -1 -3 4;1 5 -9 -8];
>>B=[1  4  0]';
>>C=[A,B];      %构成增广矩阵
>> R=rref(C)
```

```
R =
    1.0000         0    -1.5000     0.7500     1.2500
         0    1.0000    -1.5000    -1.7500    -0.2500
         0         0          0          0          0
```

由此得到一个特解解向量 $X = \begin{bmatrix} 1.2500 & -0.2500 & 0 & 0 \end{bmatrix}$。

★注:R = rref(A)是用高斯-约当消元法和行主消元法求矩阵 A 的行最简行矩阵 R,从而可以很方便得到线性方程组的解。

2. 利用矩阵的 Cholesky、LU 和 QR 分解求方程组的解

下面用实例来说明求方程组解的三种方式。

【例 2-9】　求方程组$\begin{cases} 4x_1 + 2x_2 - x_3 = 2 \\ 3x_1 - x_2 + 2x_3 = 10 \\ 11x_1 + 3x_2 = 8 \end{cases}$的一个特解。

方法 1:利用 LU 分解求解。

LU 分解可把任意方阵分解为下三角矩阵的基本变换形式(行交换)和上三角矩阵的乘积,即 $A = LU$,L 为下三角阵,U 为上三角阵。

此时,$A * X = b$ 变成 $L * U * X = b$,因此 $X = U \backslash (L \backslash b)$,这样可以大大地提高运算速度。

命令:[L,U]=lu(A)

解:

```
>>A=[4 2 -1;3 -1 2;11 3 0];
>>B=[2 10 8]';
>>D=det(A)
>>[L,U]=lu(A)
>>X=U\(L\B)
```

运行后显示结果如下:

```
D =
     0
```

```
L =
    4/11          -1/2          1
    3/11           1            0
     1             0            0
U =
    11             3            0
     0          -20/11          2
     0             0            0
```

警告：矩阵为奇异工作精度。

```
X =
    0/0
    1/0
    1/0
```

说明：结果中的警告是由于系数行列式为零产生的，可以通过 $A*X$ 验证其正确性。

方法 2：利用 Cholesky 分解求解。

若 A 为对称正定矩阵，则 Cholesky 分解可将矩阵 A 分解成上三角矩阵和其转置的乘积，即 $A=R'*R$，其中 R 为上三角阵，则 $A*X=b$ 变成 $R'*R*X=b$，得到 $X=R\backslash(R'\backslash b)$，这样可以大大地提高运算速度。

由于此方程组的系数矩阵不是对称矩阵，故无法对其系数矩阵使用 Cholesky 分解，也就无法利用 Cholesky 分解求解方程组。

方法 3：利用 QR 分解求解。

对于任何长方矩阵 A，都可以进行 QR 分解，其中 Q 为正交矩阵，R 为上三角矩阵的初等变换形式，即 $A=QR$，则 $A*X=b$ 变成 $QRX=b$，因此 $X=R\backslash(Q\backslash b)$，这样可以大大提高运算速度。

命令：[Q,R]=qr(A)

解：

```
>>A=[4 2 -1;3 -1 2;11 3 0];
>>B=[2 10 8]';
>>D=det(A)
>>[Q,R]=qr(A)
>>X=R\(Q\B)
```

运行后显示结果如下：

```
D =
     0
Q =
    -289/873      149/315      -881/1079
    -289/1164    -889/1012     -881/2158
    -1168/1283    149/2205      881/2158
```

```
R =
    −3492/289   −1758/559   −289/1746
         0       298/147    −1028/461
         0            0           *
X =
   −1499247425167024
    5497240558945757
    4997491417223420
```

说明:这三种分解方法在求解大型方程组时都很有效,优点是运算速度快、节省内存。

2.7.2　求线性齐次方程组的通解

在 MATLAB 中,函数 null 用来求解零空间,即满足 $AX=0$ 的解空间,实际上是求出解空间的一组基(基础解系),从而得到其通解。

函数格式:z＝null(A)　　　　z 的列向量为方程组 AX＝0 的正交规范基,满足 $z*z=I$

　　　　　z＝null(A′,r)　　　z 的列向量是方程组 AX＝0 的有理基

【例 2－10】　求方程组 $\begin{cases} x_1+2x_2+2x_3+x_4=0 \\ 2x_1+x_2-2x_3-2x_4=0 \\ x_1-x_2-4x_3-3x_4=0 \end{cases}$ 的通解。

解:

```
>>A=[1  2  2  1;2  1  −2  −2;1  −1  −4  −3];
>>format  rat        %指定有理式格式输出
>>B=null(A,′r′)      %求解空间的有理基
```

运行后显示结果如下:

```
B =
    2         5/3
   −2        −4/3
    1         0
    0         1
```

即得到其一个基础解系。

下面求解该方程组的通解:

```
>>syms k1 k2
>>X=k1*B(:,1)+k2*B(:,2)        %写出方程组的通解
```

运行后显示结果如下:

```
X =
    2*k1+5/3*k2
   −2*k1−4/3*k2
         k1
         k2
```

2.7.3 求非齐次线性方程组的通解

对于非齐次线性方程组,要先判断方程组是否有解,若有解,再去求其通解。非齐次线性方程组的求解步骤如下:

(1)判断 $AX=b$ 是否有解,若有解则进行第(2)步;

(2)判断其有唯一解还是无穷解,若是唯一解,则直接求取,否则进行第(3)步和第(4)步;

(3)求 $AX=b$ 的一个特解,求 $AX=0$ 的通解;

(4)$AX=b$ 的通解等于 $AX=0$ 的通解加 $AX=b$ 的一个特解。

【例 2 - 11】 求方程组 $\begin{cases} x_1-2x_2+3x_3-x_4=1 \\ 3x_1-x_2+5x_3-3x_4=2 \\ 2x_1-x_2+2x_3-2x_4=3 \end{cases}$ 的解。

解:在 MATLAB 命令窗口中输入如下指令:

```
A=[1  -2  3  -1;3  -1  5  -3;2  1  2  -2];
b=[1;2;3];
B=[A b];
n=4;
R_A=rank(A)
R_B=rank(B)
format rat
if R_A==R_B&R_A==n              %判断有唯一解
    X=A\b
elseif R_A==R_B&R_A<n           %判断有无穷解
    X=A\b;                      %求特解
    C=null(A,'r');              %求 AX=0 的基础解系
else
    X='equition no solve'       %判断无解
end
```

运行后显示结果如下:

```
R_A =
     2
R_B =
     3
X =
    'equition no solve '
```

★注:如果输出结果为"equition no solve",则说明该方程组无解。

【例 2 - 12】 求方程组 $\begin{cases} x_1+x_2-3x_3-x_4=1 \\ 3x_1-x_2-3x_3+4x_4=4 \\ x_1+5x_2-9x_3-8x_4=0 \end{cases}$ 的通解。

解:在 MATLAB 编辑器中建立 M 文件如下:

```
A=[1  1  -3  -1;3  -1  -3  4;1  5  -9  -8];
b=[1;4;0];
B=[A b];
n=4;
R_A=rank(A)
R_B=rank(B)
format rat
if R_A==R_B&R_A==n
   X=A\b
elseif R_A==R_B&R_A<n
   X=A\b
   C=null(A,'r')
else X='Equation has no solves'
end
```

运行后显示结果如下：

```
R_A =
    2
R_B =
    2
X =
        0
        0
      -8/15
       3/5
C =
    3/2        -3/4
    3/2         7/4
    1           0
    0           1
```

因此，原方程组的通解为

$$x=k_1\begin{pmatrix}3/2\\3/2\\1\\0\end{pmatrix}+k_2\begin{pmatrix}-3/4\\7/4\\0\\1\end{pmatrix}+\begin{pmatrix}0\\0\\-8/15\\3/5\end{pmatrix}$$

2.8　元胞数组和结构数组

前面介绍的向量可以看作是一维数组，矩阵可以看作是二维数组。除了这一类普通数组外，在 MATLAB 中还有两类特殊的数组：单元数组和结构数组。这两类特殊的数组是一种新的数据类型，能将不同类型、不同维数的数组组合在一起，从而方便对不同的数据类型进行管理和维护。

2.8.1　元胞数组

在单元数组中,通过单元数组的名字是不能访问相应元素的,只能访问对应的索引号,因为单元数组中存储的是指向某种数据结构的指针。

1.元胞数组的创建

(1)元胞索引(cell indexing)方式:按照数组单元中的索引编号一个一个单元进行创建。

例如:

```
>>a(1,1)={[1 2;3 4]};
>>a(1,2)={ 'Good morning! '};
>>a(2,1)={[]};
>>a(2,2)={ [1 2;3-i 4;2 14+5i] };
>>b=a(1,1);
>>c=a(1,2);
>>a
>>b
>>c
```

```
a =

      2×2 cell 数组

      {2×2 double}      {'Good morning! '}
      {0×0double}      {3×2 double      }
b =

      1×1 cell 数组

      {2×2 double}
c =

      1×1 cell 数组

      {'Good morning! '}
```

(2)元胞内容索引(content indexing)方式:按照数组元素的索引编号一个一个元素进行创建。

例如:

```
>>a{1,1}=[1 2;3 4];
>>a{1,2}= 'Good morning! ';
>>a{2,1}=[];
>>a{2,2}= [1 2;3-i 4;2 14+5i] ;
>>b=a{1,1};
>>c=a{1,2};
>>a
>>b
>>c
```

```
a =

    2×2 cell 数组

    {2×2 double}    {'Good morning! '}
    {0×0double}     {3×2 double      }

b =
    1    2
    3    4

c =
    'Good morning! '
```

（3）cell 函数创建：a＝cell(n,m)表示创建一个 $n×m$ 维的元胞数组。

例如：a＝cell(2,2);表示预分配数组行列数,然后可以按照（1）或（2）两种方式给数组赋值。

（4）直接用大括号把所有元素都括起来。

```
a={[1 2;3 4],'Good morning! ';[],[1 2;3－i 4;2 14+5i] }
```

```
a =

    2×2 cell 数组

    {2×2 double}    {'Good morning! '}
    {0×0double}     {3×2 double      }
```

2.元胞数组的显示

（1）celldisp(元胞数组名)函数：全部整体显示单元数组的细节内容。

例如：

```
>>celldisp(a)
```

```
a{1,1} =

    1    2
    3    4

a{2,1} =

    []

a{1,2} =

    Good morning!
```

```
a{2,2} =

        1.0000 + 0.0000i    2.0000 + 0.0000i
        3.0000 − 1.0000i    4.0000 + 0.0000i
        2.0000 + 0.0000i   14.0000 + 5.0000i
```

(2)cellplot(元胞数组名)函数：以图形方式展现数组内容。

例如：cellplot(a)，执行此函数后结果如图 2-1 所示。

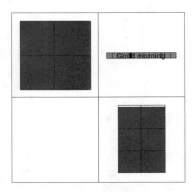

图 2-1　元胞数组图形表示

2.8.2　结构数组

普通数据和单元数组只能通过下标访问数组中的元素，而结构数组中的元素是带名字的，结构数组中还可以存储不同类型的元素，因此结构数组中的元素被称为域，用数组名.域名可以访问结构数组中的具体元素值。

1.结构数组的创建方式

(1)键入结构数组各元素的数据。

例如：

```
>>student(1).name='张三';
>>student(1).sex='man';
>>student(1).age='18';
>>student(1).score=[83 90 78];
>>student(2).name='李四';
>>student(2).sex='man';
>>student(2).age='18';
>>student(2).score=[92 90 100];
>>student(3).name='王二';
>>student(3).sex='girl';
>>student(3).score=[88 90 97];
>>studen
```

```
ans =
        包含以下字段的 1×3 struct 数组：
            name
            sex
            age
            score
```

```
>>student(2)
```

```
ans =
        包含以下字段的 struct：
            name：'李四'
             sex：'man'
             age：'18'
           score：[92 90 100]
```

（2）在命令行使用 struct 函数构建结构数组。

例如：

```
>> student(1)=struct('name','张三','sex','man','age',25,'score',[83 90 78]);
>>student(2)=struct('name','李四','sex','man','age',12,'score',[92 90 100]);
>>student(3)=struct('name','王二','sex','girl','age','','score',[88 90 97]);
>>student
```

```
student =
        包含以下字段的 1×3 struct 数组：
            name
            sex
            age
            score
```

2. 结构数组与元胞数组的相互转换

在 MATLAB 中可以将元胞数组转换为结构体数组[用 cell2struct()函数实现]，也可以将结构体数组转换为元胞数组[用 struct2cell()实现]；当然这两个数组也可以通过一定方式转化为字符数组或数值数组。数组的处理在 MATLAB 中非常灵活，可以满足不同的要求。

（1）cell 数组转换成 struct 数组。函数 cell2struct()的调用格式如下：

s=cell2struct(c,fields,dim)

该函数将单元数组 c 转换成结构体变量 s，结构体的成员变量为 fields，维数为 dim。

例如：

```
>> ex1= {{'k1','d1','e1'},{'s1','f1'},{'w1','fe2','h3'}};
>> sx2 = {{'I','am'},{'st','you'},{'are','teacher'}};
>>yees = [ex1;sx2]    %%此处定义了元胞数组 yees
```

```
yees =
    2×3 cell 数组
        {1×3cell}      {1×2 cell}      {1×3 cell}
        {1×2cell}      {1×2 cell}      {1×2 cell}
```

```
>> row = {'dev1','sal2'};
>> depts = cell2struct(yees,row,1)
```

```
depts =
    包含以下字段的 3×1 struct 数组：
        dev1
        sal2
```

(2)struct 数组转换成 cell 数组。函数 struct2cell（）的调用格式如下：

　　　　C＝struct2cell(S)

其中,S 可以是任何大小的结构体数组,如果 S 是包含 p 个字段的 m×n 结构体数组,则 C 是 p×m×n 字段的结构体数组。

例如：

```
>>s. category = 'high';
>>s. height = 172;
>> s. name = 'yang';
>> s       %创建一个结构体
```

```
s =
    包含以下字段的 struct：
        category： 'high'
          height： 172
            name： 'yang'
```

```
>> c = struct2cell(s)       % struct 数组转换成 cell 数组
```

```
c =
    3×1 cell 数组
    {'high'}
    {[ 172]}
    {'yang'}
```

习　题　2

1. 举例说明在 MATLAB 中生成矩阵的方法。
2. 求矩阵 *A* 和 *B* 的乘积,比较其和矩阵点乘的区别。

$$A = \begin{bmatrix} 3 & 16 & -28 \\ 5 & -3 & -35 \\ 8 & 25 & -1 \end{bmatrix}, \quad B = \begin{bmatrix} 13 & 26 & -28 \\ 1 & -13 & -35 \\ -8 & 5 & -3 \end{bmatrix}$$

3. 已知矩阵 $A = \begin{bmatrix} 1 & 2 & 3 & 4 \\ 5 & 6 & 7 & 8 \\ 9 & 10 & 11 & 12 \end{bmatrix}$, 求：

(1)矩阵 A 的每行元素的乘积；

(2)分别提取矩阵 A 的各个对角线元素；

(3)利用矩阵 A 说明单下标矩阵和双下标矩阵的转化。

4. 举例说明普通数组、元胞数组和结构数组的区别。

第3章　MATLAB 的符号运算

在符号运算中,计算的对象由具体的数值抽象化为符号对象。运算时无须事先对变量赋值,运算所得结果以标准的符号形式表达,即函数关系式。无论关系式多么复杂,都可给出直观的符号形式的解析解。本章介绍 MATLAB 中的符号运算实现及符号分析可视化。

3.1　数值运算和符号运算的关系

MATLAB 的数学运算主要有数值运算与符号运算两类。在工程、应用数学科学上经常遇到符号计算问题。MATLAB 以 MAPLE 的内核为符号计算的引擎,依赖 MAPLE 已有的库函数,开发了在 MATLAB 环境下实现符号计算的工具包 Symbolic Math Toolbox,将符号运算结合到 MATLAB 的数值运算环境中。符号运算也是 MATLAB 的一个极其重要的组成部分。MATLAB 的符号数学工具箱可以完成几乎所有的符号运算功能,主要包括:符号表达式的运算,符号表达式的复合、化简,符号矩阵的运算,符号微积分,符号作图,符号代数方程求解,符号微分方程求解,等等。此外,该工具箱还支持可变精度运算,即支持以指定的精度返回结果。

符号运算与数值运算的主要区别有以下几个方面:

(1)数值运算在运算前必须先对变量赋值,再参加运算;符号计算在运算时无须事先对变量赋值,而将所得到结果以标准的符号形式来表示。

(2)数值计算的表达式、矩阵变量中不允许有未定义的自由变量,而符号计算可以含有未定义的符号变量。值得注意的是在符号计算中所出现的数字也都是当作符号处理的。

(3)传统的数值型运算因为要受到计算机所保留的有效位数的限制,每一次运算都会有一定的截断误差,重复的多次数值运算就可能会造成很大的累积误差。符号运算不需要进行数值运算,不会出现截断误差,因此符号运算是非常准确的。

(4)符号运算是对字符串进行数学分析,运算不受计算误差累积所带来的困扰,可以得出完全的封闭解或任意精度的数值解(当封闭解不存在时)。

(5)符号运算的计算过程以推理方式进行,运算的时间较长,而数值型运算速度相对较快。

(6)在 MATLAB 中,符号运算与数值运算也是可以相互转换的。

3.2　符号对象与符号表达式的生成

3.2.1　符号对象的生成

1.符号常量的建立

符号常量是不含变量的符号表达式。在 MATLAB 中使用 sym 指令来建立符号常量,其调用形式为:

sym('常量')

★注:这种方式是绝对准确的符号数值表示。

【例 3-1】　创建符号常量 cos(1)和 1/3。

解:

```
>> a=sym('cos(1)')
```

```
a =
cos(1)
```

```
>> b=sym(1/3)
```

```
b =
    1/3
```

sym 函数也可以用来把数值转换成某种格式的符号常量,其调用形式如下:

sym(数值常量,参数)　　把数值常量按某种格式转换为符号常量

说明:参数可以选择为"d""f""e"或"r"四种形式,也可省略,其作用如表 3-1 所示。

表 3-1　参数设置

参　数	作　用
d	返回最接近的十进制数值(默认位数为 32 位)
f	返回该符号值最接近的浮点表示
r	返回该符号值最接近的有理数型(为 MATLAB 默认方式),可表示为 p/q、p * q、10^q、pi/q、2^q 和 sqrt(p)形式之一
e	返回最接近的带有机器浮点误差的有理数值

例如:利用 sym 函数可以对例 3-1 进一步做如下处理,比较其不同作用。

```
>> a=cos(1)                    %创建数值常量
```

```
a =
    0.5403
```

```
>> a1=sym('cos(1)')            % 创建符号常量表达式
```

```
a1 =
    cos(1)
```

```
>> a2=sym(cos(1))             %把数值常量转换为符号常量,按 MATLAB 默认格式转换
```

```
a2 =
    1216652631687587/2251799813685248
```

```
>> a3=sym(cos(1),'d')         %把数值常量转换为符号常量,返回最接近的十进制数值
```

```
a3 =
    0.5403023058681397650104827334 8715
```

```
>> a4＝a－a2                    %数值常量和符号常量计算,返回的是符号常量
```

```
a4 ＝
    0
```

2. 符号变量的建立

在 MATLAB 中,sym 函数也可以用于定义符号变量,例如:

```
>> x＝sym('x')          %定义符号变量 x
```

```
x ＝
    x
```

```
>> y＝sym('fuhao')         %定义符号变量 fuhao
```

```
y ＝
    fuhao
```

上面的两个指令分别把单引号内的字符和字符串赋值给变量 x 和 y,变量 x 和 y 就是创建的符号变量。但是函数 sym 一次只能定义一个符号变量,使用起来不方便。MATLAB 提供了另一个函数 syms,一次可以定义多个符号变量。syms 函数的一般调用格式为:

syms　符号变量名 1　　符号变量名 2　　…　　符号变量名 n

例如:

```
>> syms x y z          %建立 x,y,z 三个符号变量
```

★注:变量之间用空格而不是用逗号进行分隔。

3.2.2　建立符号表达式

符号表达式就是代表数字、函数和变量的 MATLAB 字符串或字符串数组,它不要求变量要有预先定义的值。符号表达式包含符号函数和符号方程,其中符号函数没有等号,而符号方程必须带有等号。

在 MATLAB 中建立符号表达式主要有两种方式。

方法 1:用 str2sym 函数建立符号表达式。

　　　　str2sym(symstr)　　　　　把表示符号表达式的字符串转化为数值变量

其中,symstr 是一个表示符号表达式的字符串。

【例 3 - 2】　建立符号表达式 ax^2+bx+c,并将符号表达式 $\sin(\pi)$ 转化为数值变量。

解:

```
>> f1＝str2sym('a * x^2＋b * x＋c')
```

```
f1 ＝
    a * x^2＋b * x＋c
```

```
>> str2sym('sin(pi)')
```

```
ans ＝
    0
```

方法 2：使用已经定义的符号变量来组成符号表达式。

例如：

```
>>syms a b c x          %创建多个符号变量
>>f2＝a * x^2＋b * x＋c    %创建符号表达式
```

```
f2 ＝
    a * x^2＋b * x＋c
```

★注：在旧版本中用 sym 函数直接建立的符号表达式在新版本中不再使用。

3.3　符号表达式的运算

3.3.1　符号表达式的基本运算

MATLAB 采用了重载技术，使得用来构成符号表达式运算的算符和基本函数，都与数值计算中的算符和基本函数几乎完全相同，给用户使用带来了极大的方便。

1. 基本运算符

基本运算符"＋""－"" * ""\""/""^"分别实现矩阵的加、减、乘、左除、右除、求幂运算；基本运算符". * ""./"".\"".^"分别实现不同符号矩阵中元素之间的点乘、点除、点乘方；基本运算符"'"和"."分别实现矩阵的共轭转置、非共轭转置。

例如：

```
>> g＝str2sym('x^2＋5 * x＋4');     %建立符号表达式
>> f＝str2sym('5 * x＋4');          %建立符号表达式
>> t＝g＋f                          %计算符号表达式的和
```

```
t ＝
    x^2＋10 * x＋8
```

```
>> t1＝f^2     %计算符号表达式的二次方
```

```
t1 ＝
    (5 * x＋4)^2
```

```
>> a＝sym('[d a;b f;c v]')          %创建符号矩阵
```

```
a ＝
    [d, a]
    [b, f]
    [c, v]
```

```
>> b＝sym('[j k;l o;t y]')          %创建符号矩阵
```

```
b =
    [ j, k]
    [ l, o]
    [ t, y]
```

```
>> c=a.^2                    %计算符号矩阵的点乘
```

```
c =
    [ d^2, a^2]
    [ b^2, f^2]
    [ c^2, v^2]
```

```
>> c'  %计算符号矩阵的共轭转置
```

```
ans =
    [ conj(d)^2, conj(b)^2, conj(c)^2]
    [ conj(a)^2, conj(f)^2, conj(v)^2]
```

```
>> d=a.*b%  计算符号矩阵的点乘
```

```
d =
    [ d*j, a*k]
    [ b*l, f*o]
    [ c*t, v*y]
```

2. 关系运算符

在符号对象的比较中,没有"大于""小于""不小于""不大于"的概念,而只有"相等"和"不等"的概念。算符"=="" ~="分别对算符两边的符号对象进行"相等""不等"的比较。如果比较结果为"真",则返回值为 1;如果比较结果为"假",则返回值为 0。

例如:

```
>> x=sym(cos(1))             %创建符号常量
```

```
x =
    1216652631687587/2251799813685248
```

```
>> y=sym(cos(1),'d')         %有效精度只有 32 位,r, d, e, f 指定了对浮点数进行转换时的
规则
```

```
y =
    0.54030230586813976501048273348715
```

```
>> x==y                      %求关系运算结果
```

```
ans =
    1
```

3.3.2　符号运算的基本函数

1. 三角函数、双曲函数及它们的反函数

除了 atan 仅能用于数值计算外,其余的三角函数及它们的反函数,无论在数值计算还是在符号计算中,它们的使用方法都相同。

例如:

```
>> x=str2sym('cos(3)')
```

```
x =
    cos(3)
```

```
>> acos(x)
```

```
ans =
    3
```

2. 指数、对数函数

在数值、符号计算中,函数 sqrt、exp、log、log2 的使用方法完全相同。

3. 复数函数

涉及求复数的共轭 conj 函数、求实部 real 函数、虚部 imag 函数和求模 abs 函数,在数值和符号计算中的使用相同。但需要注意的是,在符号计算中,MATLAB 没有提供求相角的指令。

3.4　符号表达式的操作及转换

3.4.1　符号表达式中自由变量的确定

1. 确定自由变量的意义和原则

符号表达式中的自由变量是指在函数中使用的变量,它们不是局部变量,也不是函数的参数;自由变量是在表达式中用于表示一个位置或一些位置的符号,某些明确的代换可以在其中发生,或某些运算(比如总和或量化)可以在其上发生。当利用符号计算解方程获得方程的解析解时,如带有多个参数,这时就需要确定哪个是自由符号变量,哪个是符号参数,然后再计算;自由变量不同,求得的解也会不同。

符号表达式中自由变量的确定原则如下:

(1)符号表达式中如果有多个字符变量,则按照以下顺序选择自由变量:首先选择 x 作为自由变量;如果没有 x,则选择在字母顺序中最接近 x 的字符变量;如果与 x 相同距离,则在 x 后面的优先。

(2)大写字母比所有的小写字母都靠后。

(3)小写字母 i 和 j 不能作为自由变量。

再具体化一些,就是在数学表达式中,一般习惯于使用排在字母表中前面的字母作为变量的系数,而用排在后面的字母表示变量。例如:$f=ax^2+bx+c$,表达式中的 a,b,c 通常被认为是常数,用作变量的系数;而将 x 看作自变量。

2.采用函数确定自由变量

如果无法确定表达式中的自由变量,可以使用 MATLAB 提供的两种函数来确定。

方法 1:利用 symvar 函数来确定。

该函数的一般调用形式为:symvar(expr) ％symvar 函数查找被定义的函数表达式 expr 中的除 i、j、pi、inf、nan、eps 和公共函数之外的标识符。这些标识符是表达式中变量的名称,结果返回字符向量元胞数组 expr 中的标识符。如果 symvar 找不到标识符,则 expr 是一个空的元胞数组。

symvar(expr,n)   确定表达式中距离 x 最近的 n 个自由符号变量。

说明:expr 可以是符号表达式或符号矩阵。

【例 3 - 3】 按要求找出符号表达式 ax^2+bx+c 中的自由符号变量。

```
>> f=str2sym('a * x^2+b * x+c')   %生成符号表达式
```

```
f =
    a * x^2+b * x+c
```

```
>>symvar(f)      % 找出 f 中所有的自由符号变量
```

```
ans =
    a, b, c, x
```

```
>>symvar(f,1)    %找出 f 中距离 x 最近的 1 个自由符号变量
```

```
ans =
    x
```

方法 2:用 findsym 函数查询默认的变量。

该函数的一般调用形式为:findsym(f,n)

其中,f 为用户定义的符号函数;n 为正整数,表示查询变量的个数。$n=i$ 表示查询 i 个系统默认变量;n 值省略时表示查询符号函数中全部系统默认变量。

例如:例 3 - 3 中的符号表达式也可以用 findsym 函数来获得其自由变量。

```
>>f=str2sym('a * x^2+b * x+c')
>>symvar(f,2)        % 找出 f 中 x 最近的 2 个自由符号变量
>>findsym(f,2)       %找出 f 中距离 x 最近的 2 个自由符号变量
```

```
ans =
    c,x
```

【例 3 - 4】 查询符号函数 $f_1=(x+y)^n$ 和 $g_1=\cos(at^2+b)$ 中的系统默认变量。

解:

```
>>syms a b n t x y      %定义符号变量
>>f1=(x+y)^n;           %给定符号函数
>>  findsym(f1)
```

```
ans =
    n,x,y
```

```
>>symvar(f1)          %查找函数表达式中的标识符
```

```
ans =
   [ n, x, y ]
```

```
>>g1=cos(a * t^2+b);
>>findsym(f1,1)       %在 f 函数中查询 1 个系统默认变量
```

```
ans=      x
```

```
>>findsym(f1,2)       %在 f 函数中查询 2 个系统默认变量
```

```
ans =
   x,y
```

★注:findsym 函数和 symvar 函数在使用时是有区别的。

3.4.2　符号数值精度控制和运算

在 MATLAB 的符号运算工具箱(Symbolic Math Toolbox)中共包含 3 种算术运算:数值类型,MATLAB 的浮点算术运算;符号类型,maple 的精确符号运算;vpa 类型,maple 的任意精度算术运算。

1. 浮点运算

例如:

```
>>1/2+1/3    %定义输出格式 format long
```

```
ans =
   0.83333333333333
```

2. 符号运算

例如:

```
>>sym(1/2)+(1/3)         %可以获得精确解
```

```
ans =
   5/6
```

3. 任意精度算术运算

任意精度的 vpa 型运算可以使用 digits 和 vpa 函数来实现。

digits 函数的调用形式如下:

digits(n)　　　　显示当前采用的数值计算的精度,设定今后数值计算以 n 位相对精度进行

其中,n 为所期望的有效位数。digits 函数可以通过改变默认的有效位数来改变精度,随后通过每个进行 Maple 函数的计算都以新精度为准。当有效位数增加时,计算时间和占用的内存也增加。命令"digits"用来显示默认的有效位数,默认的有效位数为 32 位。

vpa 函数的调用形式如下:

S=vpa(s)　　　　在 digits 指定的精度下,给出 s 的数值型符号结果 S

S＝vpa(s,n)　　　　将 s 表示为 n 位有效位数的符号对象 S

其中，s 可以是数值对象或符号对象，但计算的结果 S 一定是符号对象；当参数 n 省略时，则以给定的 digits 指定精度。vpa 命令只对指定的符号对象 s 按新精度进行计算，并以同样的精度显示计算结果，但并不改变全局的 digits 参数。

【例 3－5】 对表达式 $2\sqrt{5}+\pi$ 进行任意精度控制的比较。

```
>>a＝str2sym('2 * sqrt(5)+pi')
```
```
a =
    pi + 2 * 5^(1/2)
```
```
>>digits          %显示默认的有效位数
```
```
digits = 32
```
```
>>vpa(a)          %用默认的位数计算并显示
```
```
ans =
    7.6137286085893726312809907207421
```
```
>>vpa(a,20)       %按指定的精度计算并显示
```
```
ans =
    7.6137286085893726313
```
```
>>digits(15)      %改变默认的有效位数
>>vpa(a)          %按 digits 指定的精度计算并显示
```
```
ans =
    7.61372860858937
```

【例 3－6】 分别用三种运算方式表达式比较 2/3 的结果。

```
>>a1 ＝2/3    %数值型
```
```
a1 =
    0.6667
```
```
>>a2 ＝sym(2/3)    %符号型
```
```
a2 =
    2/3
```
```
>>a3 ＝vpa('2/3',32)    %VPA 型
```
```
a3 =
    .66666666666666666666666666666667
```

★注：在这三种运算方式中，数值型运算的速度最快；有理数型符号运算的计算时间和占

用内存是最大的,产生的结果也是非常准确的;VPA 型的任意精度符号运算比较灵活,可以设置任意有效精度,当保留的有效位数增加时,每次运算的时间和使用的内存也会增加。

4. 将数据格式转换为双精度浮点数

采用函数命令 double 可以实现浮点数的转换。其调用格式如下:

　　double(A)

此函数把符号矩阵或任意精度表示的矩阵 **A** 转换为双精度矩阵。数值变量自动存储为 64 位(8 字节)双精度浮点值。如果是小数,则返回的是五位小数值;如果是整数,则返回的还是整数;如果是字符,则返回字符的 ASCII 码值。

例如:

```
>>double(1+i/2)^2/10
```

```
ans =
    0.0750 + 0.1000i
```

例如:

```
>> x = 'bc 你';
>> y = 2;
>> z = 1.5;
>> dx = double(x)          %返回字符的 ASCII 码值
```

```
dx =
           98        99     20320
```

```
>>dy = double(y)          %返回的还是整数
```

```
dy =
    2
```

```
>>dz = double(z)          %返回的是五位小数值
```

```
dz =
    1.5000
```

3.4.3　符号表达式的化简

当 MATLAB 的符号函数生成的符号表达式比较复杂或需要不同形式的表达式时,可以通过符号数学工具箱中提供的函数来对符号表达式进行化简或形式变换。常用函数主要有 collect、factor、horner、pretty、expand、simplify、simple。

同一个符号表达式通常可以表示成三种形式:多项式形式、单次因式形式和嵌套形式。

1. collect 函数

collect(f)　　　　按默认变量进行合并

collect(EXPR,v)　　将表达式写成多项式按降幂排列形式,并对 EXPR 表达式中指定的符号对象 v 的同幂项系数进行合并

【例 3 - 7】　按不同变量合并表达式 $x^3 + 2x^2 y + 4xy + 6$。

>> f=str2sym('x^3+2 * x^2 * y+4 * x * y+6');
>> collect(f)　　%按默认变量进行合并

ans =
　　x^3 + 2 * y * x^2 + 4 * y * x + 6

>> collect(f,'y')　　%按指定变量 y 进行合并

ans =
　　(2 * x^2+4 * x) * y+x^3+6

2. factor 函数

factor(EXPR)　　　　如果 EXPR 是一个符号表达式,对符号表达式进行因式分解;如果 EXPR 是整数,factor 函数返回其质因数分解

例如:

>> f=str2sym('x^2-y^2');
>> factor(f)%符号表达式的因式分解

ans =
　　[x − y, x + y]

>> s=factor(165)%整数的质因数分解

s =
　　3　　5　　11

3. horner 函数

horner(EXPR)　　　　　　对符号表达式 EXPR 分解成嵌套形式
$f(x)=x^n+x^{n-1}+\cdots+x+1=x(\cdots x(x(x+1)+1)\cdots)+1$
例如:

>> f=str2sym('x^3−6 * x^2+11 * x−6');
>> horner(f)　　　%分解为嵌套形式

ans =
　　x * (x * (x − 6) + 11) − 6

4. pretty 函数

pretty(EXPR)　　　以排版方式显示 EXPR 表达式
例如:

>> f=str2sym('x^3−6 * x^2+11 * x−6');

f =
　　x^3 − 6 * x^2 + 11 * x − 6

>>　pretty(f)

```
    3          2
   x  − 6 x  + 11 x − 6
```

5. expand 函数

expand(EXPR)　　对符号表达式 EXPR 中每个因式的乘积进行展开计算。该命令通常用于计算多项式函数、三角函数、指数函数与对数函数等表达式的展开式

例如：

```
>> syms x y t;
>> f1 = expand((x−2) * (x−4) * (y−t))
```

```
f1 =
    8 * y − 8 * t + 6 * t * x − 6 * x * y − t * x^2 + x^2 * y
```

```
>> f2 = expand(cos(x+y))
```

```
f2 =
    cos(x) * cos(y) − sin(x) * sin(y)
```

6. simplify 函数

simplify(EXPR)　　　　运用多种恒等式转换对符号表达式 EXPR 进行综合简化

例如：

```
>> f=str2sym('cos(x)^2−sin(x)^2');
>>  simplify(f)
```

```
ans =
    cos(2 * x)
```

★注：在 MATLAB 的旧版本中一般采用 simple 通过多种方法（包括 simplify）进行化简寻求符号表达式 S 最简形式，但是在新版本中已经取消 simple 函数。

3.4.4　通分、提取分子分母

如果符号表达式是有理分式形式或可展开为有理分式形式，则可通过函数 numden 来对符号表达式通分，并提取符号表达式中的分子、分母。numden 函数的调用形式如下：

[n,d]=numden(f)　　提取符号表达式 f 的分子与分母，并分别将其存放在 n 与 d 中；当 f 中的分母不同时可直接由 numden 通分，并提取分子与分母；当 f 为常量分式时，可以得到约分后的分子与分母

n=numden(f)　　提取符号表达式 f 的分子与分母，但只把分子存放在 n 中

【例 3 − 8】　提取符号表达式 $\dfrac{ax^2}{b-x}+\dfrac{x^3}{a-x}$ 的分子与分母。

解：

```
>> f=sym('a * x^2/(b−x)+x^3/(a−x)');
>> [n,d]=numden(f)        %分子与分母分别存放在 n 与 d 中
```

```
n =
    −x^2 * (− a^2 + a * x + x^2 − b * x)
d =
    (a − x) * (b − x)
```

```
>> [n,d]=numden(sym(20/2044))        %返回约分后的分子、分母
```

```
n =
    5
d =
    511
```

3.4.5　符号表达式的替换

在 MATLAB 中可以使用 subs 函数来进行符号表达式中符号变量的替换,也就是用给定的数据替换符号表达式中的指定的符号变量。subs 函数调用形式如下:

subs(f)　　　　用给定值替换符号表达式 f 中的所有变量

subs(f,a)　　　用 a 替换符号表达式 f 中的自由变量

subs(f,x,z)　　用 a 替换符号表达式 f 中的变量 x,a 可以是数/数值变量/表达式或字符变量/表达式

【例 3-9】　用 subs 函数对符号表达式 $(x+y)^2+3(x+y)+5$ 进行替换。

解:

```
>>f=str2sym('(x+y)^2+3*(x+y)+5');
>> f1=subs(f,'x',2)   %用 2 替换符号表达式 f 中的变量 x
```

```
f1 =
    3*y + (y+2)^2 + 11
```

```
>>syms s
>> f2=subs(f,x+y,s)    %用 s 替换符号表达式 f 中的变量 x+y
```

```
f2 =
    s^2 + 3*s + 5
```

```
>> f3=subs(f1,'y',1)   %用 1 替换符号表达式 f1 中的变量 y
```

```
f3 =
    23
```

3.4.6　符号与数值间的转换

1.把符号表达式转换成数值表达式

方法 1:通过函数 eval 来实现。

例如:

```
>> p='1+sqrt(2)/2';
>> eval(p)%符号表达式转换成数值
```

```
ans =
    1.7071
```

```
>>A=[1/3,2.5;1/0.7,2/5]
```

```
A =
    0.3333    2.5000
    1.4286    0.4000
```

```
>>sym(A)          %数值转化为符号表达式
```

```
ans =
    [1/3,  5/2]
    [10/7, 2/5]
```

```
>>eval(ans)       %符号表达式转换成数值
```

```
ans =
    0.3333    2.5000
    1.4286    0.4000
```

方法 2：通过 N = double(sym(A))来实现。

例如：

```
>> A =str2sym('[1/3,5/2;10/7,2/5]')
```

```
A =
    [ 1/3, 5/2]
    [10/7, 2/5]
```

```
>> N = double(sym(A))
```

```
N =
    0.3333    2.5000
    1.4286    0.4000
```

2. 把数值转换成符号表达式

把数值转换成符号表达式主要是通过函数 sym 来实现的。

例如：

```
>> p=1.7071;
>> n=sym(p)
```

```
n =
    17071/10000
```

例如：

```
>> A=[1/3,2.5;1/0.7,2/5]
```

```
A =
    0.3333    2.5000
    1.4286    0.4000
```

```
>> sym(A)
```

```
ans =
    [ 1/3,  5/2]
    [10/7, 2/5]
```

3. 符号表达式与多项式的转换

构成多项式的符号表达式 $f(x)$ 可以与多项式系数构成的行向量进行相互转换，MATLAB 提供了函数 sym2poly 和函数 poly2sym 来实现相互转换。

【例 3 - 10】 把符号表达式 $2x+3x^2+1$ 转换为行向量。

解：

```
>> f=str2sym('2 * x+3 * x^2+1')
```

```
f =
    2 * x+3 * x^2+1
```

```
>>sym2poly(f)%转换为按降幂排列的行向量
```

```
ans =
    3    2    1
```

★注：该函数只能对含有一个变量的符号表达式进行转换。

【例 3 - 11】 把行向量[1 3 2]转换为符号表达式。

解：

```
>>g=poly2sym([1 3 2])        %默认 x 为符号变量的符号表达式
```

```
g =
    x^2+3 * x+2
```

```
>>g=poly2sym([1 3 2],sym('y'))        %y 为符号变量的符号表达式
```

```
g =
    y^2+3 * y+2
```

3.5 符 号 矩 阵

3.5.1 符号矩阵的生成

符号矩阵(含向量)中的元素都是符号表达式。

方法 1：用 str2sym 函数创建矩阵。

A= str2sym('[   ]')   其中符号矩阵的内容格式和数值矩阵相同

例如：

```
>>  A = str2sym('[1 , 4 * b^2 ; 3 * c , d]')   %创建一个 2 * 2 维的符号矩阵
```

```
A =
   [  1, 4 * b^2]
   [3 * c,     d]
```

★注：符号矩阵的每一行的两端都有方括号，这是与 MATLAB 数值矩阵的一个重要区别。

A＝str2sym('[a,b;c,d]')　返回一个由 a、b、c、d 四个元素构成的 A 矩阵

例如：

```
>>A=str2sym('[a,b;c,d]') %创建 2 * 2 维符号矩阵
```

```
A =
   [ a , b]
   [ c , d]
```

方法 2：用 syms 函数创建矩阵 s。

符号矩阵可通过函数 syms 来生成。符号矩阵的元素是任何不带等号的符号表达式，各符号表达式的长度可以不同；符号矩阵中，以空格或逗号分隔的元素指定的是不同列的元素，而以分号分隔的元素指定的是不同行的元素。

例如：

```
>>syms  b c d
>>A=[1 , 4 * b^2;3 * c, d]
```

```
A =
   [  1, 4 * b^2]
   [3 * c,     d]
```

★注：在 MATLAB 的新版本中，用字符串（character string）直接创建矩阵的方法已经不再使用。

```
>>syms a b c d
```

```
A=[a b;c d]
   A =
   [ a , b]
   [ c , d]
```

【例 3－12】　比较 a、b、c、d 构成的符号矩阵与字符串矩阵的不同。

解：

```
>>B=[a,b;c,d]      %创建字符串矩阵
```

```
B =
    [a,b;c,d]
C=str2sym(B)            %转换为符号矩阵
C =
    [ a, b]
    [ c, d]
    whos                        %显示所有变量及其大小和类型
    Name        Size        Bytes        Class
     A          2x2           8          sym
     B          1x9          18          char
     C          2x2           8          sym
```

3.5.2 符号矩阵的运算

符号矩阵的一些基本运算包括符号矩阵的转置、行列式、逆、特征值、特征向量运算等。

(1)符号矩阵的转置运算。符号矩阵的转置运算由函数 transpose 或符号"'"来实现。例如：

```
>> A=str2sym([cos(x),sin(x);x^2+x+1 tan(x)]);
>> B=transpose(A)        %对矩阵 A 进行转置
```

```
B =
    [cos(x), x^2+x+1]
    [sin(x), tan(x)]
C=A.'
C =
    [cos(x), x^2 + x + 1]
    [sin(x),        tan(x)]
```

(2)符号矩阵的行列式运算。符号矩阵的行列式运算由函数 det 来实现,其中矩阵必须为方阵。

函数的一般调用形式如下：

B=det(A)   求出矩阵 A(方阵)的行列式

例如：

```
>>B=det(A)
```

```
B =
    cos(x) * tan(x) — x^2 * sin(x) — sin(x) — x * sin(x)
```

(3)符号矩阵的求逆运算。符号矩阵的求逆运算与数值矩阵的求逆运算一样,由函数 inv 来实现,其中矩阵必须为方阵。

函数的一般调用形式如下：

B=inv(A)   求出矩阵 A(方阵)的逆矩阵

例如：

```
>> D=inv(A)
```

D =

　　$[-\tan(x)/(-\cos(x)*\tan(x)+\sin(x)*x\hat{\ }2+\sin(x)*x+\sin(x))$, $\sin(x)/(-\cos(x)*\tan(x)$

$+\sin(x)*x\hat{\ }2+\sin(x)*x+\sin(x))]$

　　$[(x\hat{\ }2+x+1)/(-\cos(x)*\tan(x)+\sin(x)*x\hat{\ }2+\sin(x)*x+\sin(x))$, $-\cos(x)/(-\cos(x)*$

$\tan(x)+\sin(x)*x\hat{\ }2+\sin(x)*x+\sin(x))]$

（4）符号矩阵的特征值、特征向量运算。在 MATLAB 中,符号矩阵的特征值、特征向量可通过函数 eig 来实现。

函数的一般调用形式如下：

E = eig(X)　　　　　　返回方阵 X 的特征值

[V,D] = eig(X)　　　　返回方阵特征值和特征向量矩阵

例如：

```
>> A=str2sym('[1,3/2;2 4]');
   >> [BC]=eig(A)
```

B =

　　$[-3/4+1/4*21\hat{\ }(1/2)$, $-3/4-1/4*21\hat{\ }(1/2)]$

　　$[\qquad\qquad\quad 1, \qquad\qquad\quad 1]$

C =

　　$[5/2+1/2*21\hat{\ }(1/2), \qquad\qquad 0]$

　　$[\qquad\qquad 0, 5/2-1/2*21\hat{\ }(1/2)]$

3.6　符号微积分

　　MATLAB 的符号运算工具箱提供了计算微积分的工具,包括符号极限、符号微分、符号积分等。

3.6.1　符号极限

在 MATLAB 中,符号极限由函数 limit 来实现的。limit 函数的调用格式如表 3-2 所示。

表 3 - 2　**limit 函数的调用格式**

表达式	函数的调用格式	说　明
$\lim\limits_{x\to 0}f(x)$	limit(f)	对 x 求趋近于 0 的极限
$\lim\limits_{x\to a}f(x)$	limit(f,x,a)	对 x 求趋近于 a 的极限,当左右极限不相等时极限不存在
$\lim\limits_{x\to a^-}f(x)$	limit(f,x,a, left)	对 x 求左趋近于 a 的极限

续 表

表达式	函数的调用格式	说　明
$\lim\limits_{x \to a^+} f(x)$	$limit(f, x, a, \ right)$	对 x 求右趋近于 a 的极限

【例 3 - 13】　求 $\dfrac{1}{x}$ 的不同极限。

解：

```
>>f=str2sym('1/x')
```

```
f =
    1/x
```

```
>>limit(f)%对 x 求趋近于 0 的极限
```

```
ans =
    NaN
```

```
>> limit(f,'x,inf)          %对 x 求趋近于无穷的极限
```

```
ans =
    0
```

```
>>limit(f,'x',0,'left')       %左趋近于 0
```

```
ans =
    -inf
```

```
>>limit(f,'x',0,'right')      %右趋近于 0
```

```
ans =
    inf
```

【例 3 - 14】　求函数的极限：(1) $\lim\limits_{x \to 0}\dfrac{\arctan x}{x}$；(2) $\lim\limits_{x \to \infty}\left(1+\dfrac{a}{x}\right)^x$。

解：

```
>>syms x h n;
>> L=limit(atan(x)/x,x,0)
```

```
L =
    1
```

```
>> M=limit((1-a/x)^x,x,inf)
```

```
M =
    exp(-a)
```

3.6.2 符号级数

1. symsum 函数

symsum(s,x,a,b)　　　计算表达式 s 的级数和

其中：x 为自变量，x 省略则默认为对自由变量求和；s 为符号表达式；$[a,b]$ 为参数 x 的取值范围。

【例 3－15】 求级数 $1+\dfrac{1}{2^2}+\dfrac{1}{3^2}+\cdots+\dfrac{1}{k^2}+\cdots$ 和 $1+x+x^2+\cdots+x_k+\cdots$ 的和。

解：

```
>>syms x k                    %计算级数的前 10 项和
>>s1=symsum(1/k^2,1,10)
```

```
s1 =
    1968329/1270080
```

```
>>s2=symsum(1/k^2,1,inf)      %计算级数和
```

```
s2 =
    pi^2/6
```

```
>>   s3=symsum(x^k,k,0,inf)   %计算对 k 为自变量的级数和
```

```
s3 =
    piecewise(1 <= x, Inf, abs(x) < 1, -1/(x - 1))
```

2. taylor 函数

taylor (F,x,n)　　　求泰勒级数展开

其中：x 为自变量；F 为符号表达式；对 F 进行泰勒级数展开至 n 项，参数 n 省略则默认展开前 5 项。

【例 3－16】 求 e^x 的泰勒展开式。

解：

```
>>sym x;
>> s2=taylor(exp(x))          %默认展开前 5 项
```

```
s2 =
    x^5/120 + x^4/24 + x^3/6 + x^2/2 + x + 1
```

```
>>s1=taylor(exp(x),'Order',8)   %展开前 8 项
```

```
s1 =
    x^7/5040 + x^6/720 + x^5/120 + x^4/24 + x^3/6 + x^2/2 + x + 1
```

★注：e^x 的泰勒展开式为 $1+x+\dfrac{1}{2}\cdot x^2+\dfrac{1}{2\cdot3}x^3+\cdots+\dfrac{1}{k!}\cdot x^{k-1}+\cdots$。

3.6.3 符号微分

在 MATLAB 中,符号微分由函数 diff 来实现的。函数 diff 的一般调用格式如表 3 - 3 所示。

表 3 - 3 函数 diff 的调用格式

diff(f)	没有指定变量和导数阶数,则系统按 findsym 函数指示的默认变量对符号表达式 s 求一阶导数
diff(f,'v')	以 v 为自变量,对符号表达式 s 求一阶导数
diff(f,n)	按 findsym 函数指示的默认变量对符号表达式 s 求 n 阶导数,n 为正整数
diff(f,'v',n)	以 v 为自变量,对符号表达式 s 求 n 阶导数

【例 3 - 17】 已知 $f(x) = ax^2 + bx + c$,求 $f(x)$ 的微分。

```
>>f=str2sym('a * x^2+b * x+c')
>>diff(f)        %对默认自由变量 x 求一阶微分
```

```
ans =
    2 * a * x+b
```

```
>>diff(f,'a')        %对符号变量 a 求一阶微分
```

```
ans =
    x^2
```

```
>>diff(f,'x',2)    %对符号变量 x 求二阶微分
```

```
ans =
    2 * a
```

```
>>diff(f,3)        %对默认自由变量 x 求三阶微分
```

```
ans =
    0
```

微分函数 diff 也可以用于符号矩阵,其结果是对矩阵的每一个元素进行微分运算。

【例 3 - 18】 求符号矩阵 $\begin{bmatrix} 2x & t^2 \\ t\sin(x) & e^x \end{bmatrix}$ 的微分。

解:

```
>>syms t x
>> g=[2 * x t^2;t * sin(x) exp(x)]        %创建符号矩阵
```

```
g =
    [      2 * x,      t^2]
    [ t * sin(x),    exp(x)]
```

```
>>    diff(g,'t',2)              %对指定自由变量 t 求二阶微分
```

```
ans =
    [ 0, 2 ]
    [ 0, 0 ]
```

3.6.4　符号积分

符号积分由函数 int 实现,其调用格式如下:

int(f)　　　　　　对 findsym 函数返回的独立变量求不定积分,f 为符号表达式

int(f,'t')　　　　求符号变量 t 的不定积分

int(f,'t',a,b)　　求符号变量 t 在区间[a,b]上的定积分

其中:f 为被积符号表达式,也可以是符号矩阵,f 为符号矩阵时,则对每个元素积分;t 为符号变量,当 t 省略时则为默认自由变量;a 和 b 为积分的上下限,可以取任何值和符号表达式。

【例 3-19】　求不定积分 $\int \cos(x)\mathrm{d}x$ 和 $\iint \cos(x)\mathrm{d}x$。

解:

```
>> f=str2sym('cos(x)');
>>   int(f)          %求不定积分
```

```
ans =
    sin(x)
```

```
>> int(f,0,pi/3)          %求定积分
```

```
ans =
    3^(1/2)/2
```

```
>> int(f,sym('a'),sym('b'))          %求定积分
```

```
ans =
    sin(b) — sin(a)
```

```
>>   int(int(f))          %求多重积分
```

```
ans =
    —cos(x)
```

【例 3-20】　求符号矩阵 $\begin{bmatrix} 2x & t^2 \\ t\sin(x) & \mathrm{e}^x \end{bmatrix}$ 的积分。

解:

```
>>   syms t x
>> g=[2*x t^2;t*sin(x) exp(x)]
```

```
g =
    [   2 * x,        t^2]
    [ t * sin(x),   exp(x)]
```

>> int(g,'t',sym('a'),sym('b'))   %对 t 求定积分

```
ans =
    [              -2 * x * (a - b),    b^3/3 - a^3/3]
    [-(sin(x) * (a^2 - b^2))/2,      -exp(x) * (a - b)]
```

>> int(g,'x',sym('a'),sym('b'))   %对 x 求定积分

```
ans =
    [              b^2 - a^2,       -t^2 * (a - b)]
    [t * (cos(a) - cos(b)),        exp(b) - exp(a)]
```

【例 3 - 21】 求 $\int \dfrac{\left(\dfrac{1}{w+400}\right)^{\frac{1}{4}} w^{\frac{1}{2}}}{(w-400)^{\frac{1}{4}}} \mathrm{d}w$ 的积分。

解：

```
>>   syms w
>>   int(1/(w+400)^(1/4) * w^(1/2)/(w-400)^(1/4))
```

```
ans =
    int(w^(1/2)/((w - 400)^(1/4) * (w + 400)^(1/4)), w)
```

★注：当在 MATLAB 中对某函数进行符号积分时，有时积分不一定能成功。找不到原函数时，系统将返回未经计算的命令。

3.7 积 分 变 换

常见的积分变换有傅里叶变换、拉普拉斯变换和 Z 变换三种。

3.7.1 傅里叶变换

傅里叶变换能将满足一定条件的某个函数表示成三角函数（正弦函数和/或余弦函数）或者它们的积分的线性组合。在不同的研究领域，傅里叶变换具有多种不同的变体形式，如连续傅里叶变换和离散傅里叶变换。傅里叶变换和反变换分别使用 fourier 函数和 ifourier 函数来实现。

fourier 函数的一般调用形式如下：

F=fourier(f,t ,w)   求时域函数 f(t)的 fourier 变换 F

其中：返回结果 F 是符号变量 w 的函数，当参数 w 省略，默认返回结果为 w 的函数；f 为 t 的函数，当参数 t 省略，默认自由变量为 x。

ifourier 函数用于求傅里叶反变换，它的一般调用形式如下：

f＝ifourier（F,w,t）　　　　　求频域函数 F 的 fourier 反变换 f(t)

其中：ifourier 函数中参数的含义与 fourier 函数相同。

【例 3－22】　计算 $f(t) = \dfrac{1}{t}$ 的 fourier 变换 F 以及 F 的 fourier 反变换。

解：

```
>>syms t w
>>F=fourier(1/t,t,w)        %fourier 变换
```

```
F =
    －pi * sign(w) * 1i
```

```
>> f=ifourier(F,w,t)        %fourier 反变换
```

```
f =
    1/t
```

3.7.2　拉普拉斯变换

拉普拉斯（简称"拉氏"）变换是使用最广泛的数学工具之一。通过拉普拉斯积分变换将微积分方程转化成代数方程，为求解连续空间连续时间的方程提供了可能。MATLAB 中拉普拉斯变换及其反变换分别用函数 laplace 和 ilaplace 来实现，一般调用格式为：

laplace（f）　　　　　　求函数 f（t）的拉氏变换

F＝laplace（f,t,s）　　　　求时域函数 f 的拉氏变换 F

其中：返回结果 F 为 s 的函数，当参数 s 省略，返回结果 F 默认为′s′的函数；f 为 t 的函数，当参数 t 省略，默认自由变量为′t′。

ilaplace（F（s））　　　　求 F（s）的拉氏逆变换

f＝ilaplace（F,s,t）　　　求 F 的拉氏反变换 f

其中：ilaplace 函数中参数的含义与 laplace 函数中参数的含义相同。

【例 3－23】　求正弦函数 $\sin(at)$ 和单位阶跃函数的拉氏变换。

解：

```
>>syms a t s
>> F1=laplace(sin(a * t),t,s)        %求 sin(at)的拉氏变换
```

```
F1 =
    a/(a^2 ＋ s^2)
```

```
>>F2=laplace(heaviside(t),t,s)   %求阶跃函数的拉氏变换或者 F2＝laplace(str2sym(′heaviside(t)′)
```

```
F2 =
    1/s
```

★ 注：单位阶跃函数，又被称为赫维塞德阶跃（Heaviside step function）函数。在 MATLAB 中使用 heaviside(t)函数生成。

【例 3 - 24】 求下列函数的拉氏变换：

(1)$f(t)=t^2$；(2)$f(t)=e^{3t}$。

解：

```
>>syms t
>>laplace(t^2)          %求 t^2 的拉氏变换
```

```
ans =
    2/s^3
```

```
>>laplace(exp(3 * t))          %求 exp(3 * t)的拉氏变换
```

```
ans =
    1/(s-3)
```

【例 3 - 25】 求下列函数的拉氏逆变换：

(1)$\dfrac{1}{(s+1)^2}$； (2)$\dfrac{1}{s^2+4}$。

解：

```
>>syms s
>>ilaplace(1/(1+s)^2)          %求(1/(1+s)^2)的拉氏变换
```

```
ans =
    t * exp(-t)
```

```
>>syms s
>>ilaplace(1/(s^2+4))          %求(1/(s^2+4))的拉氏变换
```

```
ans =
    1/2 * sin(2 * t)
```

【例 3 - 26】 求 $\dfrac{1}{s+a}$ 和 1 的拉氏反变换。

解：

```
>>syms s a t
>> f1=ilaplace(1/(s+a),s,t)          %求 1/s+a 的拉氏反变换
```

```
f1 =
    exp(-a * t)
```

```
>>   f2=ilaplace(1,s,t)          %求 1 的拉氏反变换是脉冲函数
```

```
f2 =
    dirac(t)
```

3.7.3 Z 变换

Z 变换是对离散序列进行的一种数学变换,常用于求线性时不变差分方程的解。在离散

系统中 Z 变换的地位如同拉普拉斯变换在连续系统中的地位。MATLAB 中的 Z 变换和反变换分别使用 ztrans 函数和 iztrans 函数进行,一般调用格式为:

　　F＝ztrans(f,n, z)　　　　　　求时域序列 f 的 Z 变换 F

说明:返回结果 F 是以符号变量 z 为自变量,当参数 n 省略,默认自变量为 n;当参数 z 省略,返回结果默认为 z 的函数。

　　f＝iztrans(F,z,n)　　　　　　　求 F 的 Z 反变换 f

说明:iztrans 函数中参数的含义与 ztrans 函数中参数的含义相同。

【例 3 - 27】　求脉冲函数和函数 e^{-at} 的 Z 变换。

解:

```
>>syms a n z t
>>F1=ztrans(str2sym('Dirac(t)'),n,z)        %求脉冲函数的 Z 变换
```

```
F1 =
    (z * Dirac(t))/(z — 1)
```

```
>>   F2=ztrans(exp(—a * t),n,z)        %求 e—at 的 Z 变换
```

```
F2 =
    (z * exp(—a * t))/(z — 1)
```

接例 3 - 27,用 Z 反变换验算脉冲函数和函数 e^{-at} 的 Z 变换。

```
>>   f1=iztrans(F1,z,n)        %求 F1 的 Z 变换
```

```
f1 =
    Dirac(t) * kroneckerDelta(n, 0) — Dirac(t) * (kroneckerDelta(n, 0) — 1)
```

```
>>   f2=iztrans(F2,z,n)        %求 F2 的 Z 反变换
```

```
f2 =
    exp(—a * t) * kroneckerDelta(n, 0) — exp(—a * t) * (kroneckerDelta(n, 0) — 1)
```

★注:脉冲函数 kronecker Delta(n,o)是克罗内克函数,也称克罗内克函数,其自变量(也称输入值)一般是两个整数,如果两者相等,则输出值为 1,否则为 0。

3.8　符号分析可视化

3.8.1　图形化符号函数计算器

MATLAB 符号运算还可以使用图形化的函数计算器,利用指令 funtool 就可以调用该图形计算器。

在 MATLAB 的命令窗口输入如下指令:

```
>>funtool
```

即可调出符号函数图形计算器,具体结构如图 3-1 所示。该命令生成的图形化计算器包括三个图形窗口,图 3-1(a)用于显示函数 f 的图形,图 3-1(b)用于显示函数 g 的图形,图 3-1(c)为一可视化的、可操作与显示一元函数的计算器界面。

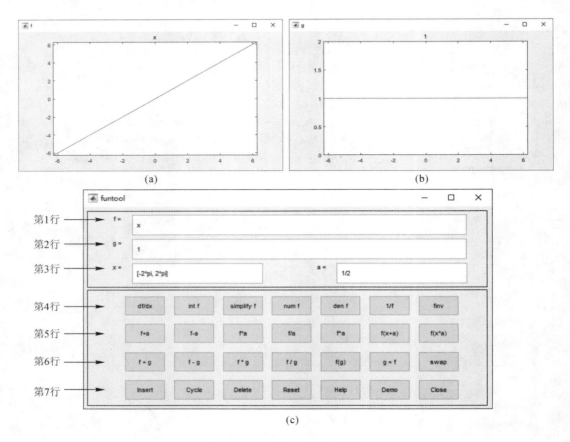

图 3-1　符号函数图形计算器

图 3-1 中的函数计算器界面上有许多按钮,可以显示两个由用户输入的函数的计算结果:加、乘、微分等。funtool 还有一个函数存储器,允许用户将函数存入,以便后面的调用。

在开始时,funtool 显示两个函数 $f(x)=x$ 与 $g(x)=1$ 在区间 $[-2*pi,2*pi]$ 上的图形。funtool 同时在下面显示出一个控制面板,允许用户对函数 f 和 g 进行保存、更正、重新输入、联合与转换等操作。新打开的图形计算器将默认 f=x,g=1,x=$[-2*pi,2*pi]$,a=1/2。

键位功能如下:

(1)前两行是函数 f 和 g 的具体解析式,第三行是自变量 x 的取值范围和常数 a 的值。

"f = ":显示代表函数 f 的符号表达式,可在该行输入其他有效的表达式来定义 f,再按回车键即可在图 3-1(a)中画出图形;

"g = ":显示代表函数 g 的符号表达式,可在该行输入其他有效的表达式来定义 g,再按回车键即可在图 3-1(b)中画出 g 图形;

"x = ":显示用于画函数 f 与 g 的区间。可在该行输入其他的不同区间,再按回车键即可改变图 3 - 1(a)与图 3 - 1(b)中的区间;

"a = ":显示用于改变函数 f 的常量因子(见下面的操作按钮),可在该行输入不同的常数。

(2) 第四行只对函数 f 起作用,如求导、积分、简化、提取分子和分母、倒数、反函数。

df/dx:函数 f 的导数;

int f:函数 f 的积分(没有常数的一个原函数),当函数 f 的原函数不能用初等函数表示时,此操作可能失败,操作失败时,相应的函数栏里就会出现 NaN。

simple f:化简函数 f(若有可能);

num f:函数 f 的分子;

den f:函数 f 的分母;

1/f:函数 f 的倒数;

finv:函数 f 的反函数,若函数 f 的反函数不存在,此操作可能失败, 操作失败时,相应的函数栏里就会出现 NaN;

(3)第五行是处理函数 f 和常数 a 的加、减、乘、除等运算。

f+a:用 $f(x)+a$ 代替函数 $f(x)$;

f-a:用 $f(x)-a$ 代替函数 $f(x)$;

f * a:用 $f(x)+a$ 代替函数 $f(x)$;

f/a:用 $f(x)/a$ 代替函数 $f(x)$;

f^a:用 $f(x)^a$ 代替函数 $f(x)$;

f(x+a):用 $f(x+a)$ 代替函数 $f(x)$;

f(x * a):用 $f(x-a)$ 代替函数 $f(x)$。

(4) 第六行是对前四个进行函数 f 和 g 之间的运算,后三个的功能分别是:求复合函数;把函数 f 传递给函数 g;swap 是实现函数 f 和函数 g 功能的交换。

f+g:用 $f(x)+g(x)$ 代替函数 $f(x)$;

f-g:用 $f(x)-g(x)$ 代替函数 $f(x)$;

f * g:用 $f(x) * g(x)$ 代替函数 $f(x)$;

f/g:用 f(x)/g(x)代替函数 $f(x)$;

f(g(x)):求复合函数;

g=f:用函数 $f(x)$ 代替函数 $g(x)$;

swap:把函数 $f(x)$ 与 $g(x)$ 互换。

(5)最后一行是对计算器自身进行操作,这 7 个功能键分别有不同的作用。

Insert:把当前激活窗的函数写入列表;

Cycle:依次循环显示 fxlist 中的函数;

Delete:从 fxlist 列表中删除激活窗的函数,funtool 计算器存有一张函数列表 fxlist;

Reset:使计算器恢复到初始调用状态;

Help:获得关于界面的在线提示说明;

Demo:自动演示;

Close：关闭整个计算器。

说明：

(1)在文本输入框区域,控制面板的上面几行,可以输入相应的文本;

(2)在控制按钮区域内有一些按钮,点击它们可以把函数 f 转换成不同的形式或执行不同的操作。

3.8.2 泰勒级数逼近分析界面

泰勒级数逼近分析界面用于观察函数 $f(x)$ 在给定区间被 N 阶泰勒多项式 $Tn(x)$ 逼近的情况。

在 MATLAB 的命令窗口输入如下指令：

```
>>taylortool
```

即可调出泰勒级数逼近分析界面,具体结构如图 3-2 所示。

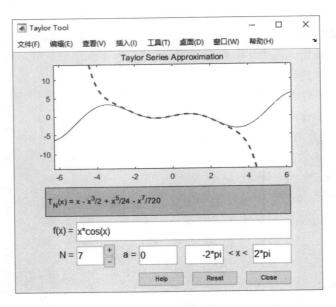

图 3-2　泰勒级数逼近分析界面

图 3-2 中的窗口由用户输入部分(包括函数、阶数、展开点、观察区域)和显示部分(包括泰勒级数逼近曲线和泰勒多项式)组成。其中：

- f(x)可在栏中直接输入表达式,按回车键确定。
- N 的默认值为 7,可由右侧的加减按钮改变阶数,也可以直接写入相应的阶数。
- a 是级数的展开点,默认为 0,也可直接写入用户自己选择的展开点的值。
- 函数的观察区间默认为(-2pi,2pi)。
- Taylor series approximation 中实线为理论曲线,虚线为泰勒展开式拟合的曲线。
- $T_N(x)$ 为泰勒展开式的多项式表达式。

习　题　3

1. 符号运算和数值运算的区别是什么？

2. 求定积分 $\int_a^b x^4 \sin^2(x)\mathrm{d}x$，并利用化简函数进行化简。

3. 绘制一元函数 $f(x)=\int_0^{\sin x}(1-t^2)^3\mathrm{d}t$ 在 $x\in[0,4\pi]$ 内的图形。

4. 求微分方程 $\begin{cases} y'_1=y_1 \\ y'_2=y_1+y_2 \\ y_1(0)=1, y_2(1)=2 \end{cases}$ 的解析解。

5. 求方程组 $\begin{cases} a_1x+b_1y=c_1 \\ a_2x+b_2y=c_2 \end{cases}$ 的解。

6. 求函数 $y(x)=\sin^2(x)\mathrm{e}^x$ 在 $x=0$ 处的 6 阶泰勒展开式。

第4章 MATLAB 的数值分析和处理

数值分析是数学的一个分支,以数字计算机求解数学问题的理论和方法为研究对象,使用数字近似值求解连续问题,包括提供近似但准确的数字解的设计方法,可在无法精确求解或计算费用高昂的情况下使用。MATLAB 提供了丰富的用于数值计算、处理及分析的函数,并具有良好的数值稳定性。本章重点介绍利用 MATLAB 的数值分析功能来处理科学计算问题。

4.1 多 项 式

多项式是最简单、最容易计算的函数,也是其他绝大多数复杂函数的构成基础。MATLAB 提供了多项式的表示与创建以及各种运算方法。

4.1.1 多项式的表示和创建

1. 多项式的表示

假设多项式为 $y(x) = a_0 x^n + a_1 x^{n-1} + \cdots + a_{n-1} x + a_n$,则在 MATLAB 中,可用一个由 n 个元素构成行向量 $\boldsymbol{a} = \begin{bmatrix} a_0 & a_1 & \cdots & a_{n-1} & a_n \end{bmatrix}$ 来表示,行向量中的系数是按变量 x 的降幂次序排列的,此向量被称为系数向量。应特别注意的是,如果多项式缺项则该项系数是零,该项在行向量中用 0 表示。

例如:多项式 $y = 8x^6 + 5x^4 - 13x^3 + 9x^2 - 6x + 10$ 的系数向量表示为 $\boldsymbol{a} = \begin{bmatrix} 8 & 0 & 5 & -13 & 9 & -6 & 10 \end{bmatrix}$。

2. 多项式的符号表达式与创建

MATLAB 中提供了 poly2sym 函数来显示多项式的符号表达式,其调用格式如下:

poly2sym(a)　　　　　　　将以向量 a 为系数的多项式表示为符号表达式形式,默认自变量为 x

poly2sym(a,sym('s'))　　将以向量 a 为系数的多项式表示为符号表达式形式,用 s 来表示多项式的自变量

【例 4-1】 写出多项式 $y = 8x^6 + 5x^4 - 13x^3 + 9x^2 - 6x + 10$ 在 MATLAB 中的符号表达式。

解:

```
>>a=[8 0 5 -13 9 -6 10];
>> y=poly2sym(a)
```

```
y =
    8 * x^6 + 5 * x^4 - 13 * x^3 + 9 * x^2 - 6 * x + 10
```

【例 4-2】 将多项式 $y = 7x^4 + 5x^3 - 2x + 1$ 在 MATLAB 中表示,并将自变量变为 z。

解：

```
>> a=[7 5 0 −2 1];
>> y=poly2sym(a)
```

```
y =
     7 * x^4+5 * x^3−2 * x+1
```

```
>> y=poly2sym(a,sym('z'))
```

```
y =
     7 * z^4+5 * z^3−2 * z+1
```

4.1.2　多项式的基本运算

1. 多项式的加法和减法运算

MATLAB 中没有提供进行加法和减法运算的函数,可直接将相加和相减的多项式的系数向量补成(低维的多项式必须用首零填补)维数相同的向量,再按照向量的加法和减法进行运算。

【例 4 - 3】　将例 4 - 1 和例 4 - 2 中的两个多项式相加。

解：

```
>> a=[8 0 5 −13 9 −6 10];
>> b=[0 0 7 5 0 −2 1];
>>c=a+b;
>> y=poly2sym(b) %把系数转换为符号多项式
```

```
y =
     7 * x^4 + 5 * x^3 − 2 * x + 1
```

2. 多项式的乘法和除法运算

多项式的乘法与除法运算分别由函数 conv 和 deconv 完成,相当于卷积和解卷积运算。

函数 conv( )的调用格式如下:

$$c=conv(a,b)　　a 和 b 分别为相乘的两个多项式的系数向量$$

其中:该函数可以求出多项式 a 和 b 的乘积,即向量 a 和 b 的卷积。若 $m=length(a)$,$n=length(b)$,则 c 的长度为 $m-n+1$,并且满足 $c(k)=a(1)b(k)+a(2)b(k-1)+\cdots+a(k)b(1)$。

函数 deconv( )的调用格式如下:

$$[q,r]=deconv(u,v)$$

其中:u 表示被除多项式系数向量;v 表示除数多项式系数向量;q 表示多项式 u 除以多项式 v 得到的商多项式;r 表示余数多项式。如果 r 的元素全部为 0,则表示多项式 u 可以整除多项式 v。

【例 4 - 4】　计算多项式 $a(x)=3x^2+2x+5$ 和 $b(x)=5x^3+2x^2+3x+7$ 的乘积。

解：

```
>> a=[3 2 5];
>> b=[5 2 3 7];
>> c=conv(a,b)
```

```
c =
    15    16    38    37    29    35
```

【例 4-5】 计算多项式 $a(x)=4x^4+13x^3+28x^2+27x+18$ 除以多项式 $b(x)=4x^2+5x+6$ 的结果。

解:

```
>> u=[4 13 28 27 18];
>>v=[4 5 6];
>> [q,r]=deconv(u,v)
```

```
q =
    1    2    3
r =
    0    0    0    0    0
```

3. 多项式的微分和积分

函数 polyder 用来求取多项式的微分,其调用格式如下:

d=polyder(a)　　　　　a 为待求微分的多项式系数向量

p=polyder(P,Q)　　　　求 P*Q 的导函数

[p,q]=polyder(P,Q)　　求 P/Q 的导函数,将导数的分子存入 p,分母存入 q

【例 4-6】 求多项式 $a(x)=4x^4+13x^3+28x^2+27x+18$ 的微分。

解:

```
>>a=[4 13 28 27 18];
>> d=polyder(a)
```

```
d =
    16    39    56    27
```

函数 polyint 用来求取多项式的积分,其调用格式如下:

a=polyint(d,r)

其中:d 为带求积分的多项式系数向量;r 为积分项中常数项的值,如果 r 为 0,括号中可以不写参数 r。

【例 4-7】 求多项式 $a(x)=16x^3+39x^2+56x+27$ 的积分,常数项分别为 3 和 5。

解:

```
>>d= [16   39   56    27];
>>a=polyint(d,3)
```

```
a =
    4    13    28    27    3
```

```
>> a=polyint(d)
```

```
a =
    4    13    28    27    0
```

4.1.3　多项式的根与值

1. 多项式求根

函数 roots 用来求多项式的根,其具体格式如下:

r＝roots(a)

函数 poly 可由指定根来创建多项式,并返回多项式系数,其具体格式如下:

a＝poly(r)

其中:*a* 为多项式系数向量;*r* 为多项式的根。

【例 4-8】　求多项式 $a(x)=x^3+2x^2+3x+4$ 的根,并由根重新创建多项式。

解:

```
>> a=[1 2 3 4];
>> r=roots(a)
```

```
r =
    -1.6506 + 0.0000i
    -0.1747 + 1.5469i
    -0.1747 - 1.5469i
```

```
>> a=poly(r)
```

```
a =
    1.0000    2.0000    3.0000    4.0000
```

★注:在 MATLAB 中,多项式用行向量表示,根用列向量表示。

函数 poly 还可以用来计算矩阵的特征多项式的各项系数。

【例 4-9】　求矩阵 $A=\begin{bmatrix} 1 & 2 & 3 \\ 4 & 5 & 6 \\ 7 & 8 & 9 \end{bmatrix}$ 的特征多项式和特征根。

解:

```
>> A=[1 2 3;4 5 6;7 8 9];
>> b=poly(A)
```

```
b =
    1.0000   -15.0000   -18.0000    -0.0000
```

```
>> roots(b)
```

```
ans =
    16.1168
    -1.1168
    -0.0000
```

★注:计算所得的 ans 就是矩阵 *A* 的特征根。

2. 多项式求值

函数 polyval 用于计算多项式的值,其调用格式如下:

y＝polyval (a,X)

其中:X 为多项式中变量的具体取值,X 可以是单个常数也可以是向量或矩阵;y 为多项式 a 在 X 点的值,即 y＝a(1) * X.^n＋a(2) * X.^(n−1)＋…＋a(n) * X＋a(n+1)的计算结果,这里做变量 X 的点乘运算。

【例 4－10】 分别计算多项式 $a(x)=x^3+6x^2+8x+5$ 在 $x=2$ 和 $X=\begin{bmatrix} 1 & 2 \\ 3 & 4 \end{bmatrix}$ 时的值。

解:

```
>> a＝[1 6 8 5];
>>x＝2;
>>y1＝polyval(a,x)
```

```
y1 =
    53
```

```
>> X＝[1 2;3 4];
>> y＝polyval(a,X)
```

```
y =
    20      53
    110     197
```

```
>> X＝[1 2;3 4;5 6];
>>y＝polyval(a,X)
```

```
y =
    20      53
    110     197
    320     485
```

★注:这里的 **X** 可以是任何形式的矩阵。

3. 多项式的矩阵运算

MATLAB 中也提供了可以直接进行多项式中自变量取矩阵时的运算函数 polyvalm,其调用格式如下:

y＝polyvalm(a,X)

其中:矩阵 **X** 来作为多项式中的变量,**X** 必须是方阵;**y** 为多项式 a 在矩阵 **X** 点的值,即 y＝a(1) * X^n＋a(2) * X^(n−1)＋…＋a(n) * X＋a(n+1)的计算结果。

【例 4－11】 计算多项式 $a(x)=x^3+2x^2+3x+4$ 在 $X=\begin{bmatrix} 1 & 2 \\ 3 & 4 \end{bmatrix}$ 时的值。

解:

```
>> a＝[1 6 8 5];
>> X＝[1 2;3 4];
>> y＝polyvalm(a,X)
```

```
y =
    92   130
   195   287
```

★注:比较例 4 - 10 和例 4 - 11 对 **X** 是矩阵时的计算结果的不同。

4.1.4　多项式的部分分式展开

函数 residue 用来求解两个多项式之比的部分分式展开,也可以将部分分式展开形式转换为多项式之比,其调用格式如下:

　　　　[r,p,k]＝residue(b,a)　将两个多项式之比的形式转化部分分式展开的形式

　　　　[b,a]＝residue(r,p,k)　将部分分式展开的形式转化回两个多项式之比的形式

其中:b 为分子上的多项式,a 为分母上的多项式;两个多项式之比的留数、极点及直接项,分别用 r,p,k 来表示;k 通常为 0 或是常数。

对于多项式 b 和 a,假定没有重根,则

$$\frac{b(s)}{a(s)}=\frac{r_1}{s-p_1}+\frac{r_2}{s-p_2}+\cdots+\frac{r_n}{s-p_n}+k$$

【例 4 - 12】　将传递函数 $\dfrac{b(s)}{a(s)}=\dfrac{-4s^2+8s}{s^2+6s+8}$ 按部分分式展开。

解:

```
>>b=[-4 8 0];
>> a=[1 6 8];
>> [r,p k]=residue(b,a)        %求解两个多项式 a,b 之比的部分分式展开
```

```
r =
    48
   -16
p =
    -4
    -2
k =
    -4
```

```
>> [b,a]=residue(r,p,k)        %再将部分分式展开的形式转化回两个多项式之比的形式
```

```
b =
    -4    8    0
a =
     1    6    8
```

4.1.5　反函数

函数 finverse 可以用来求符号函数的反函数,其调用格式如下:

finverse(f,v)　　对指定自变量 v 的函数 f(v)求反函数

说明:当 v 省略时,则对默认的自由符号变量求反函数。

【例 4 - 13】　分别求函数$\dfrac{1}{\tan(x)}$和 $f = x^2 + y$ 的反函数。

解:

```
>>syms x y
>>finverse(1/tan(x))      %求反函数,自变量为 x
```

```
ans =
    atan(1/x)
```

```
>>f = x^2+y;
>>finverse(f, y)           %求反函数,自变量为 y
```

```
ans =
    -x^2+y
```

【例 4 - 14】　求函数 te^x 的反函数。

解:

```
>> f=str2sym('t * e^x')         %原函数
```

```
f =
    t * e^x
```

```
>> g1=finverse(f)            %对默认自由变量求反函数
```

```
g1 =
    log(x/t)/log(e)
```

```
>> g2=finverse(f,sym('t'))          %对 t 求反函数
```

```
g2 =
    t/(e^x)
```

4.1.6　复合函数

函数 compose 可以求得符号函数的复合函数,其调用格式如下:

compose(f,g)　　建立复合函数 f(g(y))

其中:f=f(x),g=g(y),f 和 g 都是符号表达式。

compose(f,g ,z)　　建立复合函数 f(g(z))

其中:f=f(x),g=g(x),z 都是符号变量。

compose(f,g,v,w,t)　　对 f(v)和 g(w)求复合函数 $f(g(w))|_{w=t}$

【例 4 - 15】　求 $f = f(x)$ 和 $g = g(y)$ 的复合函数 $f(g(y))$ 和 $f(g(z))$。

解:

```
>> syms x y z;
>> f=1/(1 + x^2); g=sin(y);
>>compose(f,g)              %求复合函数 f(g(y))
```

```
ans =
    1/(sin(y)^2 + 1)
```

```
>>compose(f,g,z)              %求复合函数 f(g(z))
```

```
ans =
    1/(sin(z)^2 + 1)
```

【例 4-16】　计算 te^x 与 ay^2+by+c 的复合函数。

解：

```
>> f=str2sym('t * e^x);            %创建符号表达式
>>g=str2sym('a * y^2+b * y+c');    %创建符号表达式
>>h1=compose(f,g)                  %计算 f(g(x))
```

```
h1 =
    e^(a * y^2 + b * y + c) * t
```

```
>>h2=compose(g,f)          %计算 g(f(x))
```

```
h2 =
    c + a * e^(2 * x) * t^2 + b * e^x * t
```

```
>>h3=compose(f,g,'z)          %计算 f(g(z))
```

```
h3 =
    e^(a * z^2 + b * z + c) * t
```

★注意：compose(f,g)和 compose(g,f)之间有区别。

【例 4-17】　计算函数 te^x 与 y^2 的复合函数。

解：

```
>> f1=str2sym('t * e^x);
>> g1=str2sym('y^2);
>> h=compose(f1,g1,'t','y)      %以 t 为自变量计算 f(g(z))
```

```
h3 =
    e^x * y^2
```

4.2　方　程　求　解

4.2.1　代数方程组求解

1.代数方程
求解用符号表达式表示的代数方程或代数方程组可由函数 solve 实现,其调用格式如下：
solve(f)　　　　　　　　　　　求方程 f 关于默认变量的解；方程中默认待解未知量,
　　　　　　　　　　　　　　　一般默认为 x

solve(f,v)　　　　　　　　　　求方程 f 关于指定变量 v 的解

solve(f1,f2,…,fn,v1,v2,…,vn)　求解符号表达式 f1,f2,…,fn 组成的代数方程组,求解

变量分别 v1,v2,…,vn

其中:f 可以是含等号的符号表达式的方程,也可以是不含等号的符号表达式,但所指的仍是令 $f=0$ 的方程;当参数 v 省略时,默认为方程中的自由变量;其输出结果为结构数组类型。

【例 4 - 18】　求解方程 $ax^2+bx+c=0$。

解:

```
>>syms a b c x
>> S=a * x^2+b * x+c;
>> solve(S)
```

```
ans =
    −(b + (b^2 − 4 * a * c)^(1/2))/(2 * a)
    −(b − (b^2 − 4 * a * c)^(1/2))/(2 * a)
```

例 4 - 18 中,如果 a 为方程的待解未知量,那么求解 a 时,其命令格式如下:

```
>> a=solve(S,a)
```

```
a =
    −(c + b * x)/x^2
```

使用函数 solve 求解上述方程时,命令函数的输入变量为符号表达式。而还有另一种使用方式是,输入变量为方程的字符串,即将方程用单引号括起来作为输入变量。

例如:

```
>>solve(str2sym('a * x^2+b * x+c=0'))
```

```
ans =
    −(b + (b^2 − 4 * a * c)^(1/2))/(2 * a)
    −(b − (b^2 − 4 * a * c)^(1/2))/(2 * a)
```

注意:使用函数 solve 求解方程时,得到的是方程的符号解。要想得到方程的数值解,需要用函数 double 来进行转换。

【例 4 - 19】　分别求方程 $\sin(x)=0$ 和 $\sin(x)=1$ 的解。

解:

```
>>syms x
>> f2=str2sym('sin(x)')
```

```
f2 =
    sin(x)
```

```
>> solve(f2,x)
```

```
ans =
    0
```

```
>> solve(1-f2,x)
```

```
ans =
    pi/2
```

2. 代数方程组

函数 solve 也可以用来求代数方程组的解，其调用格式基本与上面相同。

【例 4-20】　求三元非线性方程组 $\begin{cases} x^2+2x+1=0 \\ x+3z=4 \\ y \cdot z=-1 \end{cases}$ 　的解。

解：

```
>>eq1=str2sym('x^2+2*x+1');
>>eq2=str2sym('x+3*z=4');
>>eq3=str2sym('y*z=-1');
>> [x,y,z]=solve(eq1,eq2,eq3)%解方程组并赋值给 x,y,z
```

```
x =
    -1
y =
    -3/5
z =
    5/3
```

【例 4-21】　求方程组 $\begin{cases} x^2y^2=1 \\ 2x+y=a \end{cases}$ 的解 x 和 y。

解：

```
>>syms x y a
>> S=solve(x^2*y^2-1,2*x+y-a)
```

```
S =
    x：[4x1sym]
    y：[4x1sym]
```

```
>>S.x
```

```
ans =
    a/4 + (a^2 -8)^(1/2)/4
    a/4 - (a^2 -8)^(1/2)/4
    a/4 + (a^2 +8)^(1/2)/4
    a/4 - (a^2 +8)^(1/2)/4
```

```
>>S.y
```

```
ans =
    a/2 - (a^2 - 8)^(1/2)/2
    a/2 + (a^2 - 8)^(1/2)/2
    a/2 - (a^2 + 8)^(1/2)/2
    a/2 + (a^2 + 8)^(1/2)/2
```

例 4-21 中,默认的两个未知量为 x 和 y,也可以指定未知量。如果指定上例中的未知量为 x 和 a,则求解过程如下:

```
>>syms x y a
>> S=solve(x^2 * y^2-1,2 * x+y-a,x,a)
```

```
S =
    a: [2x1sym]
    x: [2x1sym]
```

```
>>S. x
```

```
ans =
    -1/y
    1/y
```

```
>>S. a
```

```
ans =
    (y^2 + 2)/y
    (y^2 - 2)/y
```

还需要注意的是,方程组包括几个方程,就只能求解几个未知量,不能指定过多的未知量。

【例 4-22】 求方程组 $\begin{cases} u^2 - v^2 = a^2 \\ u+v=1 \\ a^2-2a=3 \end{cases}$ 的解。

解:

```
>>S=solve(str2sym('u^2-v^2=a^2'),str2sym('u+v=1'),str2sym('a^2-2 * a=3'))
%或者输入 S=solve(u^2-v^2-a^2,u+v-1,a^2-2 * a-3)
```

```
S =
    a: [2x1sym]
    u: [2x1sym]
    v: [2x1sym]
```

```
>> S.a
```

```
ans =
    3
    -1
```

```
>> S.u
```

```
ans =
    5
    1
```

```
>> S.v
```

```
ans =
   -4
    0
```

4.2.2　微分方程组求解

1. 微分方程

函数 dsolve 可用来求解常微分方程,其调用格式如下:

dsolve('eq','con','v')　　　　　　　　　　　　　　　求解微分方程

dsolve('eq1,eq2…','con1,con2…','Names','v1,v2…')　　求解微分方程组

其中:eq 为微分方程;con 为微分初始条件,可省略;v 为指定自由变量,省略时则默认 x 或 t 为自由变量;输出结果为结构数组类型。

当 y 是因变量时,微分方程 eq 的表述规定为:表达式中用字母 D 来代表微分运算,y 的一阶导数 $\frac{dy}{dx}$ 或 $\frac{dy}{dt}$ 表示为 Dy;y 的二阶导数 $\frac{d^2y}{dx^2}$ 或 $\frac{d^2y}{dt^2}$ 表示为 D2y;…;y 的 n 阶导数 $\frac{d^ny}{dx^n}$ 或 $\frac{d^ny}{dt^n}$ 表示为 Dny。

微分初始条件 con 应写成 y(a)=b,Dy(c)=d 的格式。当初始条件少于微分方程的个数时,在所得解中将出现任意常数符 C1,C2,…,解中任意常数符的数目等于所缺少的初始条件数。

例如,D2y 就可以表示 $\frac{d^2y}{dt^2}$,因变量位于 D 的后面,缺省的独立变量为 t,也可以通过在命令中人为指定独立变量把独立变量由 t 改为其他的符号变量。

求解常微分方程时,初始条件可以在其求解命令中给定。如果初始条件未给定,则结果包含积分常数 C。

【例 4-23】　求微分方程 $x\frac{d^2y}{dx^2}-3\frac{dy}{dx}=x^2$,$y(1)=0$,$y(5)=0$ 的解。

解:

```
>>y=dsolve('x*D2y-3*Dy=x^2','x')          %求微分方程的通解
```

```
y =
    C2*x^4 - x^3/3 + C1
```

```
>>y=dsolve('x*D2y-3*Dy=x^2','y(1)=0,y(5)=0','x')     %求微分方程的特解
```

```
y =
    (31*x^4)/468 - x^3/3 + 125/468
```

【例 4 - 24】 求微分方程组 $\dfrac{\mathrm{d}x}{\mathrm{d}t}=y,\dfrac{\mathrm{d}y}{\mathrm{d}t}=-x$ 的解。

解：

```
>> [x,y]=dsolve('Dx=y,Dy=-x')
```

```
x =
    C1 * cos(t) + C2 * sin(t)
y =
    C2 * cos(t) - C1 * sin(t)
```

【例 4 - 25】 求微分方程 $\dfrac{\mathrm{d}y}{\mathrm{d}x}=1+y+y^2$ 的解。

解：

```
>> y=dsolve('Dy=1+y+y^2')          %y 为因变量,t 为缺省的自变量
```

```
y =
    (3^(1/2) * tan((3^(1/2) * (C1 + t))/2))/2 - 1/2
```

★注：上例中未指定初始条件,故存在积分常数 C1。

下面给定初始条件 $y(0)=1$,并且指定自变量为 x,再求解此微分方程。

解：

```
>> y=dsolve('Dy=1+y+y^2','y(0)=1','x')
```

```
y =
    (3^(1/2) * tan((3^(1/2) * (x + (2 * pi * 3^(1/2))/9))/2))/2 - 1/2
```

再利用求导函数 diff 求 y 的一阶导数 Dy。

```
>> Dy=diff(y,'x')
```

```
Dy =
    (3 * tan((3^(1/2) * (x + (2 * pi * 3^(1/2))/9))/2)^2)/4 + 3/4
```

当利用函数 dsolve 求解二阶微分方程时实例如下：

```
>> y=dsolve('D2y=sin(x)+y-Dy','x')          %求解二阶微分方程
```

```
y =
    exp(1/2 * x * 5^(1/2)-1/2 * x) * C2+exp(-1/2 * x * 5^(1/2)-1/2 * x) * C1-1/5 * cos(x)
    -2/5 * sin(x)
```

★注意：上例中未指定初始条件,故有两个积分常数 C1、C2。

下面给定初始条件,再求解此微分方程。

```
>> y=dsolve('D2y=sin(x)+y-Dy','y(0)=1','Dy(0)=0','x')
```

```
y =
    exp(1/2 * (5^(1/2)-1) * x) * (3/5+1/5 * 5^(1/2))+exp(-1/2 * (5^(1/2)+1) * x) * (-1/
5 * 5^(1/2)+3/5)-1/5 * cos(x)-2/5 * sin(x)
```

2. 微分方程组

函数 dsolve 还可以用于求解有多个变量的常微分方程组,初始条件可以指定也可以不指定。

【例 4 - 26】　求一阶常微分方程组 $\begin{cases} \dfrac{\mathrm{d}f}{\mathrm{d}t} = 3f + 4g \\ \dfrac{\mathrm{d}g}{\mathrm{d}t} = -2f + 3g \end{cases}$ 的解。

解:

```
>> S=dsolve('Df=3*f+4*g','Dg=-2*f+3*g')
```

```
S =
    f: [1x1sym]
    g: [1x1sym]
```

```
>> f=S.f                    %显示结构数组中的 f 域
```

```
f =
    2^(1/2)*C2*exp(3*t)*cos(2*2^(1/2)*t)+2^(1/2)*C1*exp(3*t)*sin(2*2^(1/2)*t)
```

```
>> f=S.g                    %显示结构数组中的 g 域
```

```
f =
    C1*exp(3*t)*cos(2*2^(1/2)*t) — C2*exp(3*t)*sin(2*2^(1/2)*t)
```

下面再给定初始条件,对此微分方程且进行求解。

```
>> S=dsolve('Df=3*f+4*g','Dg=-2*f+3*g','f(0)=1','g(0)=1')
```

```
S =
    f: [1x1sym]
    g: [1x1sym]
```

```
>> f=S.f                    %显示结构数组中的 f 域
```

```
f =
    exp(3*t)*cos(2*2^(1/2)*t) + 2^(1/2)*exp(3*t)*sin(2*2^(1/2)*t)
```

```
>> f=S.g                    %显示结构数组中的 g 域
```

```
f =
    exp(3*t)*cos(2*2^(1/2)*t) — (2^(1/2)*exp(3*t)*sin(2*2^(1/2)*t))/2
```

★注:结构数组的相关内容可查阅本书 2.8.2 节。

4.2.3　线性方程组求解

在科学与工程计算中,很多问题都可以归结为线性或非线性方程组的求解,因此对于线性方程组进行求解既是数值计算中的关键问题之一,也是 MATLAB 解决实际问题的一个很重要的方面。

1. 适定方程组求解

对于方程 $Ax=b$，如果矩阵 A 为方阵，则该方程为适定方程。解适定方程组的方法如下：

(1) 利用方阵 A 的逆来求解，即 $x=inv(A)b$。

(2) 用除法来求解，即 $x=A\backslash b$。该方法误差小，运行速度快，较适合用来求解。

【例 4-27】 求适定方程组 $\begin{cases} 8x_1-3x_2-x_3=4 \\ 3x_1+7x_2+2x_3=16 \\ x_1-2x_2+3x_3=8 \end{cases}$ 的解。

解：

```
>> b=[4;16;8];
>> A=[8 -3 -1;3 7 2;1 -2 3];
>> x=inv(A)*b              %利用方阵 A 的逆求解
```

```
x =
    1.2137
    0.9402
    2.8889
```

```
>> x=A\b                   %利用除法求解
```

```
x =
    1.2137
    0.9402
    2.8889
```

2. 超定方程组求解

对于方程 $Ax=b$，A 为 $n\times m$ 矩阵，如果 A 为列满秩，且 $n<m$，则方程为超定方程，即其无精确解。然而在实际工程应用中，求得其最小二乘解也是很有用的。

解超定方程组的方法如下：

(1) 用除法求解，即 $x=A\backslash b$。具体实例见第 2 章的 2.7 节。

(2) 用广义逆求解，即 $x=pinv(A)b$，所求解并不满足 $Ax=b$，x 只是最小二乘意义上的解。

【例 4-28】 求超定方程组 $\begin{cases} x_1+2x_2-3x_3=5 \\ 2x_1+3x_2+4x_3=2 \\ 8x_1-6x_2=7 \\ 4x_1-3x_2+2x_3=6 \end{cases}$ 的解。

解：

```
>> A=[1 2 -3;2 3 4;8 -6 0;4 -3 2];
>> b=[5;2;7;6];
>> x=pinv(A)*b             %利用方阵 A 的逆求解
```

```
x =
    1.4534
    0.5444
   -0.4791
```

```
>> x=A\b                %利用除法求解
```

```
x =
    1.4534
    0.5444
   -0.4791
```

3. 不定方程组求解

对于方程 $Ax=b$,A 为 $n \times m$ 矩阵,如果 $\text{Rank}(A,b)=\text{Rank}(A)<n$,则方程为不定方程,其理论上有无穷多个解。如果利用求逆和矩阵除法求解,则只能得到其中的一个解。

【例 4 - 29】　求不定方程组 $\begin{bmatrix} 1 & -2 & 3 \\ 0 & 1 & -1 \\ -1 & 0 & -1 \\ 1 & -3 & 4 \end{bmatrix} x = \begin{bmatrix} 4 \\ -3 \\ -4 \\ 1 \end{bmatrix}$ 的解。

解：

```
>> A=[1 -2 3;0 1 -1;-1 0 -1;1 -3 4];
>> b=[4;-3;-4;1];
>> x=pinv(A) * b        %利用方阵 A 的逆求解
```

```
x =
    2.2549
    1.2157
    1.0392
```

```
>> y=A\b                %利用除法求解
```

```
警告:秩亏,秩=2,tol=4.615110e-15.
y =
    3.4706
         0
   -0.1765
```

★注:(1)x、y 都是方程的解,其中:利用 pinv 函数求得的 x 是所有解中范数最小的一个;利用矩阵除法求得的 y 是所有解中 0 最少的一个,或者非零解最多的一个。

(2)由于此例中的矩阵 A 非方阵,所以利用除法进行求解运算时矩阵出现警告。

4.3　多项式拟合和多项式插值

4.3.1　多项式拟合

在实际应用中,经常需要利用一组实验测量获得的、有限的数据点,由一个多项式确定一条光滑曲线从而得到其他的非测量值,为此就要利用这组已知数据点进行最佳逼近,即样本点拟合,也就是要求曲线与数据之间达到某种误差指标最小化。但值得注意的是,并不是要求这条曲线必须严格通过这组数据点,这就是多项式(曲线)拟合的基本原理。

在曲线拟合中,最常用的误差指标是指误差向量的二范数,这种拟合方式就是最小二乘曲线拟合。

最小二乘曲线拟合的数学思想是对给定数据$(x_i,y_i)(i=1,2,\cdots,m)$,在取定的拟合函数$p(x)$中求$p(x_i)$,使误差$e_i=p(x_i)-y_i(i=1,2,\cdots,m)$的二次方和最小,即

$$\sum_{i=1}^{m}e_i^2=\sum_{i=1}^{m}(p(x_i)-y_i)^2=\min$$

从几何意义上讲,就是寻找与给定点的距离二次方和为最小的曲线。曲线函数$p(x)$称为拟合函数或最小二乘解,求拟合函数的方法称为曲线拟合的最小二乘法。

假设$p(x)$函数的形式已知,但其中的待定参数未知,已给定一组数据,有m个数据点$(t_1,y_1),\cdots,(t_m,y_m)$,那么曲线拟合的方法为如下步骤:第一步先选取拟合函数的模型,确定参数化模型形式,如选取多项式$y=a_0+bt$来拟合一组数据;第二步使函数模型拟合数据,把m个数据点依次代入模型,每个数据点产生一个将未知量作为参数的方程,如在上述直线方程中的a与b就是待求参数,结果将产生方程组$\boldsymbol{Ax}=\boldsymbol{b}$,在这里未知量表示未知参数;第三步求解此方程组,参数的最小二乘解将作为方程组$\boldsymbol{Ax}=\boldsymbol{b}$的解而得出。

MATLAB 中基于最小二乘法进行多项式拟合的函数为 polyfit,利用函数 polyfit 可以对一组数据点$(x_i,y_i)(i=1,2,\cdots,m)$进行定阶数的多项式拟合。

函数 polyfit 的调用格式如下:

p＝polyfit(x,y,n)	该函数利用最小二乘法对给定数据 x 和 y 进行 n 阶多项式逼近,返回多项式的系数,返回系数存放于 p 向量中,多项式系数在向量 p 中按降幂排列,此时 p 的长度为 n+1
[p,s]＝polyfit(x,y,n)	此种调用格式还多返回一个结构数组 s,结构数组 s 用于生成多项式预测值的误差估计,可用作函数 polyval 的输入来获取误差估计值

★注意:函数调用中的n为拟合多项式的阶数,需要提前指定。若阶数n被指定的太低时,拟合精度低;若n取得太高,又会带入噪声,且计算耗时,甚至出现曲线不平滑情况,故一般情况下,多项式阶数不宜超过 7 阶。

【例 4-30】　已知测量值 x＝[1 2 3 4 5 6 7 8 9 10]和 y＝[2 3.1 3.8 4.2 5.5 8 10 9.5 9 8.3],给出其曲线拟合结果并绘制图形。

解:编写以下程序,曲线拟合结果如图 4-1 所示。

```
>> x=1:10;
>> y=[2 3.1 3.8 4.2 5.5 8 10 9.5 9 8.3];
```

```
>> p=polyfit(x,y,3)
>> xi=linspace(1,10,100);
>>yi=polyval(p,xi);                    %多项式求值
>>plot(x,y,'*r',xi,yi)                 %绘制样本点和拟合曲线
>> axis([1,12,1,12])                   %限定坐标轴取值范围
>>xlabel('x');                         %横轴名称注释
>>ylabel('y');                         %纵轴名称注释
>>legend('原始数据','3 阶曲线')        %标注图例
```

```
p =
    -0.0442    0.6380    -1.4769    3.2567
```

注:例 4 - 30 中绘图编程的具体含义见第 5 章 5.1 节。

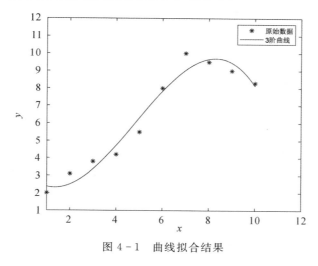

图 4 - 1　曲线拟合结果

4.3.2　多项式插值

在 4.3.1 节中的多项式拟合是寻找一条"平滑"的曲线以满足某种条件的最佳特性来逼近已知的数据点,并不要求曲线通过所给的数据点,只要拟合曲线能够反映数据点的整体变化趋势。多项式插值则要求所求曲线必须通过所给数据点,是指根据给定的有限个样本点,产生另外的估计点以达到数据更为平滑的效果。多项式插值也被称作曲线插值。

常用的插值有一维插值、二维插值和三维插值,插值方法可分为线性插值、三次样条插值、三次多项式插值、最近邻插值等形式。

1. 一维插值

一维插值函数 interp1 的调用格式如下:

yi=interp1(x,y,xi,'method')

其中:(1)输入向量 x,y 是给定数据点的坐标,向量 x 的数据必须以单调递增或者单调递减的方式排列。

(2)输入向量 x_i 是插值点的自变量坐标向量,输出向量 y_i 是 x_i 在所得近似函数上的插

值;如果 x_i 中的元素超出了 x 的范围,则对应的插值结果为 NaN。

(3)输入量"method"是用来选择插值算法的字符串,当它缺省时,默认采用线性插值算法。MATLAB 提供了以下四种插值算法。

· Nearest(最邻近插值):执行速度最快,输出结果为直角转折。

· Linear(线性插值):默认值,在样本点上斜率变化很大。

· Spline(三次样条插值):花费时间最多,但输出结果也最平滑。

· Cubic(立方插值):最占内存,输出结果与 spline 差不多。

· 缺省时:分段线性插值。

【例 4-31】 已知数据 $x_s=[0\ 1\ 2\ 3\ 4\ 5\ 6\ 7\ 8\ 9]$,对应的 $y_s=[0\ 1.2\ 0.8\ 1\ 0\ 0.2\ -0.3\ -0.7\ -1.4\ -0.3]$,求当 $x_i=0.5$ 时的 y_i 的值。

解:

```
>>ys=[0 1.2 0.8 1 0 0.2 -0.3 -0.7 -1.4 -0.3];  %已有的 10 个样本点 ys
>>xs=0:9;  %已有的样本点 xs
>>x=0:0.1:9;%新的样本点 x
>>y1=interp1(xs,ys,x,'nearest');        %插值产生新的样本点 y1
>>y2=interp1(xs,ys,x,'linear');         %插值产生新的样本点 y2
>>y3=interp1(xs,ys,x,'spline');         %插值产生新的样本点 y3
>>y4=interp1(xs,ys,x,'cubic');          %插值产生新的样本点 y4
>>plot(xs,ys,'+k',x,y1,':r',x,y2,'-m',x,y3,'--c',x,y4,'--b')  %分别绘制不同方法产生的曲线
>>legend('sampled point','nearest','linear','spline','cubic')
```

利用不同插值算法得到的插值曲线如图 4-2 所示。

```
>>yi=interp1(xs,ys,0.5)
```

```
yi =
    0.6000
```

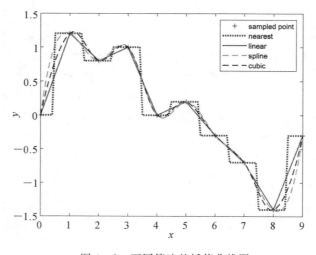

图 4-2 不同算法的插值曲线图

2. 二维插值

二维插值采用 interp2 函数,其调用格式如下:

ZI＝interp2(X,Y,Z,XI,YI,'method')

此函数通过初始数据 **X**、**Y** 和 **Z** 产生插值函数 $Z = f(X, Y)$,返回值 ZI 是 (**XI**,**YI**) 在函数 $f(X, Y)$ 上的值。

其中:(1)**X**,**Y**,**Z** 是进行插值的给定点数据,三个矩阵维数相同;**XI**、**YI** 和 **ZI** 维数相同, **XI** 和 **YI** 是待求插值函数值 **ZI** 的对应自变量坐标,如果 **XI** 和 **YI** 超出了 **X** 和 **Y** 所给定的范围,则在相应点上返回 NaN;'method' 仍是用来选择插值算法的字符串,用法同一维插值。

(2)**X**、**Y** 是由初始数据 x,y 构成的网格格式;**XI**、**YI** 也是由插值点数据 xi,yi 构成的网格格式。

(3)利用 meshgrid 函数可产生网格格式矩阵,方法为:先给定两个单调(递增或递减)的自变量向量 **x** 和 **y**,通过[X,Y]＝meshgrid(x,y)就可以得到符合要求的网格格式矩阵 **X**、**Y**。

【例 4 - 32】 已知某金属材料高温试验中,表面选点测量坐标数据为

x＝0 5 10 15 20 25 35 40 45 50

y＝0 5 10 15 20 25 30 35 40 45 50 55 60

对应点的温度分布数据为

z＝89 90 87 85 92 91 96 93 90 87 82
　　92 96 98 99 95 91 89 86 84 82 84
　　96 98 95 92 90 88 85 84 83 81 85
　　80 81 82 89 95 96 93 92 89 86 86
　　82 85 87 98 99 96 97 88 85 82 83
　　82 85 89 94 95 93 92 91 86 84 88
　　88 92 93 94 95 89 87 86 83 81 92
　　92 96 97 98 96 93 95 84 82 81 84
　　85 85 81 82 80 80 81 85 90 93 95
　　84 86 81 98 99 98 97 96 95 84 87
　　80 81 85 82 83 84 87 90 95 86 88
　　80 82 81 84 85 86 83 82 81 80 82
　　87 88 89 98 99 97 96 98 94 92 87

解:

```
>> x＝0:5:50;
>> y＝0:5:60;
>>Z＝[89 90 87 85 92 91 96 93 90 87 82
   92 96 98 99 95 91 89 86 84 82 84
   96 98 95 92 90 88 85 84 83 81 85
   80 81 82 89 95 96 93 92 89 86 86
   82 85 87 98 99 96 97 88 85 82 83
   82 85 89 94 95 93 92 91 86 84 88
   88 92 93 94 95 89 87 86 83 81 92
   92 96 97 98 96 93 95 84 82 81 84
```

```
85 85 81 82 80 80 81 85 90 93 95
84 86 81 98 99 98 97 96 95 84 87
80 81 85 82 83 84 87 90 95 86 88
80 82 81 84 85 86 83 82 81 80 82
87 88 89 98 99 97 96 98 94 92 87];
>> [X,Y]=meshgrid(x,y);          %生成网格数据
>> xi=linspace(0,50,50);         %加密横坐标数据到 50 个
>> yi=linspace(0,60,80);         %加密纵坐标数据到 80 个
>> [XI,YI]=meshgrid(xi,yi);      %生成网格数据
>> ZI=interp2(X,Y,Z,XI,YI,'cubic');     %插值
>> mesh(XI,YI,ZI)      %画出加密后的温度分布图
```

★注：三维绘图的相关内容具体见第 5 章 5.3 节。

利用现有数据绘制出其表面温度分布如图 4-3 所示，利用数据插值形成加密的温度分布图如图 4-4 所示。

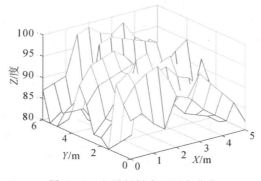

图 4-3　金属材料表面温度分布

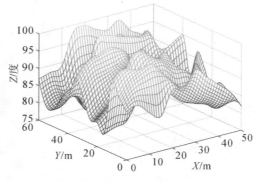

图 4-4　数据插值后形成加密的温度分布

3. 多维差值

二维以上的插值，如三维插值 interp3 和高维插值 interpn 等都被称为多维插值。由于多维插值函数与一维和二维插值的使用格式基本相同，此处不再赘述。

4.4　函数的极点和零点

4.4.1　函数的极点

在很多工程应用中,都需要寻找函数的极值点。MATLAB 提供了两个求极值的函数,一维函数求极值点使用函数 fminbnd,二维函数求极值点使用函数 fminsearch。

函数 fminbnd 的调用格式如下:

x＝fminbnd(fun,a,b)　　　返回区间[a,b]上与标量函数 fun 的最小值对应的自变量值 x

[x,ymin]＝fminbnd(fun,a,b)　　　返回区间[a,b]上标量函数 fun 的最小值 ymin 及对应的自变量值 x

【例 4－33】　求一维函数 $f(x)=4e^{-2x}\sin(x)$ 在区间[1,3]上的极小值。

解:

```
>> x＝fminbnd('4 * exp(－2x) * sin(x)',1,3)
```

```
x =
    2.9999
```

```
>> [x,ymin]＝fminbnd('4 * exp(－2x) * sin(x)',1,3)
```

```
x =
    2.9999
ymin =
    0.0014
```

函数 fminsearch 的调用格式如下:

x＝fminsearch(fun,x0)　　　　　返回在初值点 x0 附近,函数 fun 的最小值对应的自变量点 x

[x,ymin]＝fminsearch(fun,x0)　　　返回在初值点 x0 附近,函数 fun 的最小值 ymin 及对应的自变量点 x

【例 4－34】　求二维函数 $f(x_1,x_2)=(x_1-x_2^2)^2+10(1-x_2)^2$ 在初值点[0,0]附近的极小值。

解:

```
>>x0＝[0,0];
>>f＝['(x(1)－x(2)^2)^2 ＋10 * (1－x(2))^2'];
>>[x,ymin]＝fminsearch(f,x0)
```

```
x =
    1.0000
    1.0000
ymin =
    2.5584e－09
```

4.4.2　函数的零点

1.一元函数的零点

在计算中经常需要寻找函数的零点或者寻找函数值为某一值时自变量的值。MATLAB

中的函数 fzero 可以解决一元函数零点的求解问题,其调用格式如下:

$x=\text{fzero}(fun,x_0)$　　该指令的最简格式,用于求解 x_0 附近 fun 函数的零点 x

$[x,f,\text{exitflag},\text{output}]=\text{fzero}(fun,x_0,\text{options},)$　　该指令的较完整格式

其中:x 是所求零点;f 是零点处的函数值;exitflag 是表示程序终止计算的条件,若 exitflag>0,则表明程序找到零点后退出,否则就是因为其他原因退出;output 为一个反映优化信息的构架,包括 3 个域:算法说明域 output.algorithm,函数运算次数域 output.funccount,迭代次数域 output.iterrations;输入参数 options 是优化迭代所采用的参数选项,可用指令 options=optimset('fsolve')获得,其中的关键参数有:

(1)options.dispaly:显示设置,有三个选项 off、iter、final。选择"off",则不显示输出;选择"iter",则显示每一步的迭代结果;选择"final",则只显示最终结果。

(2)options.tolx:自变量计算的终止容差,可选取为 positive scalar,缺省值为 1.0000e−006。

(3)options.Tolfun:函数值计算的终止容差,可选取为 positive scalar,缺省值为 1.0000e−006。

(4)options.Maxfunevals:允许函数计算的最多次数,可选取 positive integer,缺省值为自变量数的 100 倍。

(5)options.Maxiter:允许的最大迭代次数,可选取 positive integer,缺省值为 400。

【例 4 - 35】　求解一元函数 $y=e^{-x}-x^3+25$ 在 3 附近的零点。

解:

```
>> [x,f]=fzero('exp(−x)−x^3+25',3)
```

```
x =
    2.9261
f =
   −3.5527e−015
```

【例 4 - 36】　求解函数 $2e^{-x}\sin x$ 在 3 附近的零点以及函数值等于 0.2 时的自变量 x 的值。

解:

```
>>[x,f,exitflag,output]=fzero('2 * exp(−x) * sin(x)',3)
```

```
x =
    3.1416
f =
    1.0584e−17
exitflag =
        1
    output =
    包含以下字段的 struct:
        intervaliterations: 3
                 iterations: 6
                  funcCount: 13
                  algorithm: 'bisection, interpolation'
                    message: 在区间 [2.83029, 3.16971] 中发现零
```

下面求解函数值等于 0.2 时的自变量 x 的值,程序如下:

```
>> [x,f]=fzero('2 * exp(-x) * sin(x)-0.2',3)
```

```
x =
    2.1345
f =
    0
```

2. 多元函数的零点

多元函数的零点问题更难解决,MATLAB 提供了函数 fsolve 用来解决多元函数零点的求解问题,是基于最小二乘法来解决的。函数 fsolve 的调用格式如下:

x=fsolve(fun, x_0)　　　　　　　　　　　　该指令的最简格式

[x,f,exitflag,output,jacob]=fsolve(fun, x_0, options)　　　该指令的较完整格式

其中: x_0 表示零点初始猜测值的向量; x 和 f 分别是所求零点的自变量值和对应的函数值; exitflag 是表示程序终止计算的条件,若 exitflag>0,则表明程序找到零点后退出,否则就是因为其他原因退出;output 为一个反映优化信息的构架,包括 3 个域:算法说明域 output. algorithm,函数运算次数域 output. funccount,迭代次数域 output. Iterrations;jacob 是函数在 x 处的雅克比矩阵;options 是优化迭代所采用的参数选项。

【例 4-37】　用函数 fsolve 求下列非线性方程组在点(3,4)附近的解。

$$\begin{cases} x_1^2 - x_1 x^2 - x_2^2 - 30 = 0 \\ x_1 x_2^2 + x_1 + 10x_2 - 6 = 0 \end{cases}$$

解:

```
>> options=optimset('display','iter');   % 显示每一步迭代结果
>>[x,f]=fsolve('[x(1)^2-x(1) * x(2)-x(2)^2-30,x(1) * x(2)^2+x(1)+10 * x(2)-6]',[3,4],options)
```

Iteration	Func-count	f(x)	Norm of step	First-order optimality	Trust-region radius
0	3	9626		3.43e+03	1
1	6	4364.49	1	1.72e+03	1
2	9	509.869	2.5	170	2.5
3	12	151.678	3.32115	160	6.25
4	15	0.792015	0.910711	9.92	6.25
5	18	4.06349e-05	0.0782258	0.0699	6.25
6	21	1.12322e-13	0.000559071	3.68e-06	6.25
7	24	1.34106e-29	2.96974e-08	3.98e-14	6.25

Equation solved.

fsolve completed because the vector of function values is near zero

as measured by the value of the function tolerance, and

the problem appears regular as measured by the gradient.

```
<stopping criteria details>
x =
    5.5018    0.0485
f =
    1.0e-14 *
    0.3553    0.0888
```

4.5　数值积分和微分

4.5.1　数值积分

MATLAB 提供了在有限区间内,用数值计算求某函数积分的方法,分别是梯形求积方法、辛普森(Simpson)求积方法和科特斯(Cotes)求积方法。

1. 梯形求积方法 trapz

函数 trapz 的调用格式如表 4-1 所示。

表 4-1　函数 **trapz** 的调用格式

调用格式	说　明
z＝trapz(y)	通过梯形求积方法计算 *y* 的数值积分。函数 trapz 返回一行向量,向量中的元素分别对应矩阵中每列对 *y* 进行积分后的结果
z＝trapz(X,Y)	通过梯形求积方法计算 *Y* 对 *X* 的积分值。*X* 与 *Y* 向量的长度必须相等,或者 *X* 必须是一个列向量,而 *Y* 为一个非独立并且维长度与 *X* 等长的数组,函数 trapz 就从这一维开始计算
z＝trapz(x,y,dim)	从 *y* 的第 dim 维开始运用梯形求积方法进行计算。*x* 向量的长度必须与 size(y,dim)的长度相等

【例 4-37】　用函数 trapz 计算在区间(−1,1)上函数 y＝humps(x)的积分面积。

解:

```
>> x=-1:0.01:1;
>> y=humps(x);
>> area=trapz(x,y)
```

```
area =
    26.8763
```

2. 辛普森(Simpson)求积方法 quad

函数 quad 的调用格式如下:

s＝quad('fname',a,b,tol,trace,p1,p2,…)

其中:fanme 是被积分函数;a、b 分别是积分的上、下限;tol 用来控制积分精度,默认时,tol＝1.e−6;trace 默认值为 0,若指定 trace 不为 0 时,会动态的逐点显示积分的进程;p1、p2,…是向被积函数传递的参数,可以默认;前三个输入变量是调用指令所必须的,后面的输入变量可以缺省。

【例 4 - 37】　用函数 quad 计算在区间(-1,1)上函数 y=humps(x)的积分面积。

解：

```
>>format long
>>area=quad('humps',-1,1)
```

```
area =
    26.877072768124840
```

3. 科特斯(Cotes)求积方法 quadl

函数 quadl 的调用格式如下：

s=quadl('fname',a,b,tol,trace,p1,p2,…)

其中：各个输入变量的使用与函数 quad 相同。

【例 4 - 38】　用函数 quadl 计算在区间(-1,1)上函数 $y=$humps(x)的积分面积。

解：

```
>>format long
>> area=quadl('humps',-1,1)
```

```
area =
    26.877072062456367
```

★注：函数 quadl、quad、trapz 的精确度是递减的。

4.5.2　数值微分

1. 多项式求微分法

该方法的基本思想是先用最小二乘法对离散数据进行曲线拟合,再对拟合曲线的多项式进行微分,然后再对微分后的多项式求值,这样就可以求出在拟合范围内任意一点的任意阶微分。对拟合所得的多项式进行高阶求导时,此种方法会导致误差增大,因此该方法仅适用于低阶数值微分。

【例 4 - 39】　已知两个等长向量 x 和 y,试利用多项式求导方法求导数 dy/dx。

解：输入以下程序,得到曲线如图 4 - 5 所示。

```
>> x=0.1:0.1:1.5;
>> y=[1.000 0.988 0.955 0.900 0.825 0.731 0.622 0.496 0.362 0.218 0.071 -0.079 -0.371 -0.505 -0.629];
>> p=polyfit(x,y,3)              %利用最小二乘法拟合出 y 的三阶多项式
>>yp=polyval(p,x);              % 计算多项式的值
>> plot(x,y,'ro',x,yp,'b')       % 画出拟合点及拟合后曲线
>>xlabel('x');                  %坐标轴注释
>>ylabel('y');
>>hold on
>> pp=polyder(p)               % 求多项式的导数
>>ypp=polyval(pp,x);           % 求多项式导数的值
>>plot(x,ypp,'k--')
```

```
p =
    0.2869   -1.3694   0.3138   0.9778
pp =
    0.8607   -2.7388   0.3138
```

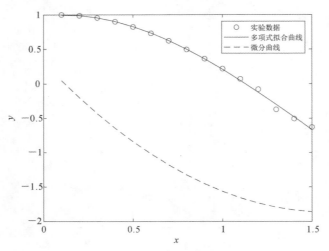

图 4-5　数据多项式拟合及微分曲线

2.有限差分法

MATLAB 提供的函数 diff 还可以通过计算数组中元素之间的差分来获得其微分。函数 diff 的具体调用格式如下：

D＝diff(X)　　　　求向量或矩阵的有限差分

这种方法的原理是因为微分的定义为 $\dfrac{\mathrm{d}y}{\mathrm{d}x}=\lim\limits_{h\to0}\dfrac{f(x+h)-f(x)}{(x+h)-x}$，当 h 足够小时，$f(x)$ 的微分可近似为 $\dfrac{\mathrm{d}y}{\mathrm{d}x}=\lim\limits_{h\to0}\dfrac{f(x+h)-f(x)}{(x+h)-x}$。此式中，$\dfrac{\mathrm{d}y}{\mathrm{d}x}$ 就近似地等于 y 的有限差分除以 x 的有限差分，该方法就是有限差分法。

例如：

```
>> x=0.1:0.1:1.5;
>> y=[1.000 0.988 0.955 0.900 0.825 0.731 0.622 0.496 0.362 0.218 0.071 -0.079 -0.371 -0.505 -0.629];
>> p=polyfit(x,y,3)       %利用最小二乘法拟合出 y 的三阶多项式
>> yp=polyval(p,x);       % 计算多项式的值
>> plot(x,y,'ro',x,yp,'b')    % 画出拟合点及拟合后曲线
>> hold on
>> pp=polyder(p)          % 求多项式的导数
>> ypp=polyval(pp,x);     % 求多项式导数的值
>> plot(x,ypp,'k-.')
>> hold on
>> dy=diff(y)./diff(x)    % 利用有限差分法近似计算微分,y、x 同上例
```

```
dy =
列 1 至 5
       -0.120000000000000        -0.330000000000000        -0.549999999999999
       -0.750000000000001        -0.940000000000000
列 6 至 10
       -1.089999999999999        -1.260000000000002        -1.340000000000000
       -1.439999999999999        -1.469999999999999
列 11 至 14
       -1.500000000000002        -2.919999999999997        -1.340000000000002
       -1.239999999999999
```

```
>> x(15)=[];              %删除向量 x 的尾元素,向前差分近似
>> plot(x,dy)             %画出函数导数图
>>hold on
>>x=0.1:0.1:1.5;
>>x(1)=[];                %删除向量 x 的尾元素,向后差分近似
>>plot(x,dy, 'k--')
>>xlabel('x');            %坐标轴注释
>>ylabel('y');
```

运行以上程序可以获得不同数值微分后的结果比较曲线,如图 4-6 所示。

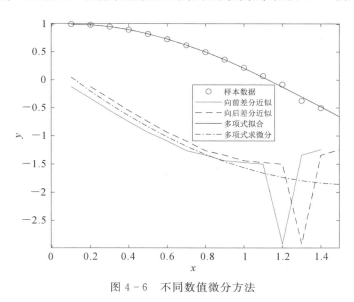

图 4-6　不同数值微分方法

　　★注:由于函数 diff 用来计算向量元素间的差分,所以其输出比原向量少一个元素。这样在绘制微分曲线时,必须舍弃 x 向量中的一个元素。舍弃 x 的首元素时,上述过程为向后差分近似;舍弃 x 的尾元素时,上述过程则为向前差分近似。如果比较用此方法绘制的函数微分曲线和用多项式求导函数绘制的微分曲线,就能发现采用有限差分进行近似微分的结果较差,特别是被噪声污染了的数据。

4.6 窗口 APP 曲线拟合

在 MATLAB 软件中曲线拟合有两种基本方式：一是编写程序代码进行拟合，二是利用 Curve Fitting 工具箱进行拟合。本节通过一个例子来介绍利用 Curve Fitting Tool 进行曲线拟合的一般步骤。

【例 4 - 40】 用 Curve Fitting Tool 来说明 APP 在曲线拟合上的使用。

解：(1)产生数据。

```
>>x1=0:0.1:2*pi;
>>y1=2*sin(x1)
```

生成的实验数据如下：

x1 = 0	0.5000	1.0000	1.5000	2.0000	2.5000	3.0000	3.5000
4.0000	4.5000	5.0000	5.5000	6.0000			
y1 = 0	0.9589	1.6829	1.9950	1.8186	1.1969	0.2822	−0.7016
−1.5136	−1.9551	−1.9178	−1.4111	−0.5588			

(2)在 APP 选项框中打开 Curve Fitting 工具窗口。工具位置以及打开结果分别如图 4-7 和图 4-8 所示。

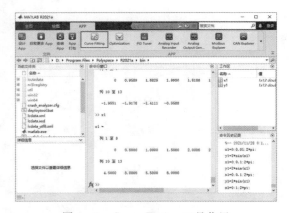

图 4 - 7 Curve Fitting 工具位置

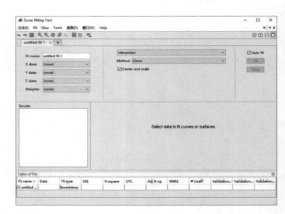

图 4 - 8 Curve Fitting 工具窗口

(3)选择待拟合的 x1 和 y1 数据，点击"fit"按钮，系统会根据默认的选项进行自动拟合。不过，一般这种方式获得的曲线并不一定符合拟合的需求。待拟合数据和默认拟合结果分别如图 4-9 和图 4-10 所示。

(4)根据需要更改拟合方式，Curve Fitting 工具中可提供的拟合方式如表 4-2 所示。该工具比较智能，能直接展示和待拟合数据匹配的拟合方式供用户选择。本例中的拟合方式可选为插值拟合，拟合结果如图 4-11 所示。

表 4 – 2　Curve Fitting 工具中的拟合方式

拟合方式	含　义
Gaussian	高斯逼近,有 8 种类型,基础型是 a1 * exp(c1－((x－b1)/c1)^2)
Interpolant	插值逼近,有 4 种类型,linear、nearest neighbor、cubic spline、shape－preserving
Polynomial	多形式逼近,有 9 种类型,linear ～、quadratic ～、cubic ～、4th－9th degree ～
Power	幂逼近,有 2 种类型,a * x^b 、a * x^b ＋ c
Rational	有理数逼近,分子、分母共有的类型是 linear ～、quadratic ～、cubic ～、4th－5th degree ～;此外,分子还包括 constant 型
Smoothing Spline	平滑逼近
Sum of Sin Functions	正弦曲线逼近,有 8 种类型,基础型是 a1 * sin(b1 * x ＋ c1)
Custom Equations	用户自定义的函数类型,如果拟合方式中没有所需的拟合函数形式,就需要自己编写函数
Exponential	指数逼近,有 2 种类型,a * exp(b * x) 、a * exp(b * x) ＋ c * exp(d * x)
Fourier	傅里叶逼近,有 7 种类型,基础型是 a0 ＋ a1 * cos(x * w) ＋ b1 * sin(x * w)

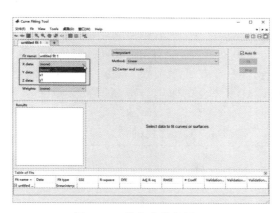

图 4 - 9　待拟合数据设置

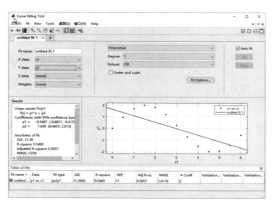

图 4 - 10　默认拟合结果

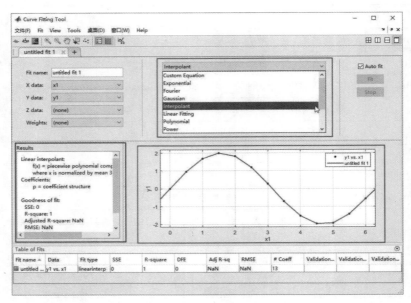

图4-11　插值方式的拟合结果

(5)图4-11左下角的 Results 小窗中有拟合结果的评价指标，查看该指标可以确定拟合结果是否符合自己的要求，如果不符合相关要求，可以继续更改拟合方式。图4-11是本例的拟合结果以及其评价指标。从图中可以看出，SSE（和方差、误差平方和），Adjusted R - square、R - square（确定系数）等评价指标均有很高的拟合精度。常用的拟合评价标准如表4-3所示。

表4-3　常用的拟合评价标准

评价标准名称		含　义
英文缩写	汉语名称	
SSE	和方差、误差平方和	参数是计算拟合参数后的回归值与原始数据对应点误差的二次方和，计算公式为 $$SSE = \sum_{i=1}^{n} (y_i - \hat{y})^2$$ SSE 越小（趋近于 0）说明模型选择和拟合的更好
RMSE	均方根、标准差	该参数是预测数据和原始数据对应点误差的二次方和的均值的二次方根，即均方误差根，计算公式为 $$RMSE = \sqrt{\frac{SSE}{n}} = \sqrt{\frac{1}{n}\sum_{i=1}^{n} (y_i - \hat{y})^2}$$
Adjusted R - square	调整后的确定系数	该参数相比与确定系数除去了因为变量个数增加对拟合优化判定结果的影响，计算公式为 $$AdjustR - square = 1 - (1 - R^2)\frac{(n-1)}{(n-k)}$$

续 表

评价标准名称		含　义
英文缩写	汉语名称	
$R-$square	确定系数	该参数由 SSR 和 SST 两个参数决定,SSR 为预测数据与原始数据均值之差的平方和,计算公式为 $$SSR = \sum_{i=1}^{n}(\hat{y_i}-\bar{y})^2$$ SST 为原始数据和均值之差的平方和,计算公式为 $$SST = \sum_{i=1}^{n}(y_i-\bar{y})^2$$ 而 SST＝SSE＋SSR,确定系数定义为 SSR 和 SST 的比值,即 $$R-square = \frac{SSR}{SST} = \frac{SST-SSE}{SST} = 1-\frac{SSE}{SST}$$ 由上式可知,确定系数的取值范围为[0,1],值越接近 1,表明方程的变量对 y_i 的解释能力越强,模型对数据的拟合程度越好

注:各式中 y_i 为待拟合数值;$\bar{y}$ 为原始数据均值;$\hat{y}$ 拟合值;n 为样本数;k 为变量个数(一般 $k=2$)。

习　题　4

1. 求多项式 $f(x)=3x^5-5x^4+2x^3-7x^2+5x+6$ 的根,并计算其与多项式 $g(x)=3x^2+5x-3$ 的乘积。

2. 已知命令窗口程序如下,写出其运行结果。

```
>>P=[1];
>>Q=[1,0,5];
>>[p,q]=polyder(P,Q)
```

3. 已知数据如表 4-4 所示,用 x 表示距离(m),用 y 表示时间(s),用 z 表示 (x,y) 点的的电压(V)。

表 4-4　各点电压测量值

y	x				
	0	2.5	5	7.5	10
0	65	34	12	6	0
30	84	45	22	10	3
60	67	54	33	25	11

试用 3 次多项式插值求出时间每隔 10 s、距离每隔 0.5 m 处的电压值。

4. 比较 MATLAB 中符号微积分和数值微积分的区别。

第5章　绘图及数据可视化

数学计算结果的图形化和可视化是 MATLAB 软件的主要特色之一。随着版本不断更新,MATLAB 也不断地采用新技术改进和完善其绘图和可视化功能,以便更直观地表现数据之间的内在联系。在 MATLAB 中有两个层次的绘图指令:一组是直接对句柄(面向对象的绘图)进行操作的底层绘图指令;另一组就是在底层绘图指令的基础上建立的高层绘图指令。本章将主要介绍 MATLAB 的高层绘图指令。

5.1　直角坐标系中的二维绘图

5.1.1　绘图窗口

MATLAB 绘图功能强大,提供了各种绘图工具和绘图函数。这些函数或者工具都是通过图形输出显示在 MATLAB 绘图窗口中的。图 5-1 就是一个典型的 MATLAB 绘图窗口,此窗口由标题栏、菜单栏、工具栏和图形区组成。

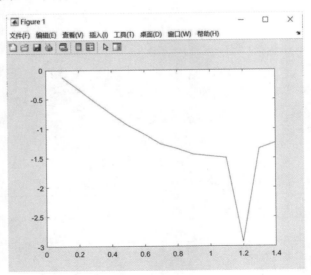

图 5-1　MATLAB 绘图窗口

MATLAB 绘图窗口的基本框架与 Windows 标准窗口类似,其标题栏左侧显示该图形的文件名 Figure *,右侧是图形的最大化、最小化和关闭按钮;菜单栏包括文件(F)、编辑(E)、查看(V)、插入(I)、工具(T)、桌面(D)、窗口(W)和帮助(H)菜单;图形工具栏主要包括新建文件、打开文件、保存文件、打印文件、图形编辑、插入文本、插入箭头、插入线条、放大、缩小和旋转按钮;图形区域用于显示各类绘图结果,如二维绘图、三维绘图、统计绘图等得到的图形。此窗口的具体功能在后面的章节中会结合实例再做详细说明。

5.1.2　二维绘图函数及应用

二维绘图是在二维平面上绘制横、纵坐标来表示数据之间的关系。MATLAB 提供了丰富的绘图功能,通过"help graph2d"命令可得到所有绘制二维图形的命令。在 MATLAB 中最常采用 plot 函数来绘制二维曲线图。plot 函数的具体调用有以下 3 种形式。

(1) plot(Y)。如果 Y 为实向量,则以该向量元素的下标为横坐标,以 Y 的各元素值为纵坐标,绘制二维曲线;如果 Y 为复数向量,则等效于 plot(real(Y),imag(Y));如果 Y 为实矩阵,则按列绘制每列元素值相对其下标的二维曲线,曲线的条数等于 Y 的列数;若 Y 为复数矩阵,则按列分别以元素实部和虚部为横、纵坐标绘制多条二维曲线。

【例 5 - 1】　绘制 $y=[1\ 15\ 20\ 51\ 40\ 69\ 0\ 25\ 48]$ 的曲线。

解:在 MATLAB 命令窗口输入指令,绘制出的图形如图 5 - 2 所示。

```
>>y=[1 15 20 51 40 69 0 25 48]
>>plot(y)
```

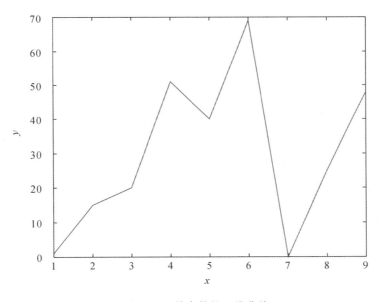

图 5 - 2　单参数的二维曲线

(2) plot(X,Y)。如果 X、Y 为长度相等的向量,则绘制以 X 和 Y 为横、纵坐标的二维曲线;如果 X 为向量,Y 是有一维与 X 同维的矩阵,则以 X 为横坐标绘制出多条不同色彩的曲线,曲线的条数与 Y 的另一维相同;如果 X、Y 为同维矩阵,则绘制以 X 和 Y 对应的列元素为横、纵坐标的多条二维曲线,曲线的条数与矩阵的列数相同。

【例 5 - 2】　在 $0\leqslant x\leqslant 4\pi$ 内,绘制曲线 $y=3e^{-0.2x}\sin(2\pi x)$。

解:在 MATLAB 命令窗口输入指令,绘制出的图形如图 5 - 3 所示。

```
>>x=0:pi/100:4 * pi;
>>y=3 * exp(-0.2 * x). * sin(2 * pi * x);
>>plot(x,y)
```

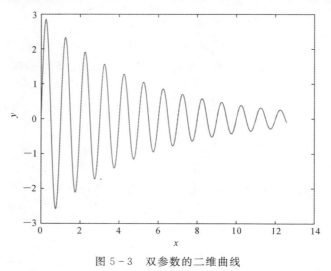

图 5-3　双参数的二维曲线

【例 5-3】　绘制函数 $y=e^t$ 的曲线,其中 k 取值区间为 $[0.5,1]$,t 的取值区间为 $[0,1]$。

解:在 MATLAB 的命令窗口中输入如下程序,绘制出的曲线如图 5-4 所示。

```
>>k=0.5:0.1:1;
>>t=0:0.01:1;
>>y=exp(t) * k;
>>plot(t,y)
>>xlabel('x')
>>ylabel('y')
```

★注:exp 是以自然常数 e 为底的指数函数。

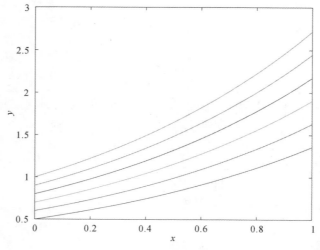

图 5-4　多条二维曲线的同时绘图

★注:以默认绘图方式在同一窗口绘制多条曲线时,系统会自动用不同的颜色区别不同的曲线。这里印刷后都为黑白色无法区别,为了说明绘图中不同函数的作用,本例不做修改。

(3)plot(X1,Y1,X2,Y2,…,Xn,Yn)。Xi 和 Yi 为不同的数对,下标相同的一组数据,维数也必须一致。在同一个图形窗口中绘制多条曲线时,以每一对参数 Xi 和 Yi($i=1,2,…,n$)的取值来绘图,可绘制出 n 条曲线。

【例 5-4】 在 $0 \leqslant x \leqslant 4\pi$ 和 $0 \leqslant x \leqslant 2\pi$ 两个区间内,分别绘制曲线 $y=3\mathrm{e}^{-0.2x}\sin(2\pi x)$ 和 $y=\cos(\pi x)$。

解: 在 MATLAB 命令窗口输入指令,绘制出的图形如图 5-5 所示。

```
x1=0:pi/100:4 * pi;
x2=0:pi/50:2 * pi;
y1=3 * exp(−0.2 * x1). * sin(2 * pi * x1);
y2=cos(pi * x2);
plot(x1,y1,x2,y2)
```

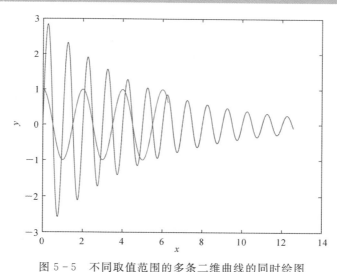

图 5-5 不同取值范围的多条二维曲线的同时绘图

5.1.3 添加图形标识

在例 5-4 绘制的图形中,有多条曲线,如果不加相关的标识,不易区分不同的曲线。在 MATLAB 中提供了多个图形标识函数,常见的图形标识有图形标题、坐标轴名称和单位、图形注释和图例等。这些图形标识的函数调用格式如下。

(1)图形标题 title 函数。

title('string')   字符串 string 用来设置绘图名称

title(…'Property name',Property Value,…)   属性名称可以是字体、颜色等,属性值则为具体属性选择的值

(2)标注坐标轴标签的函数 xlabel 和 ylabel。

xlabel('string')   字符串 string 用来设置 x 坐标轴名称

xlabel('string','Property name',Property Value)   属性名称可以是字体、颜色等,常

用可配置属性有文字颜色、字体、旋转角度等

标注 y 坐标轴的函数 ylabel 与 xlabel 调用格式相同。

（3）文本标注函数 text 和 gtext。文本标注是 MATLAB 中最灵活和常用的一种标识，可以标注在图形的任何位置。使用 text 和 gtext 函数标识的文本是随坐标轴移动的。text 是纯文本标识命令，gtext 是交互式文本标识。

text(x,y,'string')　(x,y) 是指定位置的坐标，"string" 是标注文本，是在图形上指定位置加标注

gtext('string')　此函数是交互式命令，可用鼠标把字符串放置到图形上任意位置

（4）图例标识函数 legend。图例可以标识图形中的不同颜色、线型的曲线，函数 legend 的调用格式如下：

legend('string1','string2',…)

其中：string1、string2、…为按照曲线绘制次序对应的图例字符。当删除当前图上的图例时，其命令为 legend off。

【例 5 - 5】　绘制函数 $\cos(x)$ 和 $\dfrac{1}{\cosh(x)}$ 的图形，并进行标注。

解：在 MATLAB 的命令窗口中输入如下程序，绘制出的曲线如图 5 - 6 所示。

```
>>x=linspace(0,6,50);
>>plot(x,cos(x),x,1./cosh(x));    %绘制两条曲线
>>hold on;
>>xlabel('x');
>>ylabel('y');
>>title(' cos(x)和1/cosh(x)');
>>text(4.8,-0.1,'x=4.73');
>>text(2.1,0.3,'1/cosh(x)');    %给双曲余弦函数在指定位置加文本标注
>>text(1.2,-0.4,'cos(x)');
>>xlabel('x');    %坐标轴注释
>>ylabel('y');
```

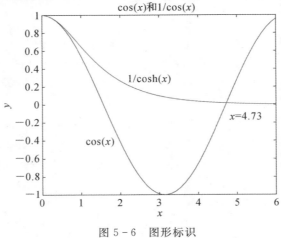

图 5 - 6　图形标识

5.1.4　LaTex 字符

在图形标识中,有些情况下还需要加入一些关于函数的说明文字。除使用标准的 ASCII 字符进行说明外,还可使用 LaTex 格式的控制字符进行说明,这样就可以在图形上添加希腊字母、数学符号及公式等内容。LaTex 格式的控制字符只能由类型为 text 的对象创建。函数 title、xlabel、ylabel、zlabel 或 text 都能创建一个 text 对象,因此 Tex 字符转义符(带"\"的字符串)经常作为这些函数的输入参数,且受 LaTex 字符串控制部分要用大括号括起来。例如,由 text(0.3,0.5,'sin({\omega}t+{\beta})')将得到标注效果 sin(ωt+β);用/bf , /it , /rm 控制字符分别定义黑体、斜体和正体字符。常用 LaTex 字符及其表示如表 5 - 1 所示。

表 5 - 1　希腊字母表的 LaTex 字符表示

LaTex 字符表示	代表的字符	LaTex 字符表示	代表的字符	LaTex 字符表示	代表的字符
\delta	δ	\theta	θ	\nu	ν
\epsilon	ε	\eta	η	\phi	π
\alpha	α	\zeta	ζ	\omega	ω
\beta	β	\lambda	λ	\phi	φ
\gama	γ	\mu	μ	\xi	ξ

【例 5 - 6】　绘制函数 $y_1 = \sin(\omega t + \beta)$ 和 $y_2 = \sin(\theta)$ 的图形,并进行标注。

解: 在 MATLAB 的命令窗口中输入如下程序,绘制出的曲线如图 5 - 7 所示。

```
>>x=0:0.01:8;
>>be=-1/2;
>>om=pi;
>>y=sin(om * x+be);
>>plot(x,y)
>>text(1.2,0.5,'sin({\omega}t+{\beta})')        %在指定位置插入标识
>>xlabel('t')
>>yxlabel(' sin({\omega}t+{\beta}')
```

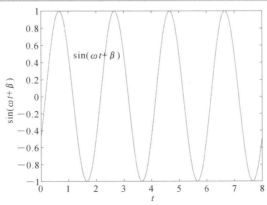

图 5 - 7　采用 LaTex 字符标注的绘图

5.1.5 设置曲线颜色、点和线型

在使用 plot 等函数绘图时,可以加入参数 LineSpec 指定连接所描采样点的线型、颜色以及采样点的标记类型,其调用格式如下:

plot(X1,Y1,LineSpec,X2,Y2,LineSpec,…)

其中:X1 和 Y1、X2 和 Y2、…绘图的数据对,每一数对的维数必须相同;在 LineSpec 缺省情况下,MATLAB 会将线型和颜色的属性设置为默认值。若要按照需求区分不同的曲线,就要对线型等进行设置。MATLAB 中可供设置的线型、颜色和数据点型如表 5-2 所示。

表 5-2 LineSpec 可供设置的参数

线型		颜色		数据点标记类型	
标识符	意义	标识符	意义	标识符	意义
—	实线	r	红色	+	加号
:	虚线	g	绿色	o	圆圈
-.	点画线	b	蓝色	*	星号
- -	双画线	c	蓝绿色	.	点号
		m	洋红色	x	叉号
		y	黄色	s	方格
		k	黑色	d	菱形
		w	白色	^	向上的三角
				v	向下的三角
				>	向左的三角
				<	向右的三角
				p	五边形
				h	六边形

表 5-2 中 MATLAB 提供的这些绘图选项,可以把它们组合起来使用。例如,"g-."表示绿色点画线;"y:d"表示黄色虚线并用菱形符标记数据点。当此选项省略时,MATLAB 规定线型一律用实线,颜色将根据曲线的先后顺序依次为蓝色、绿色、红色、青色、品红色、黄色、黑色。

【例 5-6】 在区间 $[0,4\pi]$ 上,绘制函数 $y=e^{-\frac{x}{3}}\sin(3x)$ 的曲线,同时在同一图形窗中绘制该曲线的包络线 $y=e^{-\frac{x}{3}}$。对包络线和基本曲线使用不同的线型,并且为曲线上的数据点设置点型。

解:在 MATLAB 的命令窗口中输入如下程序,绘制出的曲线如图 5-8 所示。

```
>>x=0:pi/8:4*pi;
>>y=exp(-x/3).*sin(3*x);
>>yb=exp(-x/3);
>>plot(x,yb,'-k',x,-yb,'-k',x,y,'-.ro')
```

```
>>grid on
>>xlabel('x');
>>ylabel('y');
```

对于在某些情况下有更细致的绘图需求,这时就必须做进一步的设置;例 5 - 6 中将绘图指定改为:

plot(x,yb,'− k',x,− yb,'k',x,y,'−. ro','LineWidth',2,'MarkerEdgeColor','g','MarkerFaceColor','y','MarkerSize',6)

绘制出的曲线如图 5 - 9 所示。

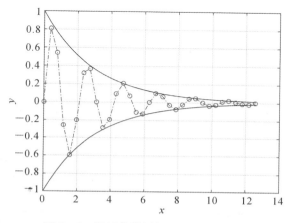

图 5 - 8　设置曲线属性后得到的曲线图

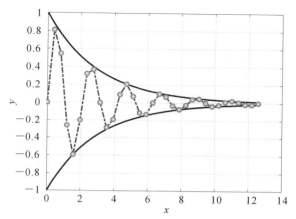

图 5 - 9　更细致的设置曲线属性后得到的曲线图

5.1.6　坐标轴格式设置

MATLAB 为绘图提供了方便的坐标轴默认设置,包括绘图区间、曲线线型和粗细、坐标标注字体和大小、位置等,能满足初学者或一般显示绘图使用,但在深入学习绘图或有特殊需要时并不是所有的图形在默认效果下都是最好的。因此,在有些情况下绘图中要对坐标轴进行设置,适当的坐标轴设置既能更明确显示数据的分布趋势和显示细节等,也能美化绘图效果以达到规范化,这对于绘图和数据可视化的灵活性意义重大。

MATLAB 中提供了一系列关于坐标轴的指令,通过这些指令可以对绘图的坐标轴进行控制。用户还可以根据情况选取适合的指令来调整坐标轴的取向、范围、刻度和高宽比等。有关坐标轴的常见指令如表 5 - 3 所示。

表 5 - 3　坐标轴设置指令

命　令	含　义	命　令	含　义
axis auto	默认设置	axis manual	保持当前刻度范围
axis off	取消坐标轴背景	axis on	使用坐标轴背景
axisij	矩阵式坐标,原点在左上方	axisxy	普通直角坐标系,原点在左下方

续表

命 令	含 义	命 令	含 义
axis equal	横、纵坐标刻度相同	axis image	横、纵轴等长刻度,坐标框紧贴数据范围
axis normal	默认的矩形坐标系	axis square	正方形坐标系
axis tight	将数据范围设置为坐标范围	axis fill	使坐标充满整个绘图区
axis(v) V=[x1,x2,y1,y2]; V=[x1,x2,y1,y2,z1,z2]	手工设定坐标范围。设定值可以是二维或三维	axis vis3d	保持高和宽的比值不变

【例 5 - 7】 在 MATLAB 中绘制函数 $y = 3\sin(x)\cos^2(x)$ 在 $[0, 2\pi]$ 中的图像。

解:(1)在 MATLAB 命令窗口中输入程序,使用 MATLAB 中默认的坐标轴范围进行绘图,绘制出的图形如图 5 - 10 所示。

```
>>x=0:0.1:2*pi;
>> plot(x,3*sin(x).*cos(x).^2,'-rh')
>>xlabel('x');
>>ylabel('y');
```

(2)取消轴背景后绘制出的图形如图 5 - 11 所示。

```
>> axis off
```

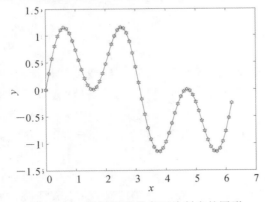

图 5 - 10 默认设置状态下绘制出的图形

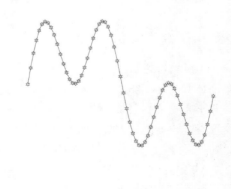

图 5 - 11 取消轴背景绘制出的图形

(3)对坐标轴的范围进行设置,程序如下。设置坐标轴范围后绘制出的图形如图 5 - 12(a)所示。

```
>> axis on
>>axis([0  pi 03])
```

(4)添加网格后绘制出的图形如图 5 - 12(b)所示。

```
>>grid on          %画出分格线
```

　　　第 5 章　绘图及数据可视化

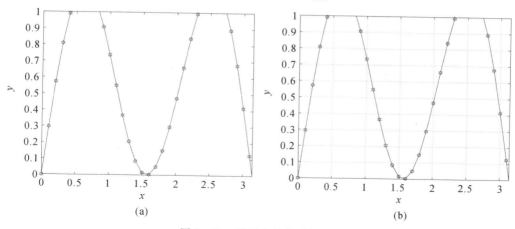

图 5-12　设置坐标轴后的图形

(a)坐标轴范围设置后的曲线图；　(b)带网格曲线图

　　对比图 5-10、图 5-11 和图 5-12 可以得出,经过对坐标轴的设置后,可以对函数的某一部分进行放大展示,从而更好地展现曲线的局部特征。

　　在绘图时常用的还有网格线控制命令 grid,其调用格式如下:

grid on;　　　　　%在坐标轴上画出网格线

grid off;　　　　　%在坐标轴上关闭网格线

　　【例 5-8】　在同一坐标中绘制 2 个同心圆,并加坐标控制。

　　解:在 MATLAB 命令窗口编写如下程序,绘制出的图形分别如图 5-13 和图 5-14 所示。

```
>>t=0:0.01:2 * pi;
>>x=exp(i * t);
>>y=[x;2 * x];
>>plot(y)
>>grid on;                %加网格线
>>box on;                 %加坐标边框
>>axis equal             %坐标轴采用等刻度
>>axis square            %产生正方形坐标系
```

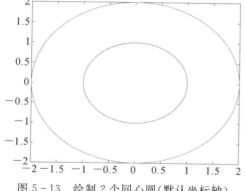

图 5-13　绘制 2 个同心圆(默认坐标轴)

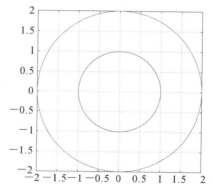

图 5-14　绘制 2 个同心圆(正方形坐标轴)

5.1.7 绘图窗口多子窗绘图

当需要对绘制的多幅图进行对比时,可以通过使用 subplot 函数将同一绘图窗口划分为不同的子绘图区,再分别绘制相应的曲线。subplot 函数的常见调用格式如下:

(1)subplot(m,n,p)。

• 该函数的功能是将图形窗口分成 $m \times n$ 个子图形窗口,序号按行优先编号,然后在第 p 个子图形窗口中绘图。各子图在图形窗口中的排列顺序为从左到右,先上后下。

• 允许每个子图以不同的坐标系绘制图形。

• 只是用于分割窗口、确定坐标轴的位置,并无绘图功能。

(2)subplot('Position',[left bottom width height])。

该函数的功能是在指定位置上绘制子图,并将其设置为当前图形窗口。

★注:函数 subplot 产生的子图彼此之间相互独立,所有的绘图指令都可以在产生的子图中运用。

【例 5 - 9】 将一个绘图窗口分割成三个子窗口,分别绘制 $y = \sin(x)$, $y = \sin(2x)$, $y = \sin(3x)$ 的曲线;再将此绘图窗口分割成四个子窗口,分别绘制 $y = \sin(x)$, $y = \sin(2x)$, $y = \sin(4x)$, $y = \sin(6x)$ 的曲线。

解:在 MATLAB 的命令窗口输入以下程序,绘制的图形分别如图 5 - 15 和图 5 - 16 所示。

```
>>x=0:0.01:2*pi;
>>y1=sin(x);
>>y2=sin(2*x);
>>y3=sin(3*x);
>>y4=sin(4*x);
>>y5=sin(6*x);
>>figure(1)         %绘制 3 个子窗口曲线
>>subplot(3,1,1);          %将绘图窗口划分为四个子窗口,在第一个窗口绘图
>>plot(x,y1);
>>xlabel('x');
>>ylabel('y1');
>>title('sin(x)');
>>subplot(3,1,2);          %在第二个窗口绘图
>>plot(x,y2);
>>xlabel('x');
>>ylabel('y2');
>>title('sin(2x)');
>>subplot(3,1,3);          %在第三个窗口绘图
>>plot(x,y3);
>>xlabel('x');
>>ylabel('y3');
>>title('sin(3x)');
>>figure(2)           %绘制 4 个子窗口曲线
>>subplot(2,2,1);          %将绘图窗口划分为四个子窗口,在第一个窗口绘图
```

```
>>plot(x,y1);
>>xlabel('x');
>>ylabel('y1');
>>title('sin(x)');
>>subplot (2,2,2);        %在第二个窗口绘图
>>plot(x,y2);
>>xlabel('x');
>>ylabel('y2');
>>title('sin(2x)');
>>subplot(2,2,3);%在第三个窗口绘图
>>plot(x,y3);
>>xlabel('x');
>>ylabel('y3');
>>title('sin(4x)');
>>subplot(2,2,4);%在第四个窗口绘图
>>plot(x,y4);
>>xlabel('x');
>>ylabel('y4');
>>title('sin(6x)');
```

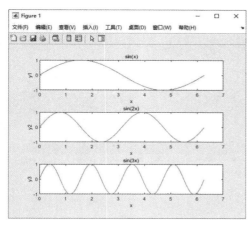

图 5-15 多图绘制(窗口 1)

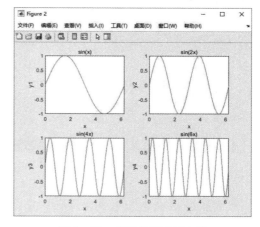

图 5-16 多图绘制(窗口 2)

5.1.8 多个绘图窗口绘图

如果需要在多个图形窗口查看不同曲线的绘制效果,则可以使用 firgure 函数创建多个绘图窗口。多窗口绘图时要按照窗口序号对号入座,在不同序号的窗口中按照设定绘制不同的曲线;在没有特别指定序号的情况下,默认的都是 1。firgure 函数的调用格式如下:

figure(n)   用于创建新的图形窗口或显示当前图形窗口

其中:n 是这个窗口的编号,figure(1)是默认值,不需要声明。

【例 5-10】 在不同的绘图窗口分别绘制 $y_1 = 2\cos(2t)$,$y_2 = \sin(t)$,$y_3 = 2\cos(t)\sin(t)$,

$y_4 = \sin(\cos(t)), t \in [-5, 5]$ 的曲线。

解：在 MATLAB 的命令窗口输入以下程序，绘制出的图形如图 5-17 所示。

```
>>t=-5:0.1:5;
>>y1=2*cos(2*t);
>>plot(t,y1,'r--')           %没有指明窗口编号,默认为 1
>>xlabel('t');
>>ylabel('y1');
>>title('函数 y1=2cos2t 的图形');
>>figure(2)                 %建立窗口 2 以绘制曲线
>>y2=sin(t);
>>plot(t,y2,'k-.');
>>xlabel('t');
>>ylabel('y');
>>title('函数 y2=sint 的图形');
>>figure(3)                 %建立窗口 3 以绘制曲线
>>y3=y1.*y2;
>>plot(t,y3,'b-')
>>xlabel('t');
>>ylabel('y3');
>>title('函数 y3=2costsint 的图形')
>>figure(4)                 %建立窗口 4 以绘制曲线
>>y4=sin(3*cos(t));
>>plot(t,y4,'b*')
>>xlabel('t');
>>ylabel('y4');
>>title('函数 y4=sin(3cos(t)) 的图形')
```

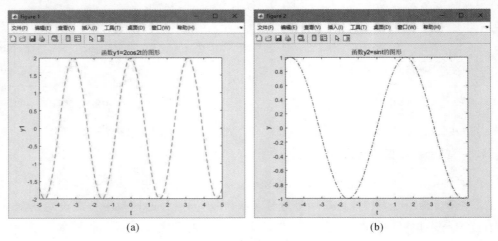

(a)   (b)

图 5-17 多个绘图窗口绘图

(a)函数 $y_1 = 2\cos 2t$ 的图形； (b)函数 $y_2 = \sin t$ 的图形

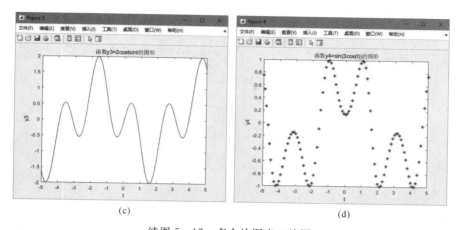

(c)

(d)

续图 5-17 多个绘图窗口绘图

(c)函数 $y_3 = 2\cos t\sin t$ 的图形; (d)函数 $y_4 = \sin(3\cos(t))$ 的图形

5.1.9 双纵坐标绘图

有时需要在同一个绘图窗口显现两组数据的不同变化,两组数据的横坐标是相同的,但是纵坐标不同,而且不是一个数量级。因此为了更好地表现两组数据的变化趋势,在 MATLAB 中可以使用函数 plotyy 绘制出具有不同纵坐标标度的两个图形,其调用格式如下:

plotyy(x1,y1,x2,y2)

其中:x1,y1 对应一条曲线,x2,y2 对应另一条曲线。两条曲线横坐标的标度相同,但是纵坐标有两个,左纵坐标用于 x1,y1 数据对,右纵坐标用于 x2,y2 数据对。

【例 5-11】 用不同标度在同一坐标内绘制曲线 $y_1 = 0.2\mathrm{e}^{-0.5x}\cos(4\pi x)$ 和 $y_2 = 2\mathrm{e}^{-0.5x}\sin(\pi x)$。

解: 在 MATLAB 命令窗口输入如下程序,绘制出的图形如图 5-18 所示。

```
>>x=0:pi/100:2*pi;
>>y1=0.2*exp(-0.5*x).*cos(4*pi*x);
>>y2=20*exp(-5*x).*sin(pi*x);
>>plotyy(x,y1,x,y2)
```

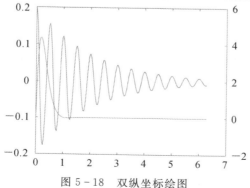

图 5-18 双纵坐标绘图

★注：当利用双纵坐标进行绘图时，线型等通过句柄语句来实现，绘制出的图形如图 5 - 19 所示。

```
>> [ax,h1,h2]=plotyy(x,y1,x,y2);    %ax 中创建的两个坐标轴的句柄及 H1 和 H2 中每个图形
                                    %绘图对象的句柄。
                                    %ax(1)为左侧轴,ax(2)为右侧轴。
>> set(h1,'linestyle','—','marker','o','color','r');
>> set(h2,'linestyle',':','marker','x','color','b');
>> legend([h1,h2],'sin(x)+cos(x)','exp(x)');
>> xlabel('x');
>> set(get(ax(1),'ylabel'),'string','y1');    %对坐标标注
>> set(get(ax(2),'ylabel'),'string','y2');
```

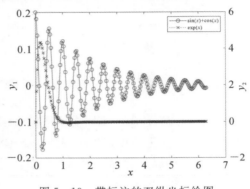

图 5 - 19   带标注的双纵坐标绘图

5.1.10   同一窗口叠绘

用户也可以在一个绘图窗口的同一绘图区重复绘图，用颜色或线型等属性来区别不同的曲线。为了达到这种效果，MATLAB 为用户提供了 hold 命令，此命令确保先绘制的图形不被覆盖。hold 命令的调用格式有以下三种。

（1）hold on：该命令是启动图形保持功能，当前的坐标轴和图形都将保持，在这之后的绘图都将添加在这个图形上，且能自动调整坐标轴的范围；

（2）hold off：该命令是关闭图形保持功能；

（3）hold：该命令用于在 hold on 和 hold off 命令之间进行切换。

【例 5 - 12】   采用图形保持，在同一坐标内绘制曲线 $y_1=0.2x\cos(4\pi x)$ 和 $y_2=2\cos(\pi x)$。

解：在 MATLAB 的命令窗口输入以下指令，绘制出的图形如图 5 - 20 所示。

```
>>x=0:pi/100:2 * pi;
>>y1=0.2 * x. * cos(4 * pi * x);
>>plot(x,y1,'—b')
>>xlabel('x');
>>ylabel('y');
>>hold on %启动图形保持功能
```

```
>>y2=2 * cos(pi * x);
>>plot(x,y2,'.r')
>>hold off
```

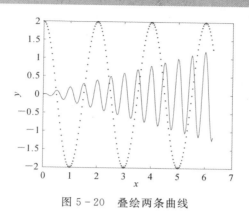

图 5-20 叠绘两条曲线

5.1.11 简捷绘图

1. fplot 函数

绘图的数据点是自适应产生的。在函数变化的平坦处,所取数据点比较稀疏;在函数变化的剧烈处,将自动取较密的数据点。fplot 函数的调用格式如下:

  fplot(fun,limits,tol,linespec)

其中:fun 为函数名,可以是 MATLAB 已有函数或自定义的 M 函数;limits 表示绘制图形的坐标轴取值范围,有两种方式:[xminxmax]和[xminxmaxyminymax];tol 为相对误差,默认值为 2e-3;linespec 表示图形的线型、颜色和数据点等设置。

【例 5-13】 在 $-5 \leqslant x \leqslant 5$ 内,绘制曲线 $y=2e^{-0.5}x\cos(4\pi x)$。

解:在 MATLAB 的命令窗口输入以下指令,绘制出的图形如图 5-21 所示。

```
>>fplot(@(x)2. * exp(-0.5. * x). * cos(4. * pi. * x),[-5,5])
```

★注:在新版本中,fplot 函数将不再接受字符向量或字符串输入。

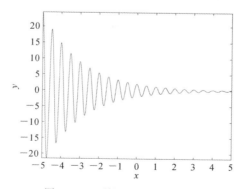

图 5-21 利用 fplot 绘制曲线

【例 5-14】 采用图形保持,在同一坐标内绘制曲线 $y_1=e^x$,$-3 \leqslant x \leqslant 0$;$y_2=\cos(x)$,$0 \leqslant$

$x\leqslant3; y_3=\sin(x), 3\leqslant x\leqslant6$。

解：在 MATLAB 的命令窗口输入以下程序，绘制出的图形如图 5-22 所示。

```
>>fplot(@(x)exp(x),[-3 0],'--*r');
>>hold on;                    %在一张图上画多个函数
>>fplot(@(x)cos(x),[0 3],'-.^b');
>>fplot(@(x)sin(x),[3,6],'-+g');
>>grid on                     %加网格线
```

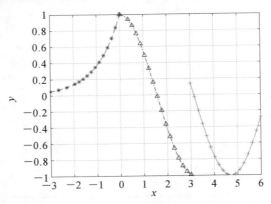

图 5-22　利用 fplot 函数绘制多个函数曲线

2. ezplot 函数

ezplot 函数可以直接绘制出在默认定义域 $-2\pi<x<2\pi$ 上的函数图形，其基本调用格式为

ezplot(f)

其中：f 是字符串或代表数学函数的符号表达式，只有一个符号变量。

ezplot 函数可以绘制出隐函数图形，即形如 $f(x,y)=0$ 这种不能写出像 $y=f(x)$ 这种函数的图形。

【例 5-15】　在区间 $[-2\pi,2\pi]$ 内绘制显函数 $y=x^3$。

解：在 MATLAB 的命令窗口输入以下命令，绘制出的图形如图 5-23 所示。

```
>>ezplot('x^2')
```

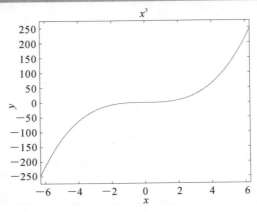

图 5-23　在默认区间绘制显函数曲线

【例 5-16】 在区间 $[-4\pi, 3\pi]$ 内绘制隐式定义的函数 $x^4 - y^6 + 1 = 0$ 。

解: 在 MATLAB 的命令窗口输入以下命令,绘图结果如图 5-24 所示。

```
>>ezplot('x^4-y^6+1',[-4*pi 3*pi])
```

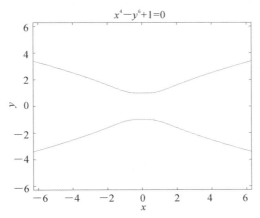

图 5-24　在设定区间内绘制隐函数曲线

5.2　其他二维绘图

5.2.1　对数坐标图形

MATLAB 提供了绘制对数和半对数坐标曲线的函数,其调用格式如表 5-4 所示。

表 5-4　对数和半对数坐标曲线函数

函　　数	说　　明
loglog(Y)	绘制 x、y 坐标都是对数坐标系的图形
semilogx(x1,y1,选项 1,x2,y2,选项 2,…)	绘制以 x 轴为对数坐标(以 10 为底),y 轴为线性坐标的半对数坐标图形
semilogy(x1,y1,选项 1,x2,y2,选项 2,…)	绘制以 y 轴为对数坐标(以 10 为底),x 轴为线性坐标的半对数坐标图形
loglog(x1,y1,选项 1,x2,y2,选项 2,…)	x 轴和 y 轴均采用常用对数刻度的图形

【例 5-17】 绘制 $y = 100^x$ 的对数坐标图并与直角线性坐标图进行比较。

解: 在 MATLAB 的命令窗口输入以下命令,绘制出的图形如图 5-25 所示。

```
>>x=0:0.1:2;
>>y=100.^x;
>>subplot(311)
>>semilogy(x,y)
>>title('semilogarithmic scales gragh')
```

```
>>grid on
>>subplot(312)
>>plot(x,y)
>>title('linear scales graph')
>>grid on
>>subplot(313)
>>loglog(y)
>>title('logarithmic scales gragh')
>>grid on
```

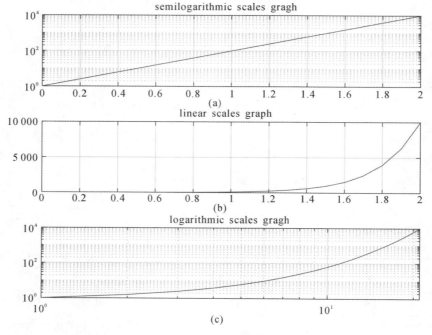

图 5-25 对数坐标图与直角线性坐标图比较

5.2.2 极坐标图

polar 函数用来绘制极坐标图,其调用格式如下:

polar(theta,rho,选项)

其中:theta 为极坐标极角;rho 为极坐标矢径;选项的内容与 plot 函数相似。

【例 5-18】 分别绘制 $r=\sin(2t)\cos(2t)$, $t\in[0,2\pi]$和 $b=(1-\sin(a))$,$a\in[-2\pi,2\pi]$的极坐标图,并标记相关的数据点。

解:在 MATLAB 的命令窗口输入以下命令,绘制出的图形如图 5-26 和图 5-27 所示。

```
%绘制 r=sin(2t)cos(2t) 的极坐标图
>>t=0:pi/50:2 * pi;
>>r=sin(2 * t). * cos(2 * t);
```

```
>>polar(t,r,'－ *');
%绘制 b=(1－sin(a))的极坐标图
>>a=－2 * pi:.001:2 * pi;        %设定角度
>>b=(1－sin(a));                %设定对应角度的半径
>>polar(a, b,'r')              %绘图
```

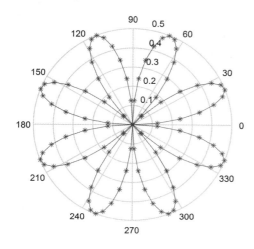

图 5－26 $r=\sin(2t)\cos(2t)$ 的极坐标图

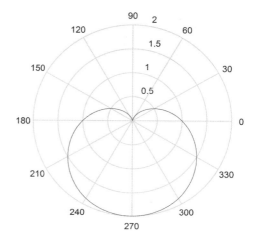

图 5－27 $b=(1-\sin(a))$ 的极坐标图

5.2.3   二维统计分析图

在数据分析中,往往需要将实验、测量、观察、调查等的结果通过适当的统计、分析并加以利用,以求最大化地开发数据的功能。MATLAB 中提供的最简单、最直接的数据分析方法就是二维统计分析图,常见的二维统计分析图有条形图、饼状图、阶梯图和杆图等,所采用的函数如表 5－5 所示。

表 5－5   二维统计分析图函数

函　　数	说　　明
bar(x,y,选项)	用于绘制二维垂直条形图,用垂直条形显示向量或矩阵中的值
pie(x,explode)	其中 explode 为一个与 x 尺寸相同的矩阵,其非零元素所对应的 x 矩阵中的元素将从饼图中分离出来
stairs(x,y,选项)	用于绘制阶梯图
stem(x,y,选项)	用于绘制离散数据的图形,常被称为杆图。当选项为'fill'时,表示将离散图形末端的小圆圈用当前的颜色填充

★注:选项与函数 plot 中类似,可以指定箭头的线型、标记符号、颜色等属性。

【例 5－19】   已知某车间五位工人某天加工的工件数为 $x=[3\ 5\ 8\ 2\ 9]$,试绘制其柱状图和饼状图。

解:在 MATLAB 的命令窗口输入以下命令,绘制出的图形如图 5－28 所示。

```
>>x=[3 5 8 2 9];
>>subplot(2,2,1);            %划分子窗口,在第1个子窗口绘图
>>bar(x);                    %绘制柱状图
>>title('柱状图');
>>subplot(2,2,2);            %划分子窗口,在第2个子窗口绘图
>>explode=[0 0 0 0 1];
>>pie(x,explode);
>>title('饼图');
>>legend('工人1','工人2','工人3','工人3');
```

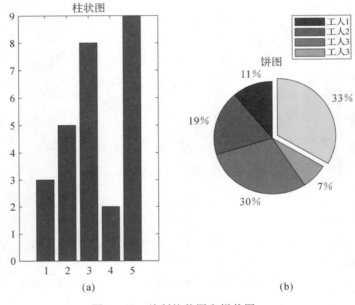

(a)   (b)

图 5-28 绘制柱状图和饼状图

【例 5-20】 绘制 $y=5\cos x^2$ 的杆状图和阶梯图。

解：在 MATLAB 的命令窗口输入以下命令,绘制出的图形如图 5-29 所示。

```
>>x = 0:0.1:3;
>>y =5 * cos(x.^2);
>>subplot(221)               %划分子窗口,在第1个子窗口绘图
>>stem(y,'fill')             %绘制填充式杆状图
>>subplot(222)               %划分子窗口,在第2个子窗口绘图
>>stem(x,y,'r')              %绘制红色非填充杆状图
>>subplot(223)               %划分子窗口,在第3个子窗口绘图
>>stairs(y,'b')              %绘制蓝色阶梯图
>>subplot(224)               %划分子窗口,在第4个子窗口绘图
>>stairs(x,y,'r','LineWidth',2)  %绘制红色改变线宽阶梯图
```

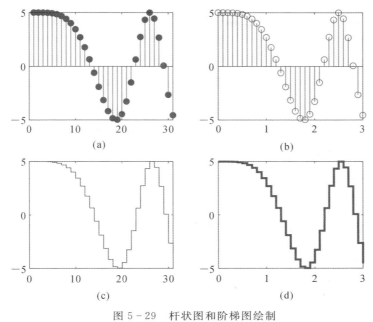

图 5 - 29　杆状图和阶梯图绘制

5.2.4　填充图和箭头图

MATLAB 中还提供了填充图和带箭头的图形绘制,所使用的的函数如表 5 - 6 所示。

表 5 - 6　填充图和箭头图的绘图函数

函　数	说　明
fill(x1,y1,选项 1,x2,y2,选项 2,……)	绘制填充图,按向量元素的下标渐增次序依次用直线段连线 x,y 对应元素定义的数据点。假如这样连线所得的折线不封闭,那么 MATLAB 会自动将这个折线的首尾连线起来,形成封闭多边形,然后再在此多边形内部涂满指定的颜色
compass(x,y,选项)	绘制一个从原点出发,并由(x,y)组成的向量箭头图形
feather(x,y)	绘制羽毛图,也就是笛卡尔(Cartesian)坐标系下的风羽图
quiver(x , y)	绘制箭头图,其中:x 表示起点,可以是单个数,也可以是一个矩阵;y 表示终点,可以是单个数,也可以是一个矩阵。作图命令应该是常用于风速、风向,波浪,潮流等的展示

【例 5 - 21】　分别以填充图、罗盘图、羽毛图和箭头图形式绘制曲线 $y=2\sin(x)$。

解:在 MATLAB 的命令窗口输入以下命令,绘制出的图形如图 5 - 30 所示。

```
>>x=-pi:pi/10:pi;
>>y=2*sin(x);
>>subplot(2,2,1);          %划分子窗口,在第 1 个子窗口绘图
>>fill(x,y,'r');
>>title('填充图');
```

```
>>subplot(2,2,2);      %划分子窗口,在第2个子窗口绘图
>>compass(x,y);
>>title('罗盘图');
>>subplot(2,2,3);      %划分子窗口,在第3个子窗口绘图
>>feather(x,y);
>>title('羽毛图');
>>subplot(2,2,4);      %划分子窗口,在第4个子窗口绘图
>>quiver(x,y);
>>title('箭头图');
```

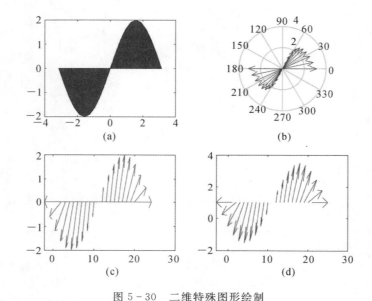

图 5-30　二维特殊图形绘制

(a)填充图；　(b)罗盘图；　(c)羽毛图；　(d)箭头图

5.3　三　维　绘　图

当要处理的数据为三维时,可以用三维绘图来实现数据的可视化。三维绘图和二维绘图的基本思路虽然相似,但三维数据绘图也有很多其他的特点和优势。

5.3.1　三维曲线图

三维基本绘图命令和二维基本绘图命令相似,plot3 函数是三维绘图的最基本函数,调用格式也与 plot 函数相似,其具体调用格式如下:

plot3(X,Y,Z,LineSpec,'PropertyName',PropertyValue,...)

其中:

(1)当 **X,Y,Z** 是同维向量时,绘制出的曲线是以 **X,Y,Z** 元素为 x,y,z 坐标的三维曲线。

（2）当 X,Y,Z 是同维矩阵时，绘制出的曲线是以 X,Y,Z 对应列元素为 x,y,z 坐标的三维曲线，曲线的个数等于矩阵的列数。

（3）参数 LineSpec 主要是定义曲线的线型、颜色和数据点等；参数 PropertyName 是曲线对象的属性名，PropertyValue 是对应属性的取值。

【例 5 - 22】 用 plot3 函数绘制 $x=\sin(t)$，$y=\cos(t)$，$z=\cos(2*t)$ 的曲线。

解： 在 MATLAB 的命令窗口输入以下指令，绘制出的图形如图 5 - 31 所示。

```
>>t=(0:0.02:2)*pi;
>>x=sin(t);
>>y=cos(t);
>>z=cos(2*t);
>>subplot(1,2,1);          %划分子窗口,在第1个子窗口绘图
>>plot3(x,y,z)
>>subplot(1,2,2);          %划分子窗口,在第2个子窗口绘图
>>plot3(x,y,z,'b')
>>legend('链','宝石')       %添加图例
>>xlabel('x');
>>ylabel('y');
>>zlabel('z');
```

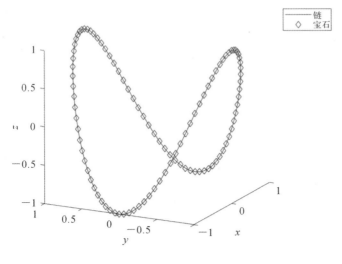

图 5 - 31 项链曲线

5.3.2 三维网格线图

绘制函数 $z=f(x,y)$ 的三维网格曲线分为以下两步：

（1）三维网格线图的数据准备。首先，要确定自变量 x,y 的取值范围和取值间隔，采用如下指令：

```
x=x1:dx:x2;
y=y1:dy:y2;
```

151

其次,利用 MATLAB 指令产生"格点"矩阵,采用如下指令:

$$[X,Y]=\text{meshgrid}(x,y)$$

其中:X,Y 就是产生的"格点"矩阵。

最后,计算自变量在"格点"上的函数值 z,即 $z=f(X,Y)$。

上述"格点"矩阵的值的形成过程可用如下程序表示:

```
>>x=x1:dx:x2;
>>y=(y1:dy:y2)';
>>X=ones(size(y))*x;
>>Y=y*ones(size(x));
```

(2)用 mesh 函数绘制网线图。mesh 函数的调用格式如表 5-7 所示。

表 5-7　mesh 命令调用格式

mesh 命令格式	说　明
mesh(z)	以 z 为矩阵列,绘网线图
mesh(x,y,z)	最常用的网格线调用格式
mesh(x,y,z,c)	最完整的调用格式,绘制出由参数 c 指定用色的网格线

其中:x,y 是自变量"格点"矩阵;z 是建立在"格点"之上的函数矩阵;c 是指定各点用色的矩阵,缺省时,默认用色矩阵是 z,即认为 $C=Z$。

【例 5-23】 绘制函数 $z=2e^{-x^2-y^2}$ 在 $x\in[-3,3]$,$y\in[-4,4]$ 内的三维网格图。

解:在 MATLAB 的命令窗口输入以下命令,绘制出的图形如图 5-32 所示。

```
>>x=-3:0.2:3;
>>y=-4:0.2:4;
>>[X,Y]=meshgrid(x,y);
>>Z=2*exp(-X.^2-Y.^2);
>>mesh(X,Y,Z);
>>xlabel('x');
>>ylabel('y');
>>zlabel('Z');
```

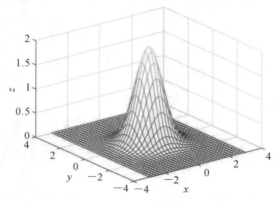

图 5-32　三维网线图

5.3.3　三维网格曲面图

surf 函数用来绘制曲面图,此函数的调用格式如表 5-8 所示。

表 5-8　surf 命令调用格式

surf 命令格式	说　明
surf(z)	以 z 为矩阵列,绘制曲面图
surf(x,y,z)	最常用的曲面图线调用格式
surf(x,y,z,c)	最完整的调用格式,绘制由 c 指定的用色的曲面图

其中:x,y 是自变量"格点"矩阵;z 是建立在"格点"之上的函数矩阵;c 是指定各点用色的矩阵,缺省时,默认用色矩阵是 z,即认为 $c=z$。由于 mesh 函数和 surf 函数相似,各参数的意义也基本相同。

【例 5-24】　绘制函数 $z=2e^{-x^2-y^2}$ 在 $x\in[-3,3]$,$y\in[-4,4]$ 内的三维曲面图。

解:在 MATLAB 的命令窗口输入以下命令,绘制出的图形如图 5-33 所示。

```
>>x=-3:0.2:3;
>>y=-4:0.2:4;
>>[X,Y]=meshgrid(x,y);
>>Z=2*exp(-X.^2-Y.^2);
>>surf(X,Y,Z);
>>xlabel('x');
>>ylabel('y');
>>zlabel('Z');
```

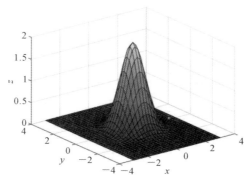

图 5-33　函数 $z=2e^{-x^2-y^2}$ 的三维曲线图

【例 5-25】　分别绘制函数 $z=3e^{-0.2x\cos y}$,$x\in[-2\pi,2\pi]$,$y\in[-3\pi,3\pi]$ 的三维曲线图、三维网线图和三维曲面图。

解:在 MATLAB 的命令窗口输入以下命令,绘制出的图形如图 5-34 所示。

```
>>x=-2*pi:0.8:2*pi;
>>y=-2*pi:0.8:2*pi;
>>z=exp(-0.2*x).*cos(y);
```

```
>>[X,Y]=meshgrid(x,y);
>>Z=3*exp(-0.2*X).*cos(Y);
>>subplot(2,2,1);
>>plot3(x,y,z);
>>grid;
>>title('single line');
>>xlabel('x');
>>ylabel('y');
>>zlabel('Z');
>>subplot(2,2,2);
>>plot3(X,Y,Z);
>>grid;
>>title('multiple lines');
>>xlabel('x');
>>ylabel('y');
>>zlabel('Z');
>>subplot(2,2,3);
>>mesh(X,Y,Z);
>>title('grid lines');
>>xlabel('x');
>>ylabel('y');
>>zlabel('Z');
>>subplot(2,2,4);
>>surf(X,Y,Z);
>>title('surface diagram');
>>xlabel('x');
>>ylabel('y');
>>zlabel('Z');
```

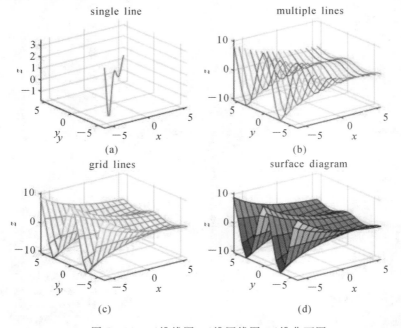

图 5-34　三维线图、三维网线图、三维曲面图
(a)三维线图；　(b)三维曲线图；　(c)三维网线图；　(d)三维曲面图

此外,还有带等高线的三维网格曲面函数 meshc 和带底座的三维网格曲面函数 meshz。它们的用法与函数 mesh 类似,不同的是函数 meshc 还在 xy 平面上绘制曲面在 z 轴方向的等高线,函数 meshz 还在 xy 平面上绘制曲面的底座。

5.3.4 三维统计分析图

统计分析中用到的的条形图、杆图、饼图和填充图等特殊图形,也可以用三维图形描述,对应的函数分别是 bar3、stem3、pie3 和 fill3 等,它们的具体使用格式如表 5-9 所示。

表 5-9 三维统计分析函数的调用格式

三维图形函数	说 明
bar3(y)	绘制三维条形图。Z 中的每个元素对应一个条形图。如果 Z 是向量,y 轴的刻度范围是从 1 至 length(Z)。如果 Z 是矩阵,则 y 轴的刻度范围是从 1 到 Z 的行数
bar3(x,y)	在 Y 指定的位置绘制 Z 中各元素的条形图,其中 Y 是为垂直条形定义 y 值的向量
pie3(x)	绘制三维饼图,x 中的每个元素表示饼图中的一个扇区
pie3(X,explode)	绘制三维饼图,指定是否从饼图中心将扇区偏移一定位置。如果 explode(i,j) 非零,则从饼图中心偏移 $X(i,j)$。explode 和 X 的大小必须相同
fill3(x,y,z,c)	填充三维多边形,x、y 和 z 三元组指定多边形顶点。如果 x、y 或 z 为矩阵,则 fill3 会创建 n 个多边形,其中 n 为矩阵中的列数。fill3 必要时可将最后一个顶点与第一个顶点相连以闭合这些多边形。x、y 和 z 的值可以是数值、日期时间、持续时间或分类值。c 用来指定颜色
stem3(z)	绘制离散序列数据的三维杆图。将 z 中的各项绘制为针状图,这些针状图从 xy 平面开始延伸并在各项值处以圆圈终止。xy 平面中的针状线条位置是自动生成的
stem3(x,y,z)	绘制离散序列数据的三维杆图。将 z 中的各项绘制为针状图,这些针状图从 xy 平面开始延伸,其中 x 和 y 指定 xy 平面中的针状图位置。x、y 和 z 输入必须是大小相同的向量或矩阵

【例 5-26】 绘制以下三维图形:

(1)已知 $Z=[15,35,10;20,10,30]$,绘制三维条形图和饼图;

(2)已知 $y=3\cos x, x\in[0,2\pi]$,绘制三维杆图曲线;

(3)用随机的顶点坐标值绘制出两个绿色三角形。

解:在 MATLAB 的命令窗口输入以下命令,绘制出的图形如图 5-35 所示。

```
>>Z=[15,35,10;20,10,30];
>>subplot(2,2,1);
>>bar3(Z)
>>title('三维柱状图')
```

```
>>subplot(2,2,2);
>>pie3(Z);
>>title('三维饼图')
>>subplot(2,2,3);
>>y=3 * cos(0:pi/10:2 * pi);
>>stem3(y);
>>title('三维杆图')
>>subplot(2,2,4);
>>fill3(rand(3,2),rand(3,2),rand(3,2),'g')
>>xlabel('X-axis'),ylabel('Y-axis'),zlabel('Z-axis');
>>title('三维填充图')
```

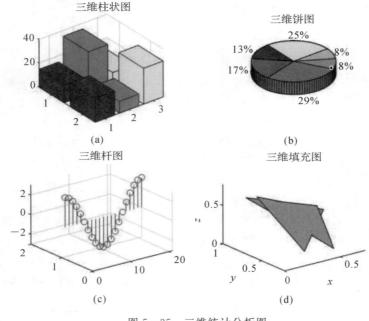

图 5-35　三维统计分析图

(a)三维柱状图；　(b)三维饼图；　(c)三维杆图；　(d)三维填充图

5.3.5　标准三维图形

1. 绘制球体

sphere 函数用来绘制球体,其调用格式如下:

$[x,y,z]=sphere(n)$

该函数将产生 3 个 $(n+1)\times(n+1)$ 矩阵 x、y、z,利用这 3 个矩阵可以绘制出圆心位于原点、半径为 1 的单位球体。若在调用该函数时没有输出参数,则直接绘制所需球面。n 的值决定了球面的圆滑程度,其默认值为 20,若 n 的值取得较小,则将绘制出多面体的表面图。

2. 绘制圆柱

cylinder 函数用来绘制圆柱,其调用格式如下:

[x,y,z]= cylinder(R,n)

其中:**R** 是一个向量,用来存放柱面各个等间隔高度上的半径;n 表示在圆柱圆周上有 n 个间隔点,默认时表示有 20 个间隔点。

例如:cylinder(4)命令生成一个半径为 4 的圆柱,cylinder([8,2])命令生成一个下底面半径为 8、上底面半径为 2 的圆锥,而 t=0:pi/10:4 * pi;R=cos(t);cylinder(R,100)命令生成一个正弦型柱面,绘制出的图形如图 5－36 所示。

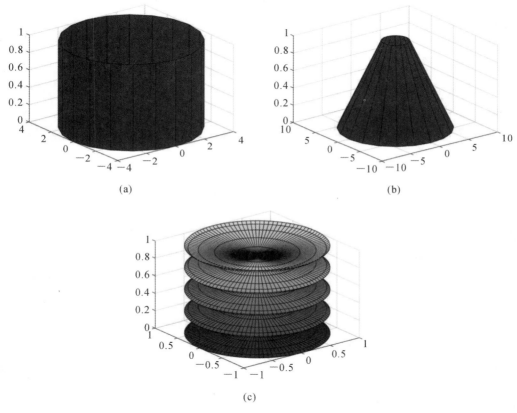

图 5－36 利用 cylinder 函数绘制的柱体

3. 绘制多峰函数

peaks 函数用于绘制多峰函数,是 MATLAB 自带的函数,peaks 函数是典型的多元函数,其本质是二元高斯分布的概率密度函数,常用于三维曲面的演示。

为了更好地理解 peaks 函数,首先需要了解 peaks 函数的具体表达式。在 MATLAB 命令行窗口输入"peaks",按回车键便得到如下表达式:

$$z=3*(1-x).\hat{\ }2.*\exp(-(x.\hat{\ }2)-(y+1).\hat{\ }2)-10*(x/5-x.\hat{\ }3-y.\hat{\ }5).*\exp(-x.\hat{\ }2-y.\hat{\ }2)-1/3*\exp(-(x+1).\hat{\ }2-y.\hat{\ }2)$$

$$(5-1)$$

在得到 peaks 函数表达式的同时得到 peaks 函数的图像,如图 5－37 所示。

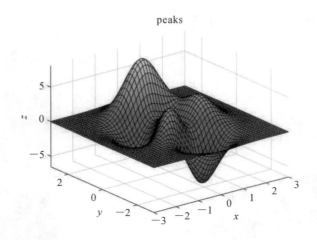

图 5-37 peaks 函数曲线

另外，peaks 函数在绘图时是依据自身生成数据矩阵绘图的。peaks 函数常用格式为：

peaks(n)

其中：n 表示绘图矩阵的维数。

例如：z = peaks(30)；将根据式(5-1)生成一个 30×30 的矩阵 z，即分别沿 x 和 y 方向将默认绘图区间[-3,3]等分成 29 份，并计算这些网格点上的函数值。当省略 n 使用默认参数时，将生成一个 49 × 49 的矩阵。同时，还可以根据网格坐标矩阵 x、y 重新计算函数值矩阵。例如：[x,y]=meshgrid(-5:0.1:5)；z=peaks(x,y)；生成的数值矩阵可以作为 mesh、surf 等函数的参数而绘制出多峰函数曲面图。另外，若在调用 peaks 函数时不带输出参数，则直接绘制出多峰函数曲面图。

【例 5-27】 在 MATLAB 中绘制函数 peaks 的三维曲面图。

解：在 MATLAB 的命令窗口输入以下程序，绘制出的图形如图 5-38 所示。

```
>>t=0:pi/20:2 * pi;
>>subplot(2,2,1);
>>peaks(20);
>>subplot(2,2,2);
>>[x,y,z]=peaks(20);
>>surf(x,y,z);
>>subplot(2,2,3);
>>mesh(x,y,z);
>>subplot(2,2,4);
>>[x,y]=meshgrid(-5:0.3:5);
>>z=peaks(x,y);
>>surf(x,y,z);
```

peaks

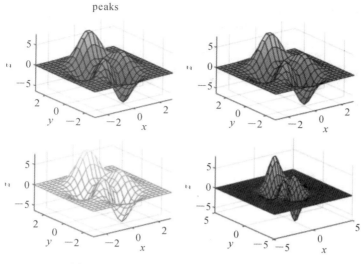

图 5 - 38　peaks 函数在不同格式下的三维图

5.3.6　其他三维图形

1. 绘制等高线图

使用 contour 和 contour3 函数绘制等高线图,常用的格式如表 5 - 10 所示。

表 5 - 10　**contour 和 contour3 函数的常用格式**

等高线函数	说　明
contour(Z)	绘制矩阵 **Z** 的二维等高线图,其中 **Z** 解释为有关 xy 平面的高度。**Z** 必须至少是 $2×2$ 矩阵,该矩阵包含至少两个不同值。x 值对应于 **Z** 的列索引,y 值对应于 **Z** 的行索引。自动选择等高线层级
contour(X,Y,Z)	绘制的二维等高线被限定在由 **X**、**Y** 指定的区域内。**X**、**Y** 和 **Z** 必须是同行同列的,且其中元素必须是递增的
contour3(x,yz,n)	绘制三维等高线,其中 n 表示从最低位置到最高位置的等高线的条数。x,y 为缺省状态时表示为二维等高线图

【例 5 - 28】　绘制函数 $z = xe^{-x^2-y^2}$,$-3.5 \leqslant x \leqslant 3.5$,$-3.5 \leqslant y \leqslant 3.5$ 的三维网格图及其等高线。

解:在 MATLAB 的命令窗口输入以下命令,绘制出的图形如图 5 - 39 所示。

```
>>x = -3.5:0.2:3.5;
>>y = -3.5:0.2:3.5;
>>[X,Y] = meshgrid(x,y);        % 获取网格
>>Z = X. * exp(-X.^2-Y.^2);
>>subplot(1,2,1);
>>mesh(X,Y,Z);          %绘制三维网格图
>>axis square;          %坐标轴之间的尺度相等
```

```
>>subplot(1,2,2);
>>contour(X,Y,Z);            %显示不同高度的线段
>>axis square;               %坐标轴之间的尺度相等
```

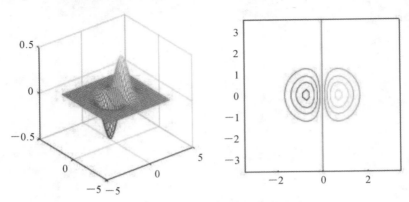

图 5-39   三维网格图及其等高线

2.绘制瀑布图

用 waterfall(X,Y,Z) 函数可以绘制瀑布图,这是一种沿 y 维度有部分帷幕的网格图。这种有部分帷幕的网格图会产生一种"瀑布"效果。该函数将矩阵 Z 中的值绘制为由 X 和 Y 定义的 xy 平面中的网格上方的高度。网格颜色因 Z 指定的高度而异。

【例 5-29】   绘制多峰函数($n=30$)的瀑布图和等高线图。

解:在 MATLAB 的命令窗口输入以下命令,绘制出的图形如图 5-40 所示。

```
>>subplot(1,3,1);
>>[X,Y,Z]=peaks(30);
>>waterfall(X,Y,Z)
>>xlabel('X-axis'),ylabel('Y-axis'),zlabel('Z-axis');
>>subplot(1,3,2);
>>contour3(X,Y,Z,12,'k');           %绘制三维等高线,其中12代表高度的等级数
>>subplot(1,3,3);
>>[C,h] = contour(Z);               % 显示梯度,并且获取梯度数据进行操作
>>clabel(C,h);                      %利用 clabel 函数显示梯度的值
```

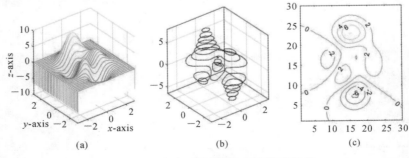

图 5-40   多峰函数的瀑布图和等高线图

(a)瀑布图;   (b)三维等高线;   (c)二维等高线

5.4 图形修饰处理

5.4.1 视点处理

在三维绘图中,视点不同得到的曲线也会不同,视点可由方位角 az 和仰角 el 表示,如图 5-41 所示。

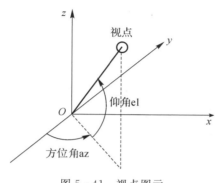

图 5-41 视点图示

图 5-41 中的方位角 az,又被称为旋转角 el,是视点在 xy 平面上的投影与 y 轴负方向的夹角,正值表示逆时针,负值表示顺时针。仰角是视点与原点连线和 xy 平面的夹角,正值表示在 xy 平面上方,负值表示在 xy 平面下方。

view 命令用来控制三维图形的观察点和视角,它的常用格式如表 5-11 所示。

表 5-11 **view 命令常用格式**

view 命令格式	说　明
view(az, el)	az 为方位角,el 为仰角。都是以度为单位。系统默认的方位角为 $-37.5°$,仰角为 $30°$
view(x, y, z)	x、y、z 表示视点在笛卡尔空间坐标系中的位置
view(2)	表示从二维平面观察图形,即方位角为 $0°$,仰角为 $90°$
view(3)	表示从三维空间观察图形,视点使用默认方位角与仰角

【例 5-30】 从不同视点绘制多峰函数曲面。

解:在 MATLAB 的命令窗口输入以下命令,绘制出的图形如图 5-42 所示。

```
>>subplot(3,2,1);
>>mesh(peaks);              %子图 1 的视点为默认视角
>>title('默认视角')
>>subplot(3,2,2);
>>mesh(peaks);
>>view(-37.5,30);           %指定子图 2 的视点
>>title('azimuth=-37.5,elevation=30')
```

```
>>subplot(3,2,3);
>>mesh(peaks);
>>view(0,90);               %指定子图 3 的视点
>>title('azimuth=0,elevation=90')
>>subplot(3,2,4);
>>mesh(peaks);
>>view(90,0);               %指定子图 4 的视点
>>title('azimuth=90,elevation=0')
>>subplot(3,2,5);mesh(peaks);
>>view(20,10);              %指定子图 5 的视点
>>title('azimuth=90,elevation=0')
>>subplot(3,2,6);mesh(peaks);
>>view(-7,-10);            %指定子图 6 的视点
>>title('azimuth=-7,elevation=-10')
```

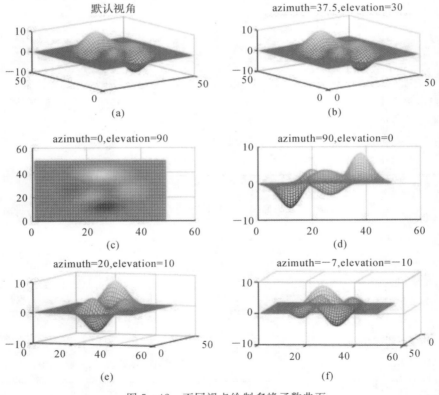

图 5-42 不同视点绘制多峰函数曲面

5.4.2 色彩处理

1. 颜色的向量表示

在 MATLAB 绘图中除用字符(如 r:红色,b:蓝色)表示颜色外,还可以用含有 3 个元素的

向量表示颜色。向量元素在[0,1]范围内取值,3 个元素分别表示红(R)、绿(G)、蓝(B)3 种颜色的相对亮度,称为 RGB 三元组。

2.色图矩阵

色图(Color map)是 MATLAB 绘图系统中引入的一个新词语,就是指的颜色图。在MATLAB 中,每个图形窗口只能有一个色图矩阵。色图矩阵是 $m×3$ 的数值矩阵,它的每一行是 RGB 三元组。色图矩阵可以人为地生成,也可以调用 MATLAB 提供的函数来定义色图矩阵。例如,下面是包含五种颜色的颜色图:

map1 ＝ [0 0 0
　　　　1 0 0
　　　　0 1 0
　　　　0 0 1
　　　　1 1 1];

MATLAB 中已经有定义好的色图,用固定的名称进行表示,具体如表 5－12 所示。

表 5－12　MATLAB 颜色图及表示

颜色图名称	色阶
parula	
turbo	
hsv	
hot	
cool	
spring	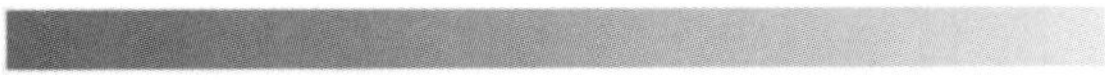
summer	
autumn	
winter	
gray	
bone	
copper	
pink	
jet	
lines	
colorcube	

续 表

颜色图名称	色阶
prism	
flag	
white	

3. 颜色控制

函数 colormap 用来控制颜色,该函数的调用格式如下:

  colormap(map)

  colormap('default')

  colormap('stylename')

其中:map 是一个色图矩阵;default 用于设置当前彩色图为默认值,默认值为 parula;stylename 表示 MATLAB 提供的预定义的色图样式名称,具体取值如表 5-12 所示。

例如,以下命令可以创建一个曲面图,并将图窗的颜色图设置为上面的色图矩阵 map1,绘制出的图形如图 5-43 所示。

```
>>figure(1)
>>surf(peaks)
>>colormap(map1)
>>figure(2)
>>surf(peaks)
```

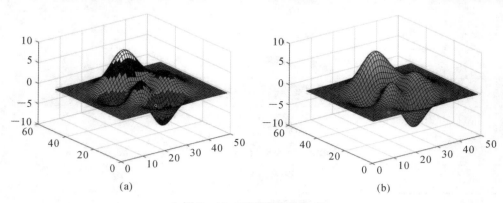

图 5-43　不同的着色方式

(a)指定色着色曲面图;　(b)默认着色曲面图

4. 着色方式

三维表面图实际上就是把网格图的每一个网格片都涂上颜色。surf 函数用缺省的着色方式对网格片进行着色。除此之外,还可以用 shading 命令来改变其着色方式。

(1)shading faceted 命令是对每个网格片用其高度对应的颜色进行着色,但网格线仍保留着,其颜色是黑色。这是系统的缺省着色方式。

（2）shading flat 命令是对每个网格片用同一个颜色进行着色，且网格线也用相应的颜色，从而使得图形表面显得更加光滑。

（3）shadinginterp 命令是在网格片内采用颜色插值处理，使得绘制出的图形表面显得最光滑。

【例 5 - 31】 绘制一个球体，并比较其不同的着色效果。

解：在 MATLAB 的命令窗口输入以下命令，绘制出的图形如图 5 - 44 所示。

```
>>[x,y,z]=sphere(15);
>>colormap(winter);
>>subplot(1,3,1);
>>surf(x,y,z);
>>axis equal
>>subplot(1,3,2);
>>surf(x,y,z);shading flat;
>>axis equal
>>subplot(1,3,3);
>>surf(x,y,z);shading interp;
>>axis equal
```

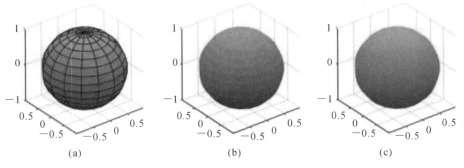

图 5 - 44　球体的不同着色效果

5.4.3　光照处理

　　MATLAB 图形环境提供的命令允许放置光源并调整反射光线对象的特性。在绘制带光照的三维图像时，可以利用 light 命令与 lightangle 命令来确定光源位置，其中 light 命令的调用格式如下：

　　light('color', s1, 'style', s2, 'position', s3)

其中：color、style 与 position 的位置可以互换；s1、s2、s3 为相应的可选值。例如，light('position',[1 0 0])表示光源从无穷远处沿 x 轴向原点照射过来。

　　在确定了光源的位置后，用户可能还会用到其他的一些照明模式，这一点可以利用 lighting 命令来实现，它主要有 4 种照明模式，如表 5 - 13 所示。

表 5 - 13　lighting 的四种照明模式

照明模式	说　明
lighting flat	在对象的每个面上产生均匀分布的光照。选择此方法可查看分面着色对象

续表

照明模式	说 明
lighting gouraud	计算顶点法向量并在各个面中线性插值。选择此方法可查看曲面
lighting none	关闭光照
lighting(ax,…)	使用 ax 指定的坐标区,而不是使用当前坐标区

【例 5 - 32】 绘制函数 $r=5+\cos(x), 0 \leqslant x \leqslant 3\pi$ 的三维曲面,并展示光线位置和方式的影响。

解:在 MATLAB 的命令窗口输入以下命令,绘制出的图形如图 5 - 45 所示。

```
>>x=0:pi/20:pi*3;
>>r=5+cos(x);
>>[a,b,c]=cylinder(r,30);
>>subplot(2,2,1);              %划分子窗口,在第一个窗口绘图
>>surf(a,b,c)
>>light('Posi',[-6,-6,0.8]);   %设置照明模式,光源位置
>>shadinginterp;               %设置着色方式
>>hold on;
>>plot3(-6,-6,0.8,'pr');
>>text(-6,-6,0.8,' light');
>>subplot(2,2,2);              %划分子窗口,在第二个窗口绘图
>>surf(a,b,c)
>>light('Posi',[5,-2,0.2]);    %设置光源位置
>>shadinginterp;               %设置着色方式
>>hold on;
>>plot3(5,-2,0.2,'pr');
>>text(5,-2,0.2,' light');
>>subplot(2,2,3);              %划分子窗口,在第三个窗口绘图
>>surf(a,b,c)
>>shadinginterp;               %设置着色方式
>>light('Posi',[-6,-6,0.8]);   %设置光源位置
>>lightinggouraud             %设置照明模式
>>hold on;
>>plot3(-6,-6,0.8,'pr');
>>text(-6,-6,0.8,' light');
>>subplot(2,2,4);              %划分子窗口,在第四个窗口绘图
>>surf(a,b,c)
>>shadinginterp;               %设置着色方式
>>light('Posi',[-6,-6,0.8]);   %设置光源位置
>>lighting flat                %设置照明模式
>>hold on;
>>plot3(-6,-6,0.8,'pr');
>>text(-6,-6,0.8,' light');
```

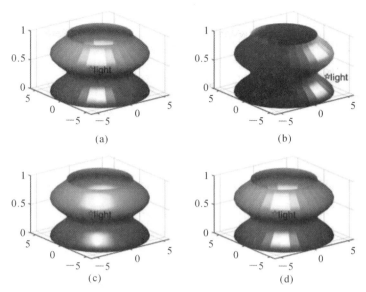

图 5 - 45　三维曲面光线位置和方式的影响

5.4.4　透视、镂空和裁切

1. 图形的透视

MATLAB 采用缺省设置来绘制三维 mesh 图时,对叠压在后面的图形采取消隐措施,但有时也需要取消消隐。MATLAB 中控制消隐的命令如下:

hidden off　　　　透视被叠压的图形

hidden on　　　　消隐被叠压的图形

hidden　　　　　　在 on 和 off 之间切换

【例 5 - 33】　绘制一个大球体中包含一个小球体的图形,并展示其三维透视效果。

解:在 MATLAB 的命令窗口输入以下命令,绘制出的图形如图 5 - 46 所示。

```
>>[X1,Y1,Z1]=sphere(40);        %产生单位球面的三维坐标,坐标矩阵 X1,Y1,Z1 都为 41×41 维
>>X2=2*X1;Y2=2*Y1;Z2=2*Z1;      %产生半径为 3 的球面的三维坐标
>>surf(X1,Y1,Z1);               %绘制单位球面
>>xlabel('x');;
>>ylabel('y');
>>zlabel('z');
>>shadinginterp                 %进行明暗处理
>>hold on
>>mesh(X2,Y2,Z2)                %绘制半径为 3 的球面的网线图
>>colormap(spring)              %进行色彩处理,采用 hot 色图
>>hold off
>>hidden off                    %产生透视效果
```

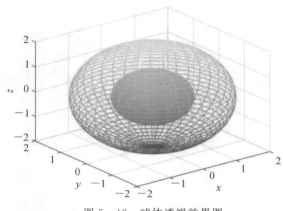

图 5-46　球体透视效果图

2.图形的镂空

【例 5-34】　利用"非数"NaN 对图形进行剪切处理。

解：在 MATLAB 的命令窗口输入以下命令，绘制出的图形如图 5-47 所示。

```
>>t=linspace(0,2*pi,200);
>>h=1-exp(-t/3).*cos(3*t);            %得到旋转半径
>>[X,Y,Z]=cylinder(h);                %得到旋转柱面上的三维数据
>>ii=find(X<0&Y>0);                   %得到 XY 平面上第三象限上的数据下标
>>Z(ii)=NaN;                          %利用"非数"NaN 对柱面上的数据进行剪切
>>surf(X,Y,Z);                        %绘制剪切后的柱面
>>xlabel('x');
>>ylabel('y');
>>zlabel('z');
>>colormap(spring)                    %进行色彩处理
>>shadinginterp                       %进行明暗处理
```

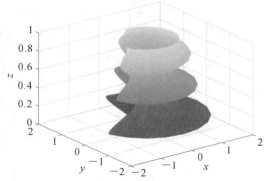

图 5-47　剪切四分之一后的图形

【例 5-35】　利用"非数"NaN 对图形进行镂空处理。

解：在 MATLAB 的命令窗口输入以下命令，绘制出的图形如图 5-48 所示。

```
>>P=peaks(40);              %peaks 函数可产生一个凹凸有致的曲面,得到曲面数据
>>P(20:30,15:25)=NaN;       %利用"非数"NaN 对曲面进行镂空
>>surfc(P);                 %绘制镂空后的曲面,并且绘制出等高线
>>xlabel('x');
>>ylabel('y');
>>zlabel('z');
>>colormap(summer)          %进行色彩处理
>>light('position',[60,-15,8])  %设置光源
>>lighting flat             %进行光照处理
```

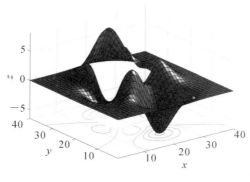

图 5-48　镂空的曲面

3. 裁切

由 NaN 处理的图形不会产生切面。如果为了看清图形而需要表现切面,那么就应该把被切的部分强制设为零。

【例 5-36】　把被切部分强制设为零,展示切面图。

解:在 MATLAB 的命令窗口输入以下命令,绘制出的图形如图 5-49 所示。

```
>>x=[-10:0.1:10];
>>y=2*x;
>>[X,Y]=meshgrid(x,y);
>>Z=X.^2-Y.^2;
>>ii=find(abs(X)>8|abs(Y)>8);   %确定裁切范围的格点下标
>>Z(ii)=zeros(size(ii));         %强制为 0
>>surf(X,Y,Z);                   %绘制出裁切后的曲面
>>xlabel('x');
>>ylabel('y');
>>zlabel('z');
>>shadinginterp;                 %进行明暗处理
>>colormap(copper)               %进行色彩处理
```

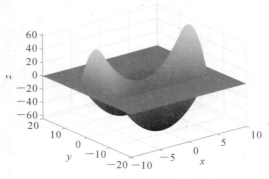

图 5-49   经裁切处理后的图形

在以上介绍的对三维图形进行透视、镂空和裁切操作的过程中,涉及了一些对三维图形的精细修饰,如对三维图形进行的色彩、明暗、光照和视点处理。在对三维图形精细修饰时,利用到了一些相应的命令,如 colormap、shading 、light 和 view 等。

5.5   动态图形

在 MATLAB 中绘制具有动态效果的图形时,较常用的指令是彗星轨线指令、色图变幻指令和影片动画指令等,这些指令能够使图形及色彩产生动态变化效果。

由于在本书中,图形的动态变化过程无法体现,所以本节的所有例题只提供指令和最终图形。用户可以在 MATLAB 命令窗口中运行这些程序,验证图形的动态效果。

5.5.1   彗星轨线

彗星轨线指令为 comet 命令,常用的调用格式为 comet(x,y,p),可以用来绘制 y 对 x 的二维彗星轨线。相似的 comet3(x,y,z,p) 指令用来绘制三维彗星轨线,此命令可以动态地展示出质点的运动轨迹,其中:$p \in [0,1)$ 是额外定义的轨迹尾线的长度 p * length(y),缺省值为 0.1。

【例 5-37】   分别绘制 $x = \sin(t)$,$y = \cos(t)$ 形成的二维彗星图和三维彗星图。

解:在 MATLAB 的命令窗口输入以下命令,绘制出的图形如图 5-50 所示。

```
>>t=2 * pi * (0:0.00005:1);
>>x=sin(t);y=cos(t);
>>figure(1)
>>plot(x,y);
>>axis square              %坐标轴画方
>>title('二维彗星图')
>>hold on
>>comet(x,y,0.5)
>>figure(2)
>>comet3(x,y,t)
>>title('三维彗星图')
```

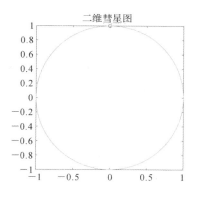
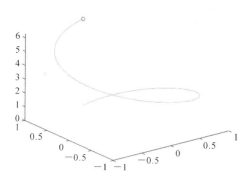

图 5-50 彗星轨迹运行结果

注:图 5-50 中的整个运行过程,小圈沿着大圈顺时针转,转过会标记为不同颜色,表明运动轨迹。

5.5.2 色图的变幻

MATLAB 为颜色的动态变化提供了一个指令 spinmap。它的功能是使当前图形的色图作循环变化,从而产生动画效果。该指令仅对 256 色设置有效,其命令调用格式如下:

spinmap	使色图周期旋转约 3 s
spinmap(t)	使色图周期旋转 t s
spinmap(inf)	使色图无限制旋转,用[Ctrl+c]键结束旋转
spinmap(t,inc)	用参数 t,inc 分别控制色图旋转的时间和快慢

【例 5-38】 绘制颜色滚动的多峰函数。

解:在 MATLAB 的命令窗口输入以下命令,绘制出的图形如图 5-51 所示。

```
>>surf(peaks);
>>shading flat;
>>view([-18,28]);
>>colorbar
>>spinmap(30,4)
```

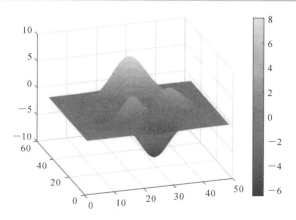

图 5-51 多峰函数颜色动态变化结果

5.5.3 影片动画

MATLAB也支持动画命令movie,它是先把一组图形储存起来,然后把这组图形回放。由于人的视觉有滞留效应,从而产生动画的效果。movie命令的调用格式如下:

M(i)=getframe　　把对当前图形拍照后产生的数据向量依次存放在画面构架数组中

movie(M,k)　　以不超过每秒12帧的速度把M中的画面播放k次

通常产生动画的典型方法为:①改变某参数获得一组画面,如驻波、行波的产生;②对三维图形,改变观察角,获得一组画面;③对三维图形,用rotate指令旋转,获得一组画面。

使用movie函数制作动画的步骤为:①用在一个for循环中,生成需要的帧数;②在此for循环中插入getframe函数,getframe函数可以捕捉每一个帧画面,并将画面数据保存为一个列向量;③在此循环中用一个矩阵接受此列向量,fmov(:,j)=getframe;④在for循环end之后,用movie(M,n,fps)函数来播放这些帧画面,fps表示帧频,即可形成动态影像。

例如:运行如下程序可以绘制峰值函数的动画,结果如图5-52所示。

```
surf(peaks);
axis off
for j=1:40
    surf(sin(2 * pi * j/40) * peaks,peaks);
    axis([0,40,0,40,-6,6]);
    f(:,j)=getframe;
end
movie(f,3,10)
```

例如:运行如下程序可以获得三维图形旋转的影片动画,结果如图5-53所示。

```
x=3 * pi * (-1:0.05:1);y=2 * x;
[X,Y]=meshgrid(x,y);
Z= X.^2+Y.^2;
h=surf(X,Y,Z);%colormap(jet);
axis off
n=12;
for i=1:n
rotate(h,[0 0 1],25);          %使图形绕z轴旋转,每次旋转25度
mmm(i)=getframe;               %捕获画面
end
movie(mmm,5)
```

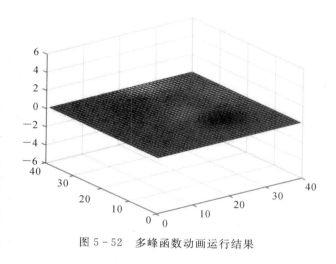

图 5-52　多峰函数动画运行结果

图 5-53　旋转动画运行结果

★注:for 循环的具体介绍见本书的 6.4 节。

5.6　用窗口绘图选项卡绘图

有别于传统菜单栏,MATLAB 以功能区的形式显示各种常用功能命令,分别放置在主页、绘图和 APP 三个选项卡中。本节主要介绍如何采用绘图选项卡绘图。在启动 MATLAB 后,打开绘图选项卡,此时绘图选项卡为灰色,各个绘图功能按钮此时不可用,如图 5-54 所示。

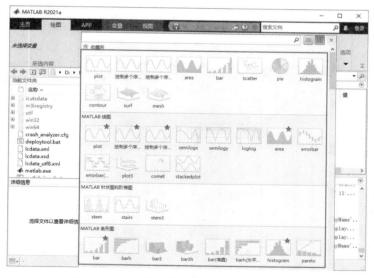

图 5-54　未指定绘图变量时的绘图选项卡

因此,需要先指定要绘图的变量,指定好以后点击绘图选项卡的右侧的下拉按钮,这时可以看到各个绘图功能模块变为彩色,可以直接使用来进行绘图,如图 5-55 所示。

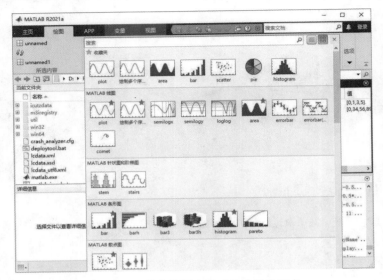

图 5-55　指定绘图变量时的绘图选项卡

★注:MATLAB 的这个功能很智能,只有和指定变量数据对应的、可以绘制的曲线按钮才会变成彩色,表示可以绘制该图形。

【例 5-39】 已知某齿轮泵转速 $n=\begin{bmatrix}0 & 50 & 300 & 1\,000 & 2\,000 & 3\,000 & 4\,000 & 5\,000 & 6\,000\end{bmatrix}$、输出供油量 $Q=\begin{bmatrix}0 & 2.3 & 38.4 & 65.7 & 116.7 & 315 & 556 & 799 & 1\,200\end{bmatrix}$、容积效率 $n_v=\begin{bmatrix}0 & 69 & 76 & 80 & 89 & 93 & 94 & 90 & 88\end{bmatrix}$,利用 MATLAB 绘图选项卡绘制各变量之间的关系曲线。

解:(1)利用功能区"主页"选项卡中的"新建变量"选项通过新建变量建立变量 n、Q、n_v 及其具体数值,如图 5-56 所示。

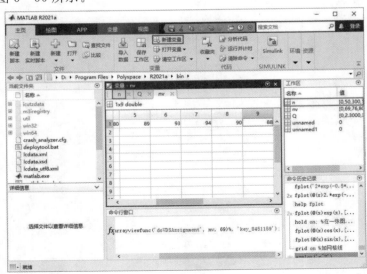

图 5-56　新建变量

（2）同时选中工作区中的变量 n 和变量 Q，然后打开"绘图"选项卡，选择"plot"按钮绘制二维曲线，绘制出的图形如图 5-57 所示。

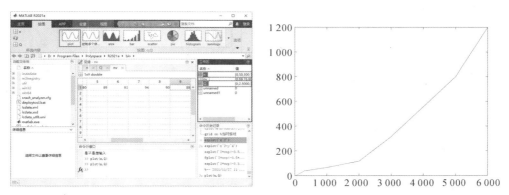

图 5-57　绘制 n-Q 关系曲线

（3）同时选中变量 n 和 n_v，然后打开"绘图"选项卡，选择"plot"按钮绘制 n-nV 的二维曲线，绘制出的图形如图 5-58 所示。

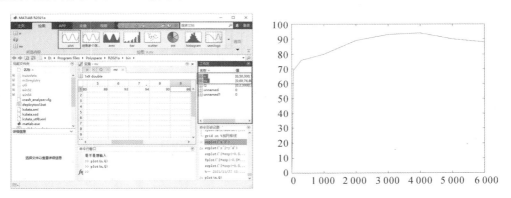

图 5-58　绘制 n-nV 关系曲线

注：以上默认绘图结果中的横坐标和纵坐标名称、单位都没有表示，需后期完善。

（4）同时选中变量 n,Q,n_v，然后打开"绘图"选项卡，选择"绘制多个序列的图"按钮绘制二维曲线，绘制出的图形如图 5-59 所示。

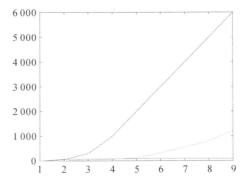

图 5-59　绘制多个序列的图

(5)同时选中变量 n、Q、n_v，然后打开"绘图"选项卡，选择"绘制多个序列对首个输入的序列的图"按钮绘制二维曲线，绘制出的图形如图 5-60 所示。

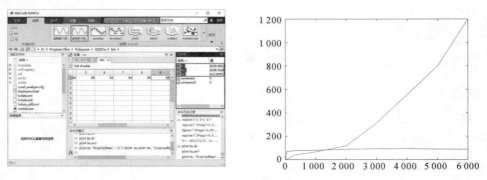

图 5-60　绘制多个序列对首个输入的序列的图

★注：图 5-59 和图 5-60 的区别是两种绘图方式中横坐标数据的不同。

(6)利用图像窗口菜单，添加标注，绘制出的图形如图 5-61 所示。

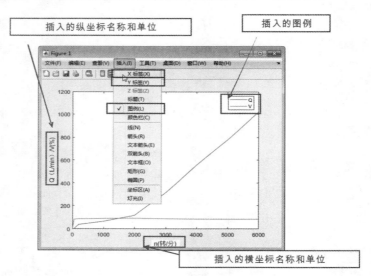

图 5-61　添加标注的图

习　题　5

1.简述将数据进行图形可视化操作的优势。

2.已知 $y=A\sin(\omega t)$，$t\in[0,10]$，要求在同一窗口，用不同的颜色、线型和标记点绘制出在 $\omega=1$，$\omega=2$，$\omega=3$ 三种情况下的曲线，并且给横纵坐标加标注和图例，同时标注这三条曲线。

3.已知 $z=x\mathrm{e}^{-x^2-y^2}$，x、$y\in[-3,3]$，在同一图形窗口的不同子窗口中分别绘制出三维线图、网线图和曲面图，并比较三者的区别。

4.举例说明在 MATLAB 窗口使用"绘图"选项卡绘图的步骤。

第6章 MATLAB 程序设计

MATLAB 与其他高级语言一样可以进行程序设计,从而解决一些复杂的计算问题。利用 MATLAB 的程序编辑器,将相关命令借助程序控制功能编成程序,运行后就能解决相关的问题。本章主要介绍 MATLAB 的 M 文件、函数文件、程序控制方式、程序运行和调试等程序设计的基本概念和基础知识。

6.1 MATLAB 编程基础

6.1.1 MATLAB 程序编辑器

MATLAB 不仅是一种功能强大的高级语言,而且还是一个集成的交互式开发环境。用户可以通过 MATLAB 提供的编辑器编写和调试程序代码。本章之前所有的程序都是按照指令方式在 MATLAB 命令窗口中编辑和实现的,程序虽然简单直观,但是难于修改和保存,且只适合于简单的、按顺序执行的程序;而 MATLAB 程序编辑器既解决了上述程序的修改和编辑问题,也便于程序的流程变化、调试运行等。

启动 M 文件编辑器的操作方法如下:

(1)在 MATLAB 的命令行窗口运行指令 edit;

(2)通过 MATLAB 工作界面"主页"选项卡的"新建脚本"文件菜单;

(3)选择 MATLAB 主页中新建图标下的脚本。

MATLAB 程序编辑器(也叫 M 文件编辑器)打开后如图 6-1 所示。

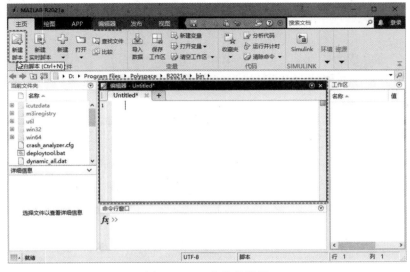

图 6-1 M 文件编辑器

★注意：在图6-1中打开编辑器选项卡的同时也打开了"发布"和"视图"两个选项卡。
点击图6-1中的"编辑器"选项卡，得到对应的菜单选项如图6-2所示。

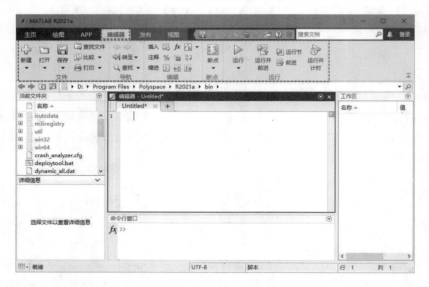

图6-2 编辑器菜单选项

在图6-2中关于M文件的基本操作，如打开、保存、修改等功能与Word文档类似，在此不再赘述，其他菜单的功能在后续编程部分将根据需要进行介绍。

6.1.2 MATLAB 程序的基本要求

开发MATLAB程序一般需要经历代码编写、调试、优化三个阶段。在编写代码时，要及时保存阶段性成果，以免出现意外丢失。在完成代码编写后，要试运行代码看看有没有错误，然后根据针对性的错误提示对程序进行修改。除了一些简单的代码外，对相对复杂的程序代码进行调试纠错时，一般需要通过Debug菜单下的子项辅助完成，包括设置断点、逐步运行等项。在程序运行无误后，还要考虑是否可以改进程序的性能，MATLAB提供了在主页选项卡中的Code Analyzer工具，用来辅助用户分析代码中可优化改进的编程细节，如可用数组函数去代替实现用循环完成的运算。

MATLAB语言在编程时比较灵活，对于要实现的功能，程序内容可能千差万别，但对程序还是有一些基本要求：

（1）MATLAB程序的分析、设计、调试和运行是一个完整设计过程，应充分利用编辑器及各种调试指令。

（2）百分号（%）后面的内容是程序的注解内容，善于运用注解可使程序更具可读性。

（3）一般在主程序的开头可以用clear指令清除变量，以消除工作空间中其他变量的对程序运行的影响。需要注意的是，不要在子程序中用clear，以免将主程序传送到子程序的重要变量或参数清除而丢失信息。

（4）定义的变量参数要集中放在程序的开始部分，以便于程序的检查和维护。在语句行中输入分号（;）使其中间结果不在屏幕上显示，以提高程序的执行速度。

（5）程序要尽量模块化，也就是采用主程序调用子程序的方法。

（6）MATLAB 程序的语句与程序流程控制应符合 MATLAB 的语法规则。

（7）设置好 MATLAB 的工作路径，以便程序能够更好地运行。

（8）在编辑器中用颜色区来区分程序中不同内容的类别：

黑色——程序主体部分；

绿色——注释部分，程序不执行；

红色——属性值设定或标识部分；

紫色——字符串或定义变量，如 title('二维彗星图')中二维彗星图为紫色，syms x y 的 x、y 也会出现紫色；

蓝色——流程控制部分，如 for,if…else 等语句。

这样通过颜色就可以初步判断对应语句是程序的哪部分内容，也可以初步判断程序所采用的语法结构是否正确、完整。

6.1.3　MATLAB 程序的设计步骤

程序是用某种计算机能够理解并且能够执行的语言来描述的解决问题的方法和步骤。

编写程序时，对于简单的问题可以直接编写程序；对于复杂的问题就需要先进行程序设计，确定采用的计算方法、程序运行走向和结果输出方式等。程序设计的基本步骤为：

（1）分析要解决的问题，确定求解问题的、可被计算机理解的方法；

（2）根据 MATLAB 程序的特点，设计出具体实现的算法，画出流程图，以便计算机能够执行；

（3）利用 MATLAB 程序编辑器编写程序；

（4）调试程序，获得运行结果，并分析结果的正确性。

6.2　M　文　件

6.2.1　脚本文件和函数文件

M 文件按内容和功能可以分为脚本文件和函数文件两大类。

1.脚本文件

脚本文件是由 MATLAB 代码按一定顺序组成的命令序列集合，不能接受参数的输入和输出。由于该文件也可以在命令窗口编辑和运行的，所以也称作命令文件。它只是一个简单的 ASCII 码文本文件，执行程序时逐行解释运行程序，因此，MATLAB 是解释性的编程语言。

脚本文件对 MATLAB 工作空间内数据进行操作，能在 MATLAB 环境下直接执行，也能够对工作空间已存在的变量进行操作，还能将建立的变量及执行后的结果保存在 MATLAB 的工作空间里，即与 MATLAB 工作空间共享变量空间。通过脚本文件，用户可以把实现一个具体功能的一系列程序代码书写在一个 M 文件中，每次只需要输入文件名就可以运行脚本文件中的所有代码。

脚本文件在程序中的作用相当于主程序文件，是由用户自己编制的程序，其基本结构由注释行和程序主体两部分构成。

例如，用脚本式 M 文件绘制一个余弦曲线的程序如下：

%此文件用于绘制[－2＊pi,2＊pi]区间的正弦曲线图 〉注释行

x＝－2＊pi:0.05:2＊pi;

y＝cos(x);

plot(x,y,′c＋′)

legend(′正弦曲线图′)

〉程序主体

2. 函数文件

函数文件运行在独立的工作区，具有独立的内部变量空间。它通过输入参数列表接受输入数据，通过输出参数列表返回结果。MATLAB 提供的大部分函数就是由函数 M 文件编写的，特别是各种工具箱中的函数，用户可以打开这些 M 文件来查看其源代码。对于特殊应用领域的用户，如果积累了一定数量的专业领域应用函数，就可以组建自己的专业领域工具箱。

通过函数文件，用户可以把实现一个抽象功能的程序代码封装成一个函数接口，在以后的应用中能够重复调用。需要注意的是，函数文件不能独立运行，必须在调用、赋参后才能得到结果。

函数文件的结构一般包括以下几个部分：

(1)函数声明行(Function Definition Line)。函数声明行只出现在函数 M 文件的第一行，用 function 关键字表明此文件是一个函数 M 文件，并指定相应的函数名、输入参数和输出参数。需要注意的是，函数 M 文件的函数名和文件名必须相同。

(2)H1 行。这里的 H1 行指的是帮助文本的第一行，它紧跟在定义行之后。H1 行以"%"符号开头，用于总结说明函数的功能。

(3)帮助文本。帮助文本是指位于 H1 行之后、函数体之前的说明文本。它同样以"%"符号开头，一般用来比较详细地介绍函数的功能和用法。

(4)函数体。函数体就是函数 M 文件的主体部分，函数体包括进行运算和赋值操作的所有 MATLAB 程序代码。函数体中可以有流程控制、变量输入输出、计算、赋值和注释，还包括子函数调用等。

需要注意的是，除返回变量和输入变量以外，函数体内使用的所有变量都是局部变量，即在该函数返回后，这些变量在 MATLAB 的工作空间中会自动被清除掉。如果希望这些中间变量成为在整个程序中都起作用的变量，则需要将它们设置为全局变量。

(5)注释。除了函数开始时有独立的帮助文本外，还可以在函数体中添加对具体程序语句的注释。注释必须以"%"开头，MATLAB 在编译执行 M 文件时把每一行中"%"后面的内容全部作为注释，不进行编译。

例如，下面就是一个标准的自定义函数文件。

function A＝jiangyi(n, m)　　　　　　〉函数声明行

% MYHILB 是一个示范性的 M－function.　　　　〉H1 行

% A＝MYHILB(N, M)会生成一个 N×M 的 Hilbert 矩阵 A.

% A＝MYHILB(N)会生成一个 N×N 的 Hilbert 矩阵 A.　〉帮助文本

% MYHILB(N,M)仅仅显示一个 Hilbert 矩阵,而不会返回任何矩阵.

```
if nargout>1
error('Too many output arguments.');%判断输出变量个数是否正确    }注释
end
if nargin==1
    m=n;
elseif nargin==0 | nargin>2
error('Wrong number of iutput arguments.');%判断输入变量个数是否正确    }注释
end
A1=zeros(n,m);
for i=1:n
for j=1:m
A1(i,j)=1/(i+j-1);%生成 Hilbert 矩阵                    }注释
end
end
if nargout==1
    A=A1;
elseif nargout==0
    disp(A1);
end
end
```
}函数体

　　首先在编辑器中编写以上文件,然后存储此文件,此时系统会自动生成文件名为 jiangyi
(与程序中的函数名一致)的文件,接着调用 jiangyi 函数,在命令窗口输入 A=jiangyi(2,3),
运行结果如图 6-3 所示。

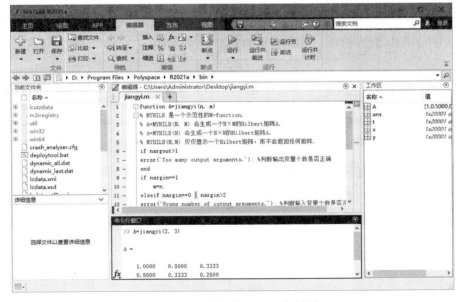

图 6-3　函数文件调用运行结果

创建函数文件的简化结构为：

---

function［返回变量列表］＝funcname（输入变量列表）

…

函数体

…

end

---

3. 脚本文件和 M 文件的区别

为更好地区别脚本文件和 M 文件，下面举一个实例进行说明。

【例 6-1】 分别建立命令文件和函数文件，将华氏温度℉转换为摄氏温度℃。

解：可以用如下两种方式实现。

方法 1：用命令文件来实现。首先建立命令文件并以文件名 f1c.m 存盘。

```
clear;                   %清除工作空间中的变量
F＝input('Input Fahrenheit temperature:');         %由键盘输入温度值
C＝5 * (F－32)/9
```

然后在 MATLAB 的命令窗口中输入 f1c，系统将会执行该命令文件，输出结果如下：

```
Input Fahrenheit temperature:56
C =
  13.3333
```

方法 2：用函数文件来实现。首先建立函数文件并以文件名 f2c.m 存盘。

```
function c＝f2c(f)
c＝5 * (f－32)/9
```

然后在 MATLAB 的命令窗口调用该函数文件。

```
clear;
y＝input('Input Fahrenheit temperature:');          %由键盘输入温度值
x＝f2c(y)
```

输出结果如下：

```
Input Fahrenheit temperature:70
c =
  21.1111
x =
  21.1111
```

【例 6－2】 利用函数文件,实现直角坐标 (x,y) 与极坐标 (ρ,θ) 之间的转换。

解: (1)在 MATLAB 编辑器中编写函数文件 tran.m 并存盘。

```
function [rho,theta] = tran(x,y)
rho = sqrt(x * x + y * y);
theta = atan(y/x);
```

(2)用户可以编写调用 tran.m 的命令文件 main1.m,也可以在 MATLAB 的命令窗口输入以下语句调用 tran.m 函数文件。

```
x = input('please input x=:');          %由键盘输入 x 坐标值
y = input('please input y=:');          %由键盘输入 y 坐标值
[rho,the] = tran(x,y);
rho
the
```

(3)输出结果如下:

```
please input x=:50
please input y=:35
rho =
   61.0328
the =
    0.6107
```

【例 6－3】 求方程组 $\begin{cases} y'_1 = y_2^2 y_3 \\ y'_2 = 2y_1 y_3^3 \\ y'_3 = -1.5 y_1 y_2 \\ y_1(0)=0, y_2(0)=1, y_3(0)=1 \end{cases}$ 的解,并绘制变量曲线。

解: (1)在 MATLAB 编辑器中建立函数 M 文件 r1.m 并存盘。

```
functiondy=r1(t,y)
dy=zeros(3,1);
dy(1) = y(2).^2 * y(3);
dy(2) = 2 * y(1) * y(3).^3;
dy(3) = -1.23 * y(1).^3 * y(2);
```

(2)在 MATLAB 命令窗口输入命令,取 t∈[0,10]。

```
[T,Y]=ode45('r1',[0 10],[0 1 1]);
plot(T,Y(:,1),'-',T,Y(:,2),'-.',T,Y(:,3),':')
```

(3)绘制出的图形如图 6－4 所示。

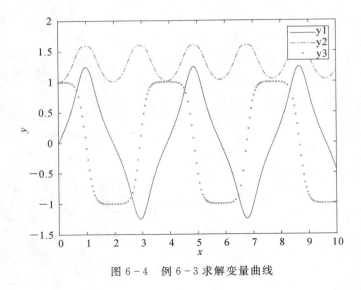

图 6-4　例 6-3 求解变量曲线

★注:函数文件名和函数名必须保持一致。

6.2.2　实时脚本文件

自 MATLAB 2016a 版本推出以来,MATLAB 多了创建实时脚本(live-script)的功能,文件名后缀为.mlx。实时脚本和实时函数是用于与一系列 MATLAB 命令进行交互的程序文件。它们在一个被称为实时编辑器的环境中将 MATLAB 代码与格式化文本、方程和图像组合到一起。此外,实时脚本还可存储输出结果,并将其显示在创建它的代码旁。实时脚本相当于把文档和程序合二为一了,并且可以运行,其运行窗口与结果如图 6-5 所示。

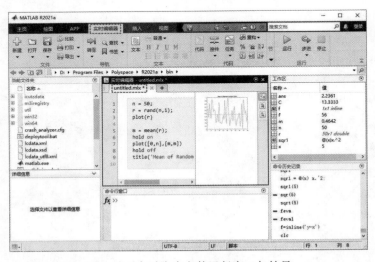

图 6-5　实时脚本文件运行窗口与结果

与纯代码脚本文件比较,实时脚本文件的功能特征如下:

(1)实时脚本是一个包含代码、输出结果和格式化文本的程序文件,用户可以在实时编辑器的交互环境中进行编辑。

（2）可以查看结果以及得到结果的代码,添加相应的方程式、图像、超链接以及格式化文本以增强描述效果,作为互动式文档与他人进行分享。

（3）可以避免上下文切换和窗口管理以缩短研究的时间,还可以把代码、输出结果和格式化文本相结合,从而创建可描述用户工作的交互式文件。

（4）可以被轻松复制、验证和扩展,以共享用户个人的工作。

（5）可使用交互式文档创建结合了说明文本、数学方程式、代码和结果的讲义,并且将课件作为交互式文档与学生共享。

6.2.3　参数传递

函数调用的过程实际就是参数传递的过程。这里利用 6.2.1 节创建的函数 jiangyi 来说明参数的传递过程。

例如,在 MATLAB 工作空间中用如下方式调用函数 jiangyi：function A=jiangyi(n, m)

```
a=2;b=3;
Y=jiangyi(a,b)
```

在这个调用过程中,先把赋值的变量“a”和“b”分别传递给函数 jiangyi 中的输入参数“n”和“m”,然后再把函数运算的返回值“A”传递给输出参数“Y”。

函数有自己的专用工作空间,与 MATLAB 的通用工作空间是分开的。函数的输入参数和输出参数将函数内的变量与 MATLAB 工作空间之间联系起来。

函数也可以调用自身,称为递归调用。在递归调用时,必须确保调用能够在一定条件下终止,否则 MATLAB 会陷入死循环。

函数中输入参数和输出参数的个数是可检测的,检测指令如下：

nargin　　　　函数输入参数个数

nargout　　　　函数输出参数个数

nargin(‘funcname’)　　　函数‘funcname’设定的输入参数的个数

nargout(‘funcname’)　　　函数‘funcname’设定的输出参数的个数

注意：函数可以按等于或少于函数文件中所设定的输入和输出参数的个数进行调用,但不能用多于函数文件中所设定的输入和输出参数的个数进行调用。如果输入或输出参数的个数多于函数文件中定义行所定义的参数个数,则调用时自动返回一个错误提示。

例如,函数文件 examp.m 中的 nargin 是用来判断输入变量个数的函数,这样就可以针对不同的情况执行不同的功能。

```
functionfout=examp(a,b,c)
ifnargin==1            %函数输入参数个数为1
    fout=a;
elseifnargin==2        %函数输入参数个数为2
    fout=a+b;
elseifnargin==3        %函数输入参数个数为3
    fout=(a*b*c)/2;
end
```

为确定函数定义的输入参数个数,可采用如下程序:

```
fun = 'examp';
nargin(fun)
```

输出结果如下:

```
ans = 3
```

6.2.4 局部变量和全局变量

1. 局部变量(Local)

局部变量指的是存在于函数空间内部的中间变量,产生于该函数的运行过程中,其影响范围仅限于该函数本身。每个函数都有自己的局部变量,这些变量只能在定义它的函数内部使用。当函数运行时,这些局部变量保存在函数的工作空间中,一旦函数退出,这些局部变量将不复存在。它们与其他函数文件及 MATLAB 工作空间相互隔离。

2. 全局变量(Global)

在用 global 指令对具体变量加以定义后,MATLAB 中不同的函数空间以及基本工作空间可以共享此变量,这种变量称为全局变量。未采用 global 定义的函数空间或基本工作空间将无权共享全局变量。

若某个函数的作用使全局变量发生了变化,那么其他函数空间以及基本工作空间中的同名变量也会同时发生变化。除非与全局变量联系的所有工作空间都被删除,否则全局变量依然存在。

注意:

(1)由于定义全局变量必须在该变量被使用之前进行,所以应尽量把全局变量的定义放在函数体的首行位置。

(2)尽管 MATLAB 对全局变量的名字并没有任何特别的限制,但为了提高 M 文件的可读性,最好选用大写字符来给全局变量命名。

(3)全局变量损害了函数的封装性。当全局变量在一个函数空间被改变的时候,在其他函数空间也会随之改变,因此不提倡使用全局变量。

在函数空间或基本工作空间内,用 global 声明的变量为全局变量。全局变量的应用示例如下:

先建立函数 M 文件 myfun. m,该函数将输入的参数加权相加。

```
function f=myfun(x,y)          %add two variable with different weight
global AA   BB         %在函数 myfun 中把 AA 和 BB 两个变量定义为全局变量
f=AA * x+BB * y;
```

然后在命令窗口中输入:

```
>>global AA   BB    %在基本工作空间中都把 AA 和 BB 两个变量定义为全局变量
>>AA=1;
>>BB=2;
>> s=myfun(1,2)
```

输出结果如下：

```
s=
5
```

上例中只要在命令窗口中改变 AA 和 BB 的值,就可改变加权值,无须修改 myfun.m 文件。在实际编程过程中,可在所有需要调用全局变量的函数里定义全局变量,这样就可实现数据共享。

在 MATLAB 中还有永久变量,用 persistent 声明,永久变量只能在 M 文件函数中定义和使用,并且只允许声明它的函数存取。当声明它的函数退出时,MATLAB 不会从内存中清除它。永久变量和全局变量不同,永久变量只被定义永久变量的函数所访问,其他函数无法访问或改变它的值。当定义永久变量的 M 文件被从内存中清除或 M 文件发生改变时,永久变量才会被清除。

6.3　MATLAB 中的函数类型

6.3.1　M 文件主函数

M 文件中的第一个函数为主函数,主函数后可以是任意数量的子函数。主函数可以被该文件之外的其他函数调用,主函数的调用是通过存储该函数的 M 文件的文件名进行的。

6.3.2　子函数

MATLAB 中的一个函数文件可以包含多个函数,文件中第一个出现的函数是主函数(Primary function),其他函数则被称为子函数(Subfunction),也叫作局部函数。该函数文件在保存时名称与主函数相同,外部程序只能对主函数进行调用。函数文件中的主函数、子函数的工作空间都是相互独立的,各函数之间的信息通过输入参数和输出参数传递,或通过全局变量来传递,子函数只能被该函数文件中的主函数和其他子函数调用。

例如,在 MATLAB 编辑器中写入下面的 M 函数文件。

```
function mainfun1()        %主函数
%%main function
x1=1:50;
x2=x1.^2;
yy=subfunc(x1,x2);         %调用子函数 subfunc
plot(x1,x2);
xlabel('x');
ylabel('y');
end
function y=subfunc(a,b)     %子函数
%sub function
A=b./a;B=a./b;
y=(a+b)/2;
end
```

此 M 函数文件中有两个函数,第一个"mainfun1"函数为主函数,第二个"subfunc"函数为子函数,主函数通过调用子函数进行计算并绘制图形。主函数对子函数的调用是通过参数传递来实现的。此 M 函数文件名与主函数名同为"mainfun1",其运行结果如图 6-6 所示。

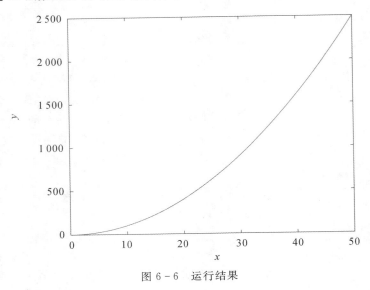

图 6-6 运行结果

6.3.3 嵌套函数

嵌套函数是完全包含在父函数内的函数。程序文件中的任何函数都可以包含嵌套函数。例如,一个名为 parent 的函数包含一个名为 nestedfx 的嵌套函数,程序如下:

```
function parent
disp('This is the parent function')
nestedfx

    functionnestedfx
        disp('This is the nested function')
    end


end
```

嵌套函数与其他类型函数的主要区别是,嵌套函数可以访问和修改在其父函数中定义的变量,因此有:

(1)嵌套函数可以使用不是以输入参数形式显式传递的变量。

(2)在父函数中,可以为嵌套函数创建包含运行嵌套函数所必需的数据的句柄。

6.3.4 匿名函数

匿名函数不存储在程序文件中,是与数据类型为 function_handle 的变量相关的函数。匿名函数可以接受多个输入参数并返回一个输出结果,并且它们可能只包含一个可执行语句。

例如,创建用于计算二次方数的匿名函数的句柄如下:

```
sqr = @(x) x.^2;
```

其中：变量 sqr 是一个函数句柄；@ 运算符用来创建句柄；@ 运算符后面的小括号内包含此函数的输入参数。该匿名函数接受单个输入参数 x，并显式返回单个输出结果，即大小与包含二次方值的 x 相同的数组。

该匿名函数通过将特定值“5”传递到函数句柄来计算该值的二次方，与将输入参数传递到标准函数一样。

```
a = sqr(5)
```

```
a =
    25
```

6.3.5　私有函数

私有函数用于限制函数的作用域，指位于名为 private 子目录下的函数，私有函数的构造与一般 M 函数文件相同，但是它们只能被上一层父目录的函数调用，不能被其他目录上的任何函数或 MATLAB 指令窗中的命令所调用，因而私有函数可以和其他目录下的函数重名。

6.3.6　串演算函数

为了提高计算的灵活性，MATLAB 还提供了一种利用字符串进行计算的能力。利用字符串可以构造函数，还可以在运行中改变所执行的指令。

1. eval 函数

eval 函数用于对字符串表达式进行计算，其调用格式如下：

eval(expression)　　　　　执行 expression 指定的计算

[y1,y2,…]=eval(function(x1,x2,…))　　对 M 函数文件 function 进行调用，并输出计算结果

注意：

（1）eval 函数的输入参数 expression 必须是合法的字符串，可以是 MATLAB 任何合法的命令、表达式、语句或文件名。

（2）function 只能是包含输入参数 x1,x2,… 在内的 M 函数文件名。

例如：

```
>> x=pi
>> express=['x^2,cos(x)']
>> y=eval(express)
```

```
y =
      9.8696    -1.0000
```

2. feval 函数

feval 函数是通过 MATLAB 内置函数创建特定形式的用户自动定义函数，其调用格式如下：

feval(F,x1,x2,…)　　　　　执行 F 指定的函数句柄或者函数名

[y1,y2,…]＝feval(F,x1,x2,...)　　执行具有输入参数 x1,x2,…的由 F 指定的函数

句柄或函数名,并有多个输出项

注意:F 只能是函数句柄或函数名,feval 函数里面的的 F 只接受函数名或句柄,不能为字符串表达式,这也是 feval 函数与 eval 函数的区别。

例如,

```
>> x=0:0.2 * pi:pi;
>> y=eval('sin(x)')
```

```
y =
    0    0.5878    0.9511    0.9511    0.5878    0.0000
```

```
>> y=feval('sin',x)
```

```
y =
    0    0.5878    0.9511    0.9511    0.5878    0.0000
```

3. inline 函数

inline 内联函数是 MATLAB 一种重要的构造函数的方法,用于在命令窗口、程序或函数中创建局部函数,不必将其储存为一个单独文件,也不能调用另一个 inline 函数,只能由一个 MATLAB 表达式组成,并且只能返回一个变量。例如,创建一个内联函数 f＝inline('x.^2＋y.^2'),这样就构造了函数 $f(x,y)=x.^2+y.^2$,然后输入 f(2,3)就能得到 f(2,3)=13。inline 函数不是函数句柄,而是另外一种类型,可以用变量来表示函数,用法和一般函数、匿名函数是类似的,其调用格式如下:

F＝inline(expression)　　　　把串表达式转化为输入变量自动生成的内联函数

F＝inline(expression,x1,x2,...)　　　　把串表达式转化为 x1,x2 等指定输入变量的内联函数

注意:当输入变量的个数多于一个或包含向量形式的输入变量时,就要采用第二种语法格式;第二种调用格式是创建内联函数的最可靠途径,其严格指定了输入变量在表达式中的顺序。

例如:

```
>> f=inline('y-x')
>> ff=inline('a * x(1) * x(2)'),ff(2,[3,4])
```

```
f =
内联函数:
f(x,y) = y-x
ff =
内联函数:
ff(a) = a * x(1) * x(2)
```

```
>>f(2,3)          %求 f(x,y)在 x=2,y=3 处的值
```

```
ans =
    1
```

```
>> f=inline('y－x','y','x')
>> ff=inline('a＊x(1)＊x(2)','a','x'),ff(2,[3,4])
```

```
f =
内联函数:
f(y,x) = y－x
ff =
内联函数:
ff(a,x) = a ＊ x(1) ＊ x(2)
ans =
    24
```

>>f(2,3)	%求 f(y,x)在 y＝2,x＝3 处的值

```
ans =
    －1
```

6.4　MATLAB 程序的流程控制

与各种常见的高级语言一样,MATLAB 也提供了程序结构控制语句。MATLAB 程序的结构有三种:顺序结构、分支结构和循环结构。任何复杂的程序都由这三种基本结构组成。

6.4.1　顺序结构

程序的顺序结构是指程序按排列顺序依次执行各条语句,直到程序的最后一条语句,这是最简单的一种程序结构,一般涉及数据的输入和输出、数据的计算或处理等。

1. 数据输入函数

数据输入函数的调用格式如下:

A＝input(提示信息,选项)

其中:提示信息为字符串,用来求用户输入 A 的值。该命令提示用户从键盘输入数值、字符串或表达式。

例如:

```
name＝input('What's your name? ','s')
```

```
A＝input('请输入变量 A 的值:')
```

2. 数据输出函数

数据输出函数的调用格式为:

disp(X)

该函数是命令窗口输出函数,输出变量 X 的值,X 可以是数值矩阵或字符串,一次只能输出一个变量。

例如:

```
>> A＝'Good morning, Mary! ';
>>disp(A)
```

Good morning，Mary！

>> B=[1 2 3；4 5 6；7 8 9]

```
B =
     1     2     3
     4     5     6
     7     8     9
```

>>disp(B)

```
     1     2     3
     4     5     6
     7     8     9
```

注意：disp 函数的输出格式更加紧凑。

3. 程序暂停函数

程序暂停函数的调用格式如下：

pause(延迟秒数)

如果省略参数延迟秒数，则程序暂停，直到用户按任意键结束此暂停。若要强行中止程序的运行，可使用"Ctrl+C"命令来完成。

6.4.2 循环结构

循环结构又称为重复结构，是利用计算机运算速度快以及能进行逻辑控制的特点来重复执行某些操作的。循环语句是按照给定的条件，重复执行指定的语句。MATLAB 用于实现循环结构的语句有 for 语句和 while 语句。

1. for 循环结构（见图 6-7）

for 语句的格式如下：

```
for index = expr
    (command)
end
```

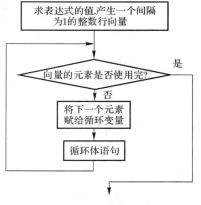

图 6-7 for 循环结构

其中:index 是循环变量;expr 是循环控制表达式,expr 中包括循环变量的起始值、步长、终止值,三者之间用冒号隔开;command 为循环语句的循环体;end 是循环结束语句,表示循环体结束。

for 语句针对向量的每一个元素执行一次循环体,向量有多少个元素,for 语句就执行多少次循环体语句,退出循环后,循环变量的值就是向量的最后一个元素值。当向量为空时,循环体一次也不会执行。如 k＝1:-1:10 就是一个空向量。

for 循环语句的执行规则为:第一次先将循环变量的起始值给循环变量,然后执行 for 与 end 之间的循环体;第二次则将循环变量的现存值与一个步长之和赋值给循环变量,再执行循环体;直到循环变量等于或最接近终止值为止,循环结束,系统的控制语句转向循环语句 end 之后继续执行。

除此之外还需要说明的是,循环控制表达式中的默认步长为 1,若不采用默认值,可自己进行相关的设置。

MATLAB 中循环语句的执行效率很低。为了提高程序的执行效率,应该尽量提高代码的数组化程度,避免使用循环结构,在使用循环指令时还应尽量对数组进行预定义。

下面举两个简单的 for 循环示例。

例如:

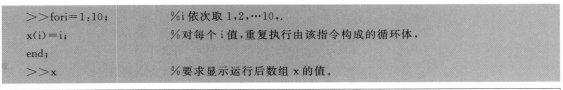

```
>>fori=1:10;            %i 依次取 1,2,…10,.
x(i)=i;                 %对每个 i 值,重复执行由该指令构成的循环体,
end;
>>x                     %要求显示运行后数组 x 的值。
```

```
x =
     1    2    3    4    5    6    7    8    9    10
```

此例中循环控制表达式的步长为默认步长 1,循环 10 次。

例如:

```
>> clear;
j=1;
fori=1:2:10
    x(j)=i;
    j=j+1;
    end
>> x
```

```
x =
     1    3    5    7    9
```

此例中循环控制表达式的步长为 2,循环 5 次,循环体在最后一次执行时,循环变量 i 为 9。

2.while 循环结构(见图 6-8)

while 语句的格式如下:

while　expression

代码体；
end

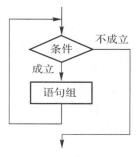

图 6-8　while 循环结构

　　while 语句与 for 语句同为循环控制语句。与 for 循环不同的是，while 循环不指定循环的次数，当条件表达式 expression 一直为"真"时，循环结构就反复地执行下面的代码体，直到条件表达式 expression 为"假"才结束循环。
　　例如：

```
>>s=0;i=1;
>> while(i<=5)
    s=s+i;
    i=i+1;
  end
>>s
```

```
s=
  15
```

3. 循环的嵌套

　　如果一个循环结构的循环体又包含一个循环结构，就称为循环的嵌套，或者称为多重循环结构。

【例 6-2】　利用 for 循环求 1! +2! +3! + …+5! 的值。

　　解：

```
sum=0;
for i=1:5
pdr=1;
for k=1:i
pdr=pdr*k;
end
sum=sum+pdr;
end
sum
```

运行程序后结果如下：

```
sum =
    153
```

6.4.3　分支结构

分支结构是根据给定的条件成立或不成立,分别执行不同的语句。MATLAB 用于实现分支结构的语句有 if 语句和 switch 语句。

1. if 语句

(1)单分支结构,如图 6 − 9 所示。

if expr(条件)

　语句组 A

end

图 6 − 9　单占支结构

【例 6 − 4】　输入一个整数,如果为奇数则输出其二次方根,否则输出其三次方根。

解:

```
x=input('请输入 x 的值');
if rem(x,2)==1
    y=sqrt(x);
else
    y=x^(1/3);
end
    y
```

运行程序后结果如下:

```
请输入 x 的值4
y =
    1.5874
```

(2)双分支结构如图 6 − 10 所示。

if expr(条件)

　语句组 A

else

　语句组 B

end

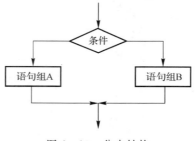

图 6-10 分支结构

（3）多分支结构如图 6-11 所示。

if   expression（条件 1）

语句组 1；

    elseif expression（条件 2）

语句组 2；

……

elseif expression（条件 n）

语句组 n；

    else

语句组 m；

end

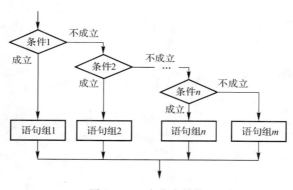

图 6-11 多分支结构

执行此多分支结构时，依次处理各个条件，当某个条件表达式为真时，则转去执行相应的代码体，用关键字 end 作为结束标识。

例如：

```
if   x==y
  disp('zero');
elseif   x>y
  disp('positive');
else
  disp('negative ');
end
```

2. switch 语句(见图 6 - 12)

switch - case 语句的格式为:

switch   switch - expr

    case (expr1)

语句组 1;

    case (expr2)

语句组 2;

    ……

    otherwise

语句组 n;

end

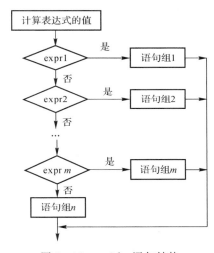

图 6 - 12   swithc 语句结构

当表达式 switch—expr 与 case 语句后任何一个分支的 expr1 相匹配时,则相应地执行该 case 语句后的语句组,如果与所有的 case 分支都不匹配,则执行 otherwise 后的语句组。

switch - case 语句与 if - else 语句同为逻辑控制语句,但当有多个条件分支供选择,而不是简单的真假判断时,使用 switch - case 语句比 if - else 语句更加方便。switch - case 语句将根据关键字"switch"后的表达式的值来确定要执行的语句。

【例 6 - 5】   从键盘输入一个数,判断其是正数、负数,还是 0?

解:

```
c=input('请输入一个数字');
num=c/abs(c);
switch num
    case —1
        disp('negative one');
    case 0
        disp('zero');
```

```
case 1
    disp('positive one') ;
    otherwise
        disp('other value');
end
```

【例 6 - 6】 某购物网站对其商品实行打折销售,已知打折标准,求所售商品的实际销售价格。

解:

```
price=input('请输入商品价格');
switch fix(price/100)
    case {0,1}
        rate=0;
    case {2,3,4}
        rate=3/100;
    case num2cell(5:9)
        rate=5/100;
    case num2cell(10:24)
        rate=8/100;
    case num2cell(25:49)
        rate=10/100;
    otherwise
        rate=14/100;
end
price=price*(1-rate)
```

例如,输入商品价格,可获得商品的实际销售价格如下:

```
请输入商品价格 560
price =
    532
```

3. try - catch 语句

try - catch 语句为异常处理语句。

try - catch 语句的使用格式如下:

try

语句组 1;

catch

语句组 2;

end

当程序开始时,先执行 try 后的语句组 1,一直到有错误发生。如果发生错误,catch 后的语句组 2 就会被执行;如果执行语句组 2 时又产生了错误,MATLAB 将终止程序的执行。

例如:

```
clear all;
a=1;b=2;
try
c=a+b;d=c+e;
catch
disp('error'); error=lasterr    %函数 lasterr 用来查看程序最后发生的错误
end
error
```

```
error =
    函数或变量 'e' 无法识别。
```

6.4.4　其他流程控制语句

1. break 语句

break 语句是中断语句,用来跳出循环体,结束整个循环,通常用于循环控制中,如 for、while 等循环。通过 if 语句判断调用条件,程序在满足条件下调用 break 语句后,在循环未自然终止之前跳出当前循环体。在多层循环嵌套中,break 只是终止包含 break 指令的最内层的循环体。

【例 6-7】　计算 1+3+5+…+100 的值,当和大于 1 000 时终止计算(用 if 语句与 break 语句结合来判断条件和停止 while 循环)。

解:

```
%用 break 终止 while 循环
sum=0;
n=1;
while n<=100
if sum<1000
sum=sum+n;
n=n+2;
else
break
end
end
sum
n
```

2. continue 语句

continue 语句是继续语句,用来结束本次循环,接着进行下一次是否执行循环的判断,通常用于循环控制中。程序中可采用 if 语句判断调用条件,调用 continue 语句后,程序不再执行循环体内剩余部分的语句而是直接转到循环的终点,继续执行下一次循环。

3. return 语句

return 语句是返回语句,它使当前正在运行的 M 文件函数正常结束并返回调用它的函数或程序继续运行,或返回到调用它的环境,如命令窗口。return 语句通常用在函数 M 文件里面对某些输入参数或执行结果进行判断,如果出现问题,便调用 return 语句终止当前程序的运行并返回。

6.5 函 数 句 柄

函数句柄(function handle)也是 MATLAB 中一种常见的数据类型,其作用是将一个函数封装成一个变量,使其能够像其他变量一样在程序的不同部分传递。引入函数句柄可使函数调用变得更加灵活、方便,极大地提高了函数调用的速度和效率。MATLAB 中函数句柄还可以使函数成为输入变量,并且能很方便地调用,提高了函数的可用性和独立性。

6.5.1 函数句柄的创建

函数句柄实际上是提供了一种间接调用函数的方法。对 MATLAB 提供的各种 M 文件函数和内部函数,都可以创建函数句柄。还有一种特殊的函数句柄,就是匿名函数(详细内容参见 6.3.4 节)。用户可以通过创建的函数句柄对这些函数实现间接调用。创建函数句柄的方法有以下三种:

(1)直接加@,其语法:

@函数名

例如:fun1 = @sin;

     fun1(pi);   %函数句柄的调用

     ans =

       1.2246e−16

(2)str2func 函数,其语法:

str2fun('函数名')

例如:fun2 = str2func('cos');

(3)匿名函数,其语法:

@(参数列表)单行表达式

例如:fun3 = @(x, y)x.^2 + y.^2;

```
>>fhd1=@(x)(sin(x)+x.^2);
>> fhd1(1)
```

```
ans =
   1.8415
```

6.5.2 函数句柄的基本用法

创建函数句柄后就可以执行一些相应的函数计算。下面介绍一些函数句柄的基本用法。

例如,一个函数的调用格式如下:

[argout1, argout2,…,argoutn]=function_name (argin1, argin2,…, arginn);

则创建该函数句柄的指令如下:

fhandle＝@ function_name 或者 fhandle＝str2func('function_name');

将函数句柄 fhandle 和 feval 函数结合就可以实现函数运算,其调用格式如下:

[argout1, argout2,…, argoutn]＝ feval (fhandle,argin1, argin2,…, arginn)。

函数句柄实现函数运算的优点有以下几点:

(1)使用函数句柄 fhandle 可直接调用函数,减少了时间的消耗,提高了程序的执行效率,还避免了在不使用函数句柄时,对 function_name 函数的多次调用及每次对该函数所进行的全面路径搜索,大大加快了计算速度。

(2)函数句柄 fhandle 会根据 function_name 函数中存在重载函数的变量数据类型,从所有重载函数中准确地调用相应的函数文件。

(3)函数句柄 fhandle 一旦有效建立,则无论 function_name 函数文件是否在当前搜索路径上,只要运用句柄 fhandle 就能够正确执行 function_name 函数。

下面的例子演示了内置函数及其句柄的若干基本用法。先创建一函数句柄 fhandle＝@ cos,然后把函数句柄应用在数值计算中。

```
>>fhandle＝@cos
>> y＝cos(pi/3)
```

```
y =
    0.5000
```

```
>> y1＝feval('cos',pi/3)
```

```
y1 =
    0.5000
```

```
>> y2＝feval(fhandle,pi/3)
```

```
y2＝
    0.5000
```

```
>> y3＝fhandle(pi/3)
```

```
y3 =
    0.5000
```

应用函数句柄在符号计算中,程序如下:

```
>> a＝sym(pi/3)        %定义符号常量
```

```
a =
    pi/3
```

```
>> y＝cos(a)
```

```
y =
    1/2
```

```
>> y1 = feval('cos',a)
```

```
y1 =
    1/2
```

```
>> y2 = feval(fhandle,a)
```

```
y2 =
    1/2
```

```
>> y3 = fhandle(a)
```

```
y3 =
    1/2
```

M 文件函数及其句柄使用的实例如下：

（1）建立函数 M 文件'mainfunc.m'。

```
functionmainfunc(a)
t=0:0.01:2 * pi;
x=sin(t);y=cos(t);
F=@subfunc;          %创建子函数句柄
F(a,x,y,t);
functionsubfunc(aa,xx,yy,tt)          %函数 subfunc 为该函数 M 文件的子函数
switch aa
    case 'line'
        plot(tt,xx,'k',tt,yy,'r')
    case 'circle'
        plot(xx,yy);
        axis square off
    otherwise
error("输入参数只能是'line'或'circle'")
end
end
```

由此可见，只要在当前 MATLAB 工作空间中存在函数句柄，无论该函数当前是否在搜索范围内，均可以通过函数句柄实现正确的运行。

（2）在指令窗中运行如下命令可绘制出相应图形，并创建主函数句柄，如图 6-13 所示。

```
>>mainfunc('circle')
>> FF=@mainfunc
```

```
FF =
@mainfunc
```

图 6-13　利用句柄绘图结果

(3)在命令窗口直接利用主函数句柄绘制相关图形。

>> FF('circle')　　　　　%利用主函数句柄运行

利用主函数句柄,mainfunc.m 文件就可正常运行,得到与图 6-13 相同的图形。

6.6　MATLAB 程序的调试与优化

6.6.1　MATLAB 程序调试

MATLAB 提供了 M 文件的调试功能,可以对 M 文件函数进行调试,帮助用户确定程序代码中的错误。MATLAB 程序错误主要有两类:第一类是语法错误,主要包括变量名、函数名拼写和标点符号遗漏等错误,在程序运行时,MATLAB 可以检测出大多数该类错误,并指出错误的位置。第二类是算法错误,是指逻辑上的错误,会导致错误的计算结果,但MATLAB 通常不易发现此类错误。

MATLAB 中调试程序的方法主要有两种,即直接调试法和使用调试器调试法。

1. 直接调试法

所谓的直接调试就是指人工直接检查源程序的语法错误及算法错误,主要用于检查哪些函数及循环嵌套不是太多、文件规模不大的程序。直接调试法主要有如下几种调试手段:

(1)删除某些语句后的分号,使 M 文件输出中间计算结果,以便发现错误。

例如:在调试语句 a=-2;b=[1 2 3;4 5 6;7 8 9];c=abs(a);d=b+c 时就可以删除第三个语句的分号,在命令窗口显示 c 的值,来检查中间结果是否正确,并且以此作为调试程序的依据。

(2)增加一些显示关键变量的语句,密切跟踪关键变量的取值变化。

(3)利用 echo 命令,对某些语句、语句段甚至整个程序,逐行显示文件内容及计算结果。

(4)将函数 M 文件改为脚本 M 文件,这样可以在 MATLAB 工作空间查看其中间计算结果。

(5)在 M 文件适当的位置加上 keyboard 语句,设置程序断点,程序运行到该位置时暂停,然后可根据实际情况,修改变量,并使程序继续运行。

2.使用调试器调试法

MATLAB 的 M 文件编辑器中,具有调试器"Debug"。当用户在命令窗口执行编辑器中的程序时,调试器被激活(调试器的各选项可用),调试工具条如图 6-14 所示。

图 6-14　调试工具

(1)断点设置。断点为 MATLAB 程序执行时人为设置的中断点,程序运行至断点处时便自动停止运行,等待用户的下一步操作。设置断点只需要用鼠标单击程序左侧的"—"变成红色的圆点(当存在语法错误时圆点颜色为灰色),如图 6-15 所示。应该在可能存在逻辑错误或需要显示相关代码执行数据的附近设置断点。如果用户需要去除断点,可以再次单击红色圆点去除,也可以单击断点工具栏中的"全部清除"工具去除所有断点。

图 6-15　断点设置结果

(2)运行程序。单击工具栏中的"运行"按钮或按"F5"键执行程序,这时其他调试按钮将被激活。程序运行至第一个断点暂停,在断点右侧则出现向右指向的绿色箭头,并且"运行"按钮变成"继续",如图 6-16 所示。

另外,由图 6-16 可见,在程序调试运行时,MATLAB 的命令窗口中将显示"K>>",这时可以在此输入一些调试指令,以便对程序调试中的相关中间变量进行查看。

(3)查看中间变量。用户可以将鼠标停留在某个变量上,此时 MATLAB 将会自动显示该变量的当前值,也可以在 MATLAB 的 workspace 中直接查看所有中间变量的当前值,如图 6-17 所示。

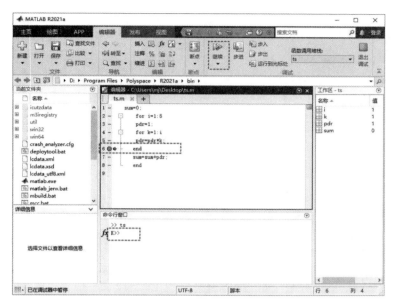

图 6-16　程序运行至断点

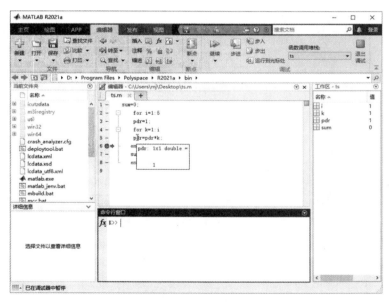

图 6-17　查看所有中间变量值

6.6.2　MATLAB 程序优化

MATLAB 是一种解释执行语言,编程简单、使用方便,早期的版本运行速度慢,后来增加了即时编译(Just In Time,JIT)技术和加速器(Acclerator)功能。MATLAB 的这两项功能默认都是打开的,这使其运行速度可以与 C、C++ 等编译语言相比拟,同时又充分利用了MATLAB 语言的优势和特点,进行程序优化,也能够提高程序运行速度。

1. 即时编译技术

即时编译，又称及时编译、实时编译，是动态编译的一种形式，也是一种提高程序运行效率的方法。通常，程序有两种运行方式：静态编译与动态直译。静态编译的程序在执行前全部被翻译为机器码，而动态直译执行的时候则是一句一句边运行边翻译。即时编译器则混合了这两种方式，一句一句编译源代码，同时也会将翻译过的代码缓存起来以降低性能损耗。

2. 利用加速器的加速功能

加速器的功能主要体现在以下几个方面：

(1)加速器只对维数不大于 3 的"非稀疏"数组起作用；

(2)加速器只对"双精度""整数""字符串"和"逻辑"等四种数据类型有加速作用；

(3)对程序控制语句中的判断表达式进行标量运算时，有加速作用；

(4)"程序行"是加速的最小单位；

(5)加速器只对 MATLAB 的内部函数有加速作用，对各种 M 文件及 MEX 文件没有加速作用；

(6)若遇到对已存在变量改变其数据类型或数组形状时，中断加速；

(7)加速器的开关可控制，"feature accel on"用来启动加速器，"feature accel off"用来关闭加速器。

3. 提高 MATLAB 运行速度的有效措施

循环是计算机语言最主要的特点，早期编程优化侧重于对循环的改进。现在随着MATLAB 功能的完善，在很多情况下，循环体本身已经不是程序性能提高的瓶颈了，瓶颈更多地来源于循环体内部的代码实现方式，以及使用循环的方式。因此，在遵循一些常规的编程规范的同时，要注意对于循环内部本身代码的优化。

(1)尽量将循环结构向量化。执行向量化运算是 MATLAB 的强大优势之一，因此在编程中尽可能减少使用循环语句(for 语句、while 语句等)，用量化的数组运算来取代循环语句。

例如，对于下面的循环程序段：

```
k=0;
for i=0:pi/5:2 * pi
    k=k+1;
y(k)=sin(i);
end
```

可用如下向量化语句代替：

```
i=0:pi/5:2 * pi;
y=sin(t);
```

(2)避免数组在循环中不断地进行动态配置，给数组或矩阵预分配内存。特别是使用大型数组或矩阵时，MATLAB 进行动态内存分配和取消时，可能会产生一些内存碎片，这将导致大量闲置内存产生，预分配可通过提前给大型数据结构预约足够的空间来避免这个问题。

(3)尽可能地采用 MATLAB 的内部函数和命令。MATLAB 内部提供的函数是各种问题的最优算法，这些函数是专业人士编写的高效、简洁、经过多方测试的程序，自己没有必要去编写同样功能的程序。

（4）在循环不可避免且循环次数大或者多层嵌套循环时，应采用非解释执行的 MXE 程序表达。C－MEX 是将 M 文件通过 MATLAB 的编译器转换为可执行文件，是按照 MEX 技术要求的格式编写相应的程序，通过编译连接，生成扩展名为 .dll 的动态链接库文件，可以在 MATLAB 环境下直接执行。

（5）尽量采用函数式 M 文件代替脚本式 M 文件。由于脚本式 M 文件每次运行时，都需要装入内存再解释执行，而函数 M 文件一经装入，就以 P 码方式驻留在内存里，使用时不必频繁装入，因此，尽量多使用函数文件而少使用脚本文件，也是提高执行效率的一种方法。

习　题　6

1．编写一个程序，将百分制的学生成绩转换为优秀（5）、良好（4）、中等（3）、及格（2）和不及格（1）的 5 级制成绩，其标准是优秀：90～100 分；良好：80～89 分；中等：70～79 分；及格：60～69 分；不及格：60 分以下。

2．用两种编程方法计算 15!。

3．举一个实例分别建立命令文件和函数文件，并比较两种文件的区别。

4．编程实现输入一个字符，若为大写字母，则输出其对应的小写字母；若为小写字母，则输出其对应的大写字母；若为数字字符则输出其对应的数值，若为其他字符则原样输出。

第7章 Simulink 仿真与应用

Simulink 作为 MATLAB 的重要组成部分,已成为科研和工程领域中动态系统建模、仿真和分析方面应用最广泛的软件包之一。Simulink 是面向框图的仿真软件,避免了复杂程序的编写,只需简单地用鼠标进行操作,就可以构造出复杂的系统,且具有强大的功能。本章重点介绍 Simulink 的基础知识和基本应用。

7.1 Simulink 的操作基础

7.1.1 启动 Simulink

启动 Simulink 的方式有以下三种。

(1)在 MATLAB 命令窗口中输入 simulink3,这时桌面上就会出现一个用图标形式显示的 Library :simulink3 的 Simulink 模块库窗口,如图 7 - 1 所示。此窗口中的十个模块库功能如表 7 - 1 所示。

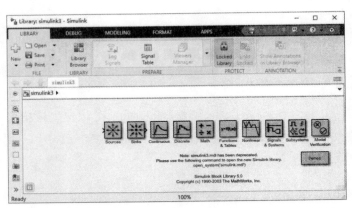

图 7 - 1 图标形式 Simulink 模块库窗口

表 7 - 1 simulink3 中模块库功能

序 号	名 称	功 能
1	Sources 模块库	为仿真提供各种信号源
2	Sinks 模块库	为仿真提供输出设备元件
3	Continuous 模块库	为仿真提供连续系统
4	Discrete 模块库	为仿真提供离散元件
5	Math 模块库	为仿真提供数学运算功能元件
6	Functions&Tables 模块库	自定义函数和线性插值查表模块库

续表

序　号	名　　称	功　　能
7	Nonlinear 模块库	非连续系统元件
8	Signals&Systems 模块库	用于输入、输出和控制的相关信号及相关处理
9	Subsystems 模块库	各种子系统
10	Model Verification 模块库	对模型进行自我验证

（2）在 MATLAB 的命令窗口直接键入"simulink"。

（3）在"主页"选项卡下选择"New"→"Simulink Model"命令，可以打开如图 7-2 所示的
"Simulink Start Page"窗口。在此窗口里单击的"Blank Modle"图标就新建了一个名为
"untitled"的空白模型窗口，如图 7-3 所示，同时还弹出 Simulink 模块库浏览器，如图
7-4 所示。

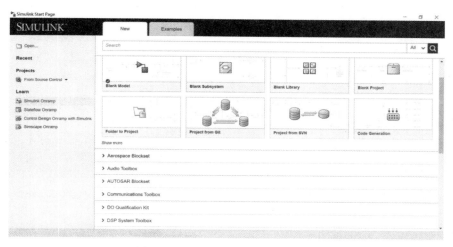

图 7-2　Simulink Start Page 窗口

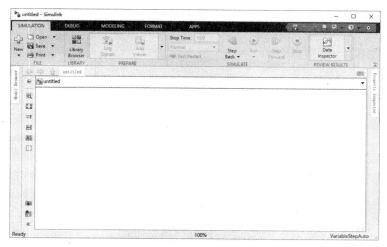

图 7-3　新建模型窗口

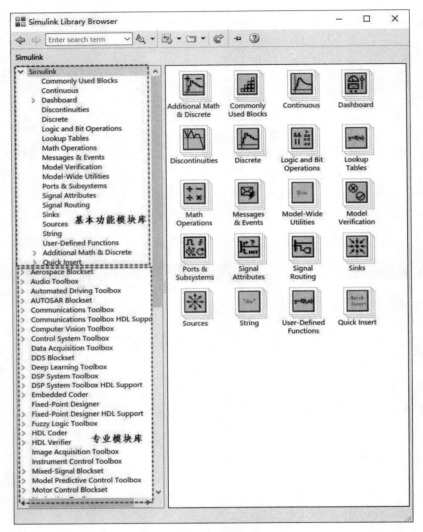

图 7-4　Simulink 模块库浏览器(Simulink Library Browser)

　　图 7-1 和图 7-4 表示的两种模块库窗口界面实现的功能相同,只是显示形式有些不同,用户可以根据个人的喜好进行选用。本书中以图 7-4 表示的模块库窗口界面为主进行介绍。

　　打开已经存在的模型文件的方式有以下两种:

　　(1)在 MATLAB 命令窗口直接输入模型文件名(不加扩展名),此时要求该文件在当前的路径范围内。

　　(2)在 MATLAB 菜单上选择"File"→"Open"。

　　打开文件以后就可以对文件进行修改、设置参数和调试运行等操作。

7.1.2　Simulink 基本模块库

　　Simulink 提供了友好的图形用户界面(GUI),模型由模块组成的框图表示,用户建模只需通过简单地点击和拖动鼠标动作就可以完成。Simulink 的模块库为用户提供了多种多样的功能模块,这些功能模块库又分为基本模块库和专业模块库,具体的内容如图 7－4 所示。

图 7－4 中 Simulink 类下的模块为基本功能模块,包括了常用模块库(Commonly Used Blocks)、连续系统模块库(Continuous)、仪表盘(Dashboard)模块库、非连续系统模块库(Discontinuities)、离散系统模块库(Discrete)、逻辑和位模块库(Logic and Bit Operation)、查表模块库(Lookup Tables)、数学运算模块库(Math Operations)、信息和事件模块库(Messages & Events)、模型验证模块库(Model Verification)、模型的实用模块库(Model－Wide Utilies)、端口和子系统模块库(Port&Subsystems)、信号特性模块库(Signal Attributes)、信号路由模块库(Signal Routing)、信号接收模块库(Sinks)、信号源模块库(Sources)、字符串模块库(String)、用户自定义函数模块库(User－Defined Functions)、附加数学和离散模块库(Additional Math & Discrete)和快速插入模块库(Quick Insert)等 20 个子模块库(不同版本的 MATLAB 子模块库可能不同)。

下面对常用的基本子模块进行介绍,使读者对 Simulink 的一些主要模块能够有一个大概的认识。其他模块库可参照 MATLAB 的帮助文件进行学习。

1. 常用模块库(Commonly Used Blocks)

在新版本的 Simulink 中,为了方便用户使用,专门将常用的 23 种模块放在常用模块库中,如图 7－5 所示。这些常用的模块包括输入模块、输出显示模块、连续(离散)系统积分模块、数学运算模块及信号路由模块等,其功能将在后面各自所属模块库中介绍。

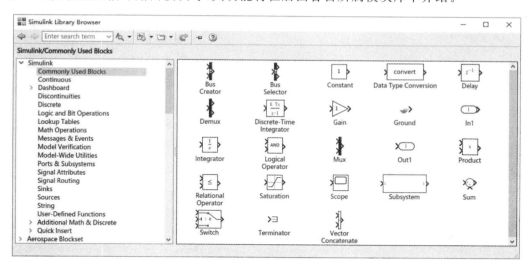

图 7－5　常用模块库

2. 连续系统模块库(Continuous)

连续系统模块是构成连续系统的环节,其基本连接模式、信号传递和运算关系都是按照经典控制中的结构图来构建的。连续系统模块库中的模块有 16 个,其具体内容如图 7－6 所示。

下面介绍连续系统模块库中的模块及功能。

(1)Derivative:对输入信号求微分。

(2)Descriptor State－Space:描述状态空间模型,建立模型线性隐式系统。

(3)Entity Transport Delay:引入模拟事件消息的传播延迟。

（4）First Order Hold：在输入信号上实现线性外插一阶保持。

（5）Integrator：对输入信号求积分。

（6）Integrator Limited：对信号求限制积分，根据饱和上界和下界限制该模块的输出。

（7）Second－Order Integrator：求输入信号的二阶积分。

（8）Second－Order Integrator Limited：求输入信号的二阶限制积分，根据饱和上界和下界限制该模块的输出。

（9）PID Controller：连续时间或离散时间 PID 控制器。

（10）PID Controller（2DOF）：连续时间或离散时间双自由度 PID 控制器。

（11）State－Space：线性状态空间系统模型。

（12）Transfer－Fcn：线性传递函数模型。

（13）Transport Delay：将输入信号延时一个固定时间再输出。

（14）Variable Time Delay：按可变时间量延迟输入。

（15）Variable Transport Delay：将输入信号延时一个可变时间再输出，延迟时间满足确定条件。

（16）Zero－Pole：以零极点表示的传递函数模型。

（17）Memory：*存储上一时刻的状态值。*

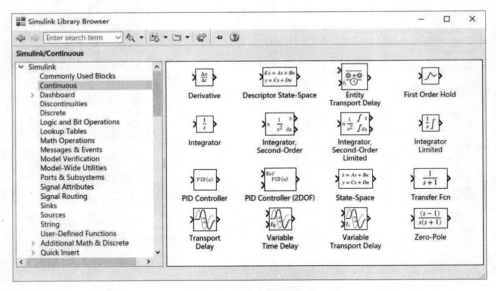

图 7-6　连续系统模块库

3.仪表盘模块库（Dashboard）

仪表盘模块库提供各种仪表及一些开关、滑条等可视化仪表，该模块库的具体内容如图7-7所示。在一般的仿真模型中很少会用到仪表盘模块库，但在用户图形界面（GUI）设计中经常用到仪表盘模块库。

下面介绍仪表盘模块库中的模块及功能。

（1）Callback Button：执行 MATLAB 代码。

（2）Check Box：选择参数或变量值。

（3）Combo Box：在下拉菜单中选择参数值。

（4）Dashboard Scope：在仿真过程中跟踪信号。

（5）Display：在仿真期间显示信号值。

（6）Edit：为参数输入新值。

（7）Gauge：以圆形刻度显示信号值。

（8）Half Gauge：以半圆刻度显示输入值。

（9）Knob：用刻度盘调整参数值。

（10）Lamp：显示反映输入值的颜色。

（11）Linear Gauge：以线性刻度显示输入值。

（12）MultiStateImage：显示反映输入值的图像。

（13）Push Button：设置按下按钮时的参数值。

（14）Quarter Gauge：以象限刻度显示输入值。

（15）Radio Button：选择参数值。

（16）Rocker Switch：将参数在两个值之间切换。

（17）Rotary Switch：开关参数，用来设置拨号值。

（18）Slider：用滑动标尺调整参数值。

（19）Slider Switch：在两个值之间切换参数。

（20）Toggle Switch：将参数在两个值之间切换。

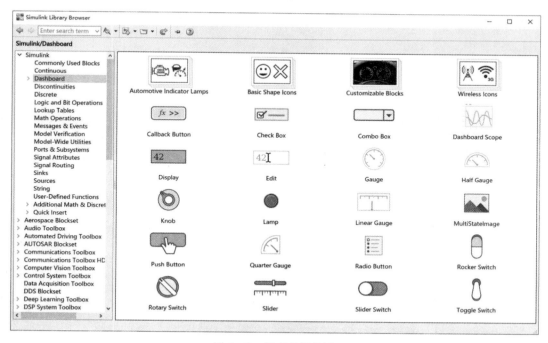

图 7 - 7　仪表盘模块库

4. 非连续模块库（Discontinuities）

非连续模块是构成非线性系统环节的模块，该模块库的具体内容如图 7 - 8 所示。
下面介绍非连续模块库中的模块及功能。

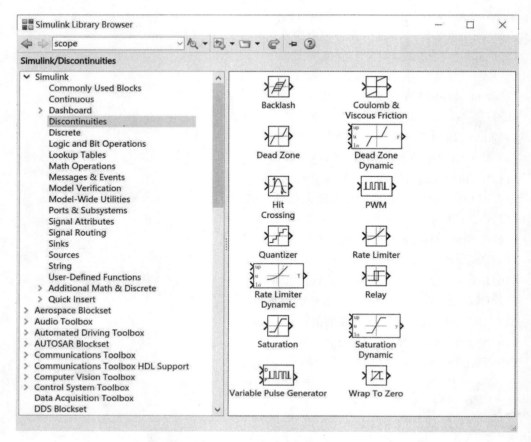

图 7-8　非线性系统模块库

（1）Backlash：间隙非线性。

（2）Coulomb&Viscous Friction：库仑和黏度摩擦非线性。

（3）Dead Zone：死区非线性。

（4）Dead Zone Dynamic：动态死区非线性。

（5）Hit Crossing：冲击非线性。

（6）PWM：脉宽调制。

（7）Quantizer：量化非线性。

（8）Rate Limiter：静态限制信号的变化速率。

（9）Rate Limiter Dynamic：动态限制信号的变化速率。

（10）Relay：滞环比较器，限制输出值在某一范围内变化。

（11）Saturation：饱和输出，使输出超过某一值时能够饱和。

（12）Saturation Dynamic：动态饱和输出。

（13）Variable Pulse Generator：生成理想的、时变的脉冲信号。

（14）Wrap To Zero：如果输入大于阈值，将输出设置为零。

5.离散系统模块库（Discrete）

离散系统模块是用来构成离散系统环节的模块，该模块库的具体内容如图 7-9 所示。

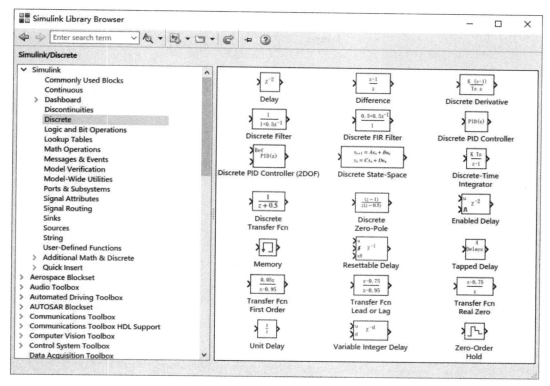

图 7-9　离散系统模块库

下面介绍离散系统模块库中的模块及功能。

（1）Delay：按固定或可变采样期间延迟输入信号。

（2）Difference：差分环节。

（3）Discrete Derivative：离散微分环节。

（4）Discrete Filter：离散滤波器。

（5）Discrete FIR Filter：构建 FIR 滤波器模型。

（6）Discrete PID Controller：离散时间或连续时间 PID 控制器。

（7）Discrete PID Controller（2DOF）：离散时间或连续时间双自由度 PID 控制器。

（8）Discrete State-Space：离散状态空间系统模型。

（9）Discrete-time Integrator：离散时间积分器。

（10）Discrete Transfer-Fcn：离散传递函数模型。

（11）Discrete Zero-Pole：以零极点表示的离散传函模型。

（12）Enabled delay：使能延迟。

（13）Memory：输出本模块上一步的输入值。

（14）Resettable Delay：可重置延迟，用可变采样周期延迟输入信号，用外部信号重置。

（15）Tapped Delay：将标量信号延迟多个采样周期并输出所有延迟结果。

（16）Transfer Fcn First Order：实现离散时间一阶传递函数。

（17）Transfer Fcn Lead or Lag：实现离散时间超前或滞后补偿器。

(18)Transfer Fcn Real Zero：实现具有实零点和无极点的离散时间传递函数。

(19)Unit Delay：将信号延迟一个采样周期。

(20)Variable Integer Delay：按可变采样周期延迟输入信号。

(21)Zero - Order Hold：零阶采样保持器。

6. 数学运算模块库（Math）

数学运算模块库是用来进行基本数学函数建模的模块，该模块库的具体内容如图 7 - 10 所示。

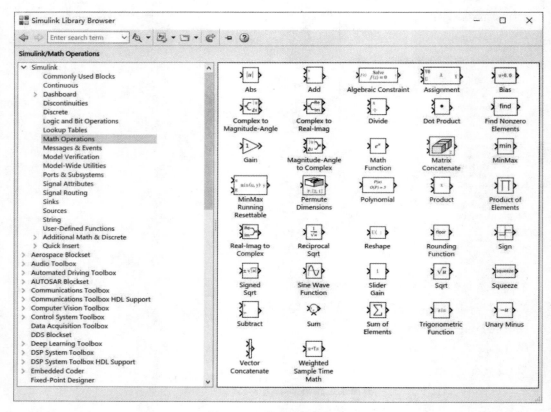

图 7 - 10　数学运算模块库

下面介绍数学运算模块库中的常用模块及功能。

(1)Abs：输出输入信号的绝对值。

(2)Add：对输入信号进行加减运算。

(3)Algebraic Constraint：限制输入信号。

(4)Assignment：为指定的信号元素赋值。

(5)Bias：为输入添加偏差。

(6)Complex to Magnitude - Angle：计算复信号的幅值和/或相位角、

(7)Complex to Real - Imag：输出复数输入信号的实部和虚部。

(8)Divide：一个输入除以另一个输入。

(9)Dot Product：生成两个向量的点积。

（10）Find Nonzero Elements：查找数组中的非零元素。

（11）Gain：将输入乘以常量。

（12）Magnitude – Angle to Complex：将幅值和/或相位角信号转换为复信号。

（13）Math Function：执行数学函数。

（14）Matrix concatenate：矩阵连接。

（15）MinMax：输出最小或最大输入值。

（16）MinMax Running Resettable：确定信号随时间而改变的最小值或最大值。

（17）Permute Dimensions：重新排列多维数组维度的范围维度。

（18）Polynomial：对输入值执行多项式系数计算。

（19）Product：标量和非标量的乘除运算或者矩阵的乘法和逆运算。

（20）Product of Elements：复制或求一个标量输入的倒数，或者缩减一个非标量输入。

（21）Real – Imag to Complex：将实和/或虚输入转换为复信号。

（22）reciprocal sqrt：倒数的二次方根。

（23）Reshape：更改信号的维度。

（24）Rounding Function：对信号应用舍入函数。

（25）Sign：指示输入的符号。

（26）Sine Wave Function：使用外部信号作为时间源来生成正弦波。

（27）Slider Gain：使用滑块更改标量增益。

（28）Sqrt：计算二次方根、带符号的二次方根或二次方根的倒数。

（29）Squeeze：从多维信号中删除单一维度。

（30）Sum：加减运算。

（31）Trigonometric Function：指定应用于输入信号的三角函数。

（32）Unary Minus：对输入求反。

7. 信号与系统模块库（Signal Routing ）

信号与系统模块库是传送信号的模块，该模块库的具体内容如图 7 – 11 所示。

下面介绍信号与系统模块库中的模块及功能。

（1）Bus Assignment：替换指定的总线元素。

（2）Bus Creator：根据输入元素创建总线。

（3）Bus Selector：从传入总线中选择元素。

（4）Data Store Memory：定义数据存储。

（5）Data Store Read：从数据存储中读取数据。

（6）Data Store Write：向数据存储中写入数据。

（7）Demux：提取并输出虚拟向量信号的元素。

（8）Environment Controller：创建仅适用于模拟或仅适用于代码生成的方框图的分支。

（9）From：接受来自 Goto 模块的输入。

（10）Goto：将模块输入传递给 From 模块。

（11）Goto Tag Visibility：定义 Goto 模块标记的作用域。

（12）Index Vector：基于第一个输入的值在不同输入之间切换输出。

（13）Manual Switch：在两个输入之间切换。

(14) Manual Variant Sink：在输出端的多个变量选择项之间切换。

(15) Manual Variant Source：输入时在多个变量选择项之间切换。

(16) Merge：将多个信号合并为一个信号。

(17) Multiport Switch：基于控制信号选择输出信号。

(18) Mux：将相同数据类型和复/实性的输入信号合并为虚拟向量。

(19) Parameter Writer：写入一个模型实例参数。

(20) Selector：从向量、矩阵或多维信号中选择输入元素。

(21) State Reader：读取一个数据块状态。

(22) State Writer：写入一个数据块状态。

(23) Switch：将多个信号合并为一个信号。

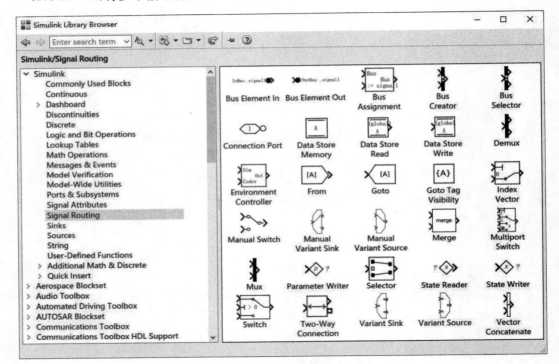

图 7-11　信号与系统模块库

8. 端口和子系统库

端口和子系统模块是与子系统有关的模块，该模块库的具体内容如图 7-12 所示。下面介绍端口和子系统库中的常用模块及功能。

(1) Enable：将使能端口添加到子系统或模型。

(2) Enabled Subsystem：由外部输入使能执行的子系统。

(3) Enabled and Triggered Subsystem：由外部输入使能和触发执行的子系统。

(4) For Iterator Subsystem：在仿真时间步期间重复执行的子系统。

(5) Function-Call Subsystem：其执行由外部函数调用输入控制的子系统。

(6) If：使用类似于 if-else 语句的逻辑选择子系统执行。

（7）If Action Subsystem：其执行由 If 模块使能的子系统。

（8）In1：输入端。

（9）Model：引用另一个模型来创建模型层次结构。

（10）Out1：输出端。

（11）Subsystem：建立新的封装（Mask）功能模块。

（12）Trigger：向子系统或模型添加触发器或函数端口。

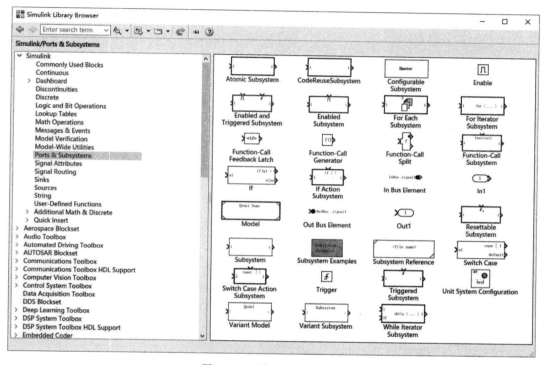

图 7 - 12　端口和子系统库

9. 输入信号源模块库（Sources）

输入信号源模块是用来向模型提供输入信号的模块，该模块库的具体内容如图 7 - 13 所示。

下面介绍输入信号源模块库中的常用模块及功能。

（1）Constant：常数信号。

（2）Clock：时钟信号。

（3）From Workspace：来自 MATLAB 的工作空间。

（4）From File(. mat)：来自数据文件。

（5）Pulse Generator：脉冲发生器。

（6）Repeating Sequence：重复信号。

（7）Signal Generator：信号发生器，可以产生正弦波、方波、锯齿波及随意波。

（8）Sine Wave：正弦波信号。

（9）Step：阶跃波信号。

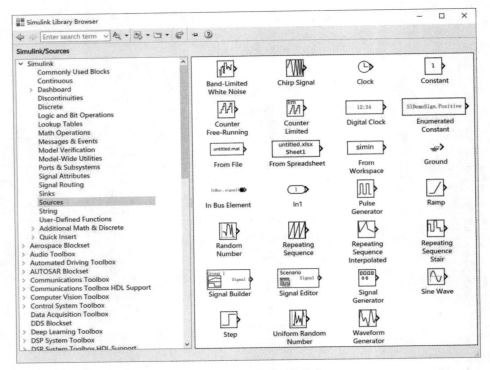

图 7-13　输入信号源模块库

10.接收模块库(Sinks)

接收模块是用来接收模块信号的模块,该模块库的具体内容如图 7-14 所示。

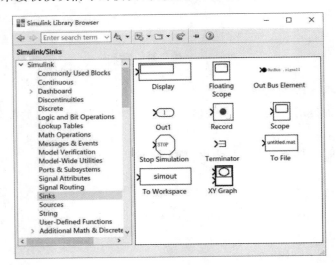

图 7-14　接收模块库

下面介绍接收模块库中的一些常用模块及功能。

(1)Display:显示输入的值。

(2)Scope:示波器。

（3）To Workspace：将输出写入 MATLAB 的工作空间。

（4）To File(. mat)：将输出写入数据文件。

（5）Out1：为子系统或外部输出创建输出端口。

（6）XY Graph：用 MATLAB 图窗窗口显示信号的 X - Y 图。

7.1.3　Simulink 模块的操作

模块是建立 Simulink 模型的基本单元，按照一定的方式把各种模块连接在一起就能够建立动态系统的模型。

1. 选定模块

（1）选定单个模块。在对象上单击鼠标就能够选定对象，被选定对象的四角处会出现虚线编辑框。

（2）选定多个模块。如果需要选定多个对象，可以在按下 Shift 键的同时单击所需选定的模块；或者用鼠标拉出矩形虚线框，将所有待选模块框在其中，则矩形框中的所有对象均被选中，如图 7 - 15 所示。

2. 复制模块

（1）不同模型窗口或模型库窗口之间的模块复制。

方法①：选定模块，用鼠标直接将其拖到另一个模型窗口内。

方法②：选定模块，按鼠标右键使用弹出菜单的 Copy 或 Paste 命令。

（2）在同一模型窗口内的复制模块，如图 7 - 16 所示。

方法①：选定模块，按下鼠标右键，直接拖动此模块到合适的地方，然后释放鼠标。

方法②：选定模块，按住 Ctrl 键的同时用鼠标拖动此模块到合适的地方，然后释放鼠标。

方法③：按下鼠标右键使用弹出菜单中的 Copy 或 Paste 命令。

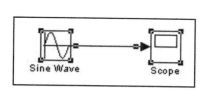

图 7 - 15　选中模块

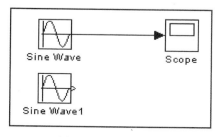

图 7 - 16　复制模块

3. 移动模块

在模型窗口移动模块时，先选定要移动的模块，然后用鼠标将模块拖到合适的地方。当模块移动时，与之相连的连线也随之移动。

4. 删除模块

要删除一个模块，应先选定待删除模块，再按鼠标右键使用弹出的 Delete 或者 Cut 命令。

5. 改变模块大小

先选定需要改变大小的模块，在模块四周出现小黑块编辑框后，用鼠标拖动此编辑框，就可以实现此模块放大或缩小。

6.翻转模块

(1)模块翻转 180°。先选定模块,按鼠标右键使用弹出菜单中的"Rotate&Flip"→"Flipblock"命令可以将此模块旋转 180°,图 7-17 中间为翻转 180°的示波器模块。

(2)模块翻转 90°。先选定一个模块,按鼠标右键使用弹出菜单中的"Rotate&Flip"→"Clockwise"或"CounterClockwise"命令可以将此模块旋转 90°,图 7-17右边为翻转 90°的示波器模块。

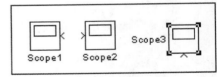

图 7-17　模块的翻转

如果一次翻转不能达到要求,可以用多次翻转来实现。

7.编辑模块名

(1)修改模块名。用鼠标单击模块下面或旁边的模块名,四周出现虚线编辑框时就可对模块名进行修改。

(2)模块名字体设置。选定一个模块,按鼠标右键使用弹出菜单中的"Format"→"Font Style for Selection"命令,可以打开字体对话框设置字体。

(3)模块名的显示和隐藏。选定一个模块,按鼠标右键使用弹出菜单中的"Format"→"Show Block Name"→"Auto/On/Off"命令,可以隐藏或显示此模块名。

(4)模块名的翻转。选定一个模块,按鼠标右键使用弹出择菜单中的"Rotate&Flip"→"Flipblock Name"命令,可以翻转此模块名。

8.设置模块的参数和特性

在 Simulink 中,几乎所有模块的参数(Parameters)都允许用户进行设置。只要双击要设置参数的模块,就会弹出设置对话框。例如,图 7-18 是正弦波模块(Sine Wave)的参数设置对话框,在此对话框中可以设置它的幅值、平移量、频率、相位和采样时间等参数。模块参数还可以用 set_param 命令进行修改,这个在 7.6 节中会做相应的介绍。

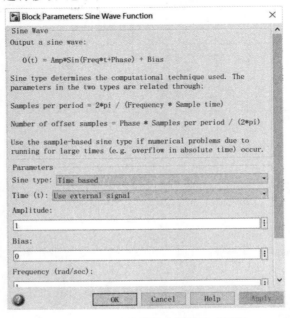

图 7-18　正弦波模块参数设置对话框

　　每一个模块都有一个内容相同的特性(Properties)设置对话框。选中正弦波模块,按鼠标右键会弹出 Properties 对话框,如图 7-19 所示。模块特性设置对话框包括以下几项参数。

　　(1)说明(Description):说明是对该模块在模型中用法的注释。

　　(2)优先级(Priority):优先级规定该模块在模型中相对于其他模块执行的优先顺序。优先级的值必须是整数或不输入数值,没有值时,系统会自动选取合适的优先级。优先级的数值越小,优先级越高。

　　(3)标记(Tag):模块可以添加文本格式的标记。

图 7-19　特性设置对话框

7.1.4　信号线的操作

1. 模块间的连线

将光标指向一个模块的输出端,待光标变为十字符后,按下鼠标键并拖动到另一模块的输入端。

2. 信号线的分支和折曲

(1)分支的产生。将光标指向信号线的分支点上,按鼠标右键,光标变为十字符,拖动鼠标直到分支线的终点,然后释放鼠标;或者按住 Ctrl 键的同时点击鼠标左键拖动鼠标到分支线的终点,如图 7-20(a)所示。

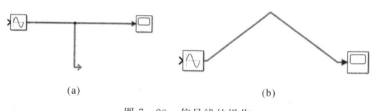

(a)　　　　　　　　　　　　　　　(b)

图 7-20　信号线的操作

(a)信号线的分支图;　(b)信号线的折线

（2）信号线的折线。选中一个已存在的信号线，将光标指向折点处，按住 Shift 键的同时点击鼠标左键，当光标变成小圆圈时，用鼠标拖动小圆圈将折点拉至合适的地方，然后再释放鼠标，如图 7-20(b)所示。

3. 信号线的文本注释（annotation）

（1）添加文本注释。双击需要添加文本注释的信号线，则出现一个空的文本填写框，可以在其中输入相应的文本，如图 7-21(a)所示。

（2）修改文本注释。单击需要修改的文本注释，出现虚线编辑框即可修改此文本注释。

（3）移动文本注释。单击标识，出现编辑框边框后，就可以用鼠标拖曳，从而移动注释文字，如图 7-21(b)所示。

（4）复制文本注释。单击需要复制的文本注释，按下 Ctrl 键的同时移动此文本注释就可以复制此文本注释，或者用菜单和工具栏的相关命令也可以进行复制操作。

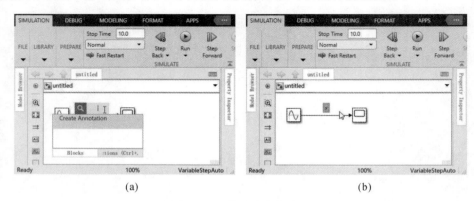

(a)　　　　　　　　　　　　(b)

图 7-21　信号线文本注释

(a) 添加文本注释；　(b)移动文本注释

4. 在信号线中插入模块

如果一个模块只有一个输入端口和一个输出端口，则该模块可以直接被插入到一条信号线中。

7.1.5　模型的文本注释

添加模型的文本注释与添加信号线的文本注释类似，在需要添加注释的位置，双击鼠标左键，就会出现一个编辑框，在此编辑框中输入相应的文字注释即可。当需要对文本注释进行移动时，在注释文字处单击鼠标左键，出现文本编辑框后，用鼠标就可以拖动该文本编辑框到相应的位置。

7.1.6　模型的复制

Simulink 中提供了将建好的模型进行复制的功能，可用于在 Word、PPT 等文件中进行模型展示或分析等，如图 7-22 所示。下面以 MATLAB 提供的 vdp 文件为例，在 Simulink 窗口中先点击"FORMAT"菜单，再点击左侧的"Screenshot"下拉菜单，可以选择以下两种模型复制模式中的一种："Send Bitmap to Clipboard"是将模型以截屏位图形式复制到剪贴板；"Copy model screenshot in Windows Metafile format to clipboard"是将模型截屏窗口元文件格式的模型发送到剪贴板。

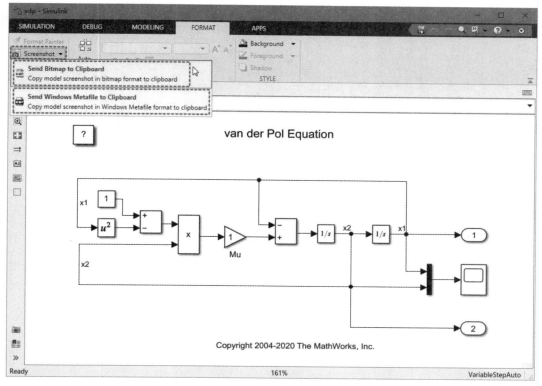

图 7 - 22　vdp 模型的复制

★注："截图"功能实现的仅仅是对视窗的截图而不是对整个模型的截图。

7.1.7　专业模块库简介

除了上述的通用模块库外，Simulink 中还集成了许多面向不同专业的专业模型库与工具箱，相关领域的科技人员可以利用这些专业的系统模块，便捷地构建自己的系统模型。这里简单介绍几种控制仿真可能用到的专业模型库。

1. 航空航天模型库（Aerospace Blockset）

航空航天模型库（见图 7 - 23）提供了航空航天设计常用的执行机构模块（Actuators）、空气动力学模型（Aerodynamics）、动画模块（Animation）、环境仿真模块（Enviroment）、三自由度和六自由度运动方程模块（Equations of motion）、飞行仪表模块（Flight Instruments）、风场、大气及重力等飞行参数模块（Flight Parameters）、制导/导航和控制模块（GNC）、质量特性模块（Mass Properties）、飞行员行为模块（Pilot Models）、推进系统模块（Propulsion）、航天器模块（Spacecraft）、坐标和单位转换模块（Utilities）等。用户可以利用此模型库对航天飞行器动态特性进行建模、仿真和分析，其中包括飞行器动力学、已验证的飞行环境模型，以及针对飞行员行为、作动器动力学和动力系统的模块，然后将此模型连接到飞行模拟器查看可视化仿真结果。

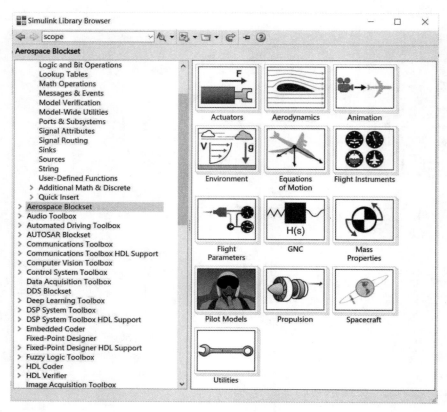

图 7-23　航空航天模型库

2. 控制系统工具箱(Control System Toolbox)

MATLAB 中的控制系统工具箱为用户提供了许多控制领域的专用函数。通过使用这些专用函数,用户可以方便地实现对控制系统的分析设计,还可以方便地进行模型间的转换。该工具箱在控制领域的主要应用有:连续系统和离散系统的设计;传递函数、状态空间、零极点等形式的线性系统模型的建立;各种模型间的相互转换;求系统的时域响应和频域相应;利用根轨迹和极点配置方法进行系统分析设计。

在 Simulink 平台中,控制系统工具箱(见图 7-24)包含线性变参模块、状态估计模块、线性时不变系统模块和稀疏二阶模块四个部分。

3. 数字信号处理模型库(DSP Blockset)

数字信号处理模型库(见图 7-25)的模块用来对数字信号处理系统进行设计和分析,主要提供了 DSP 输入/输出模块、信号预测与估计模块、滤波器模块、DSP 数学函数模块组、量化模块、信号管理模块、信号操作模块、统计模块和信号变换模块等。

4. Simulink 附加模型库(Simulink Extras)

Simulink 附加模型库(见图 7-26)作为通用模块库的补充,提供了附加的离散模块组、连续模块组、输出模块组、触发器模块组、线性化模块组和转换模块组。

5. 鲁棒控制模型库(Robust Control Block)

鲁棒控制工具箱提供了分析和调整控制系统功能的模块,以确保在对象不确定性情况下系统的性能和鲁棒性。用户可以通过将动态系统与不确定的因素相结合来创建不确定的模型,如不确定的参数或未建模的动态,还可以通过分析对象模型不确定性对控制系统性能的影响来确定不确定元素的最坏情况组合。H_∞ 和 μ 合成技术让设计的控制器具有最大鲁棒的稳定性和性能。

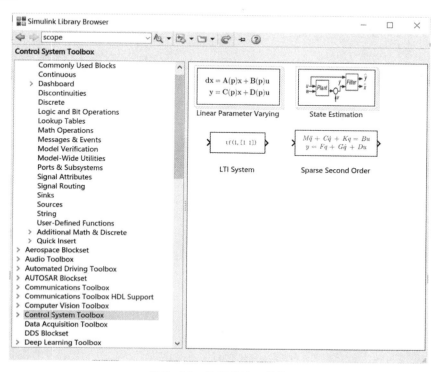

图 7-24　控制系统工具箱

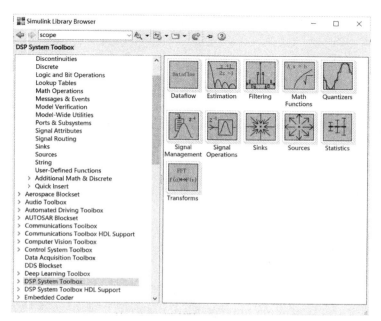

图 7-25　数字信号处理模型库

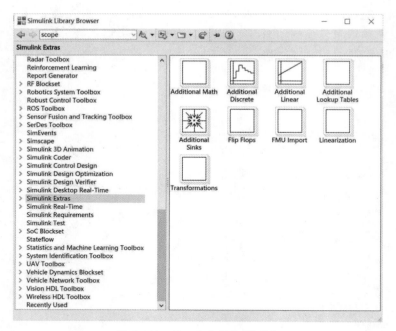

图 7 - 26　Simulink 附加模型库

6. 通信模型库(Communication Blockset)

通信模块库是专用于通信系统仿真的一组模块集合,提供了用于通信系统物理层设计、仿真和验证的各种模块,包括用于设计和仿真通信系统的物理层、信源、信道模型、信道可视化和仿真阶段的分析工具等。

另外,还有神经网络模型库(Neural Network Blockset),用于神经网络的分析、设计和实现;模糊控制工具箱(Fuzzy Logic Toolbox),用于模糊控制系统的分析、设计和实现;虚拟现实工具箱(Virtual Reality Toolbox),提供进行虚拟现实仿真分析的各种工具,包括输入、输出和信号扩展器等。

7.2　Simulink 模型仿真设置

Simulink 模型本质上仍然是计算机程序,其建模过程实际上就是定义和描述被仿真系统的一组微分或差分方程,仿真的过程其实就是 Simulink 用一种数值解算方法求解系统方程的过程。针对不同的系统,Simulink 提供了多种求解和仿真方式。

7.2.1　仿真参数设置

在 Simulink 模型窗口中选择"Modeling"→"Model Settings"→"Model Properties"命令,或在模型窗口单击鼠标右键,然后在菜单中选择"ModeConfiguration Parameters"命令,弹出如图 7 - 27 所示的仿真参数设置对话框。

Configuration Parameters 对话框中的各类参数有 Solver、Data Import/Export、Math and data Types、Diagnostics、Hardware Implementation、Model Referencing、Simulation Target、

Code Generation、Coverage 和 HDL Code Generation 等 10 类。下面介绍其中三类参数的一些常用参数设置,其余从略。

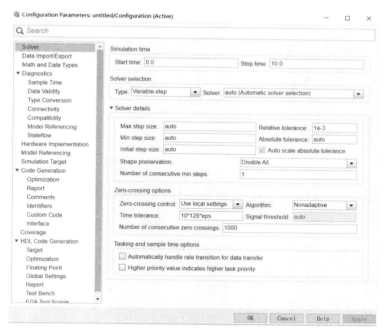

图 7 - 27 仿真参数设置对话框

1. Solver 求解器

Solver 求解器的设置如图 7 - 27 所示,可以设置仿真时间、求解器类型以及误差大小等。

(1)Simulation time:仿真时间设置。

Start time:仿真起始时间,默认为 0。

Stop time:仿真终止时间,默认为 10。

注意:这里的时间概念与真实的时间并不一样,只是计算机仿真过程中对时间的一种表示,如 10 s 的仿真时间,如果把采样步长定为 0.1,则需要执行 100 步,若把步长减小,则采样点数就会增加,那么实际的执行时间也相应会增加。一般把仿真起始时间设置为 0,而结束时间的设置则需要视不同的因素而选择。总的说来,执行一次仿真要耗费的时间依赖于很多因素,包括模型的复杂程度、解法器及其步长的选择、计算机时钟的速度等。

(2)Solver options:仿真求解器设置。

Type 选项包括 Variable - step 和 Fixed - step 两种设置,分别表示变步长和定步长。变步长模式可以在仿真的过程中改变步长,提供误差控制和过零检测。固定步长模式在仿真过程中提供固定的步长,不提供误差控制和过零检测。

1)当 Type 选项为 Variable - step 时,参数设置对话框如图 7 - 28(a)所示,其中一些参数的意义如下。

Solver:求解方法。当 Type 选项为 Variable - step 时,包括的求解方法有 ode45、ode23、ode113、ode15s、ode23s、ode23 和 ode23tb,其中前三个为非刚性求解方法,后面的四个为刚性求解方法。

Max step size：求解时的最大步长。它决定了解法器能够使用的最大时间步长，其缺省值为"仿真时间/50"，即整个仿真过程中至少需要取 50 个取样点，但这样的取法对于仿真时间较长的系统则可能使得采样点过于稀疏，而使仿真结果失真。一般情况下，对于仿真时间不超过 15 s 的，采用默认值即可；对于超过 15 s 的，每秒至少要保证有 5 个采样点；对于超过 100 s 的，每秒至少要保证有 3 个采样点。

Min step size：求解时的最小步长。

Relative tolerance：求解时的相对误差。

Absolute tolerance：求解时的绝对误差。

Initial step size：求解时的初始步长。

Zero crossing control：在变步长仿真中打开过零检测功能。对于大多数模型，此功能可以适当地调整仿真步长从而提供仿真精度。如果模型动态变化剧烈，包含太多的"过零事件"，此时关闭过零检测功能就能够加快仿真时间，但是会降低仿真的精度。

2）当 Type 选项为 Fixed - step 时，参数设置对话框发生改变，如图 7-28（b）所示，其中一些参数的意义如下。

Solverselection：当 Type 选项为 Variable - step 时，包括的求解方法有 ode1、ode2、ode3、ode4、ode5、ode14x。

Solver details：允许指定模型周期采样时间限制，在模型仿真过程中，Simulink 会确保满足此要求，如果不满足要求，会出现错误信息。

Taskingand sample time options：任务处理及采样时间项，有无约束（Unconstrain）、确保采样时间独立（Ensure sample time independent）和指定（Specified）三个选项。

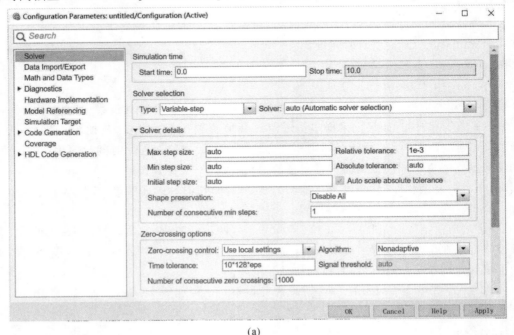

(a)

图 7-28　Solver 求解器步长参数设置

(a)Solver 求解器变步长时的参数

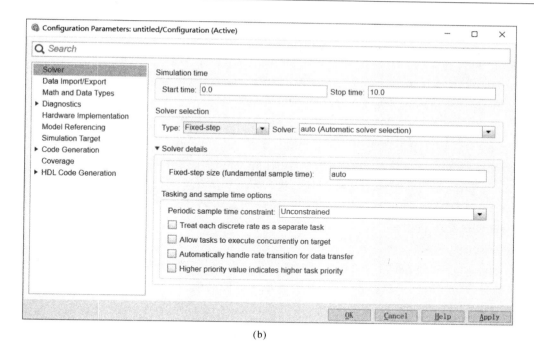

(b)

续图 7 - 28　Solver 求解器步长参数设置

（b）Solver 求解器固定步长时的参数

2. Data Import/Export 数据输入输出

单击 Configuration Parameters 对话框左侧目录中的 Data Import/Export 选项，对话框如图 7 - 29 所示。

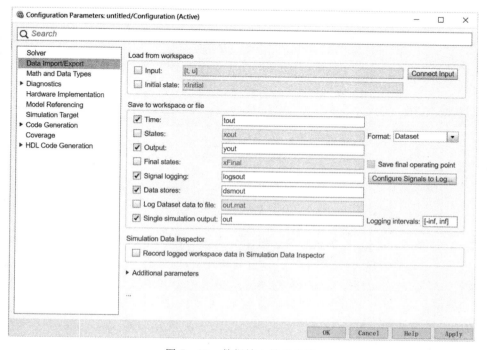

图 7 - 29　数据输入输出参数

(1)Load from workspace：包含若干控制选项，可以设置如何从 MATLAB 工作空间调入数据。

Input：格式为 MATLAB 表达式，确定 MATLAB 工作空间输入数据。

Initial state：格式为 MATLAB 表达式，确定模型的初始状态。

(2)Save to workspace or file：可以设置如何将数据保存到 MATLAB 工作空间或文件。

Time：设置将模型仿真中的时间导出到工作空间时所使用的变量名。

States：设置将模型仿真中的状态导出到工作空间时所使用的变量名。

Output：设置将模型仿真中的输出导出到工作空间时所使用的变量名。

Final states：设置将模型仿真结束时的状态导出到工作空间时所使用的变量名。

Format：设置保存到工作空间或者从工作空间载入数据的格式，包括数值数组、结构数组、带有时间的结构数组。

3. Diagnostics 诊断

Diagnostics 参数配置控制面板可以配置适当的参数，如图 7 - 30 所示，使得在仿真执行过程中遇到异常情况时能够诊断出错误，从而采取相应的措施。

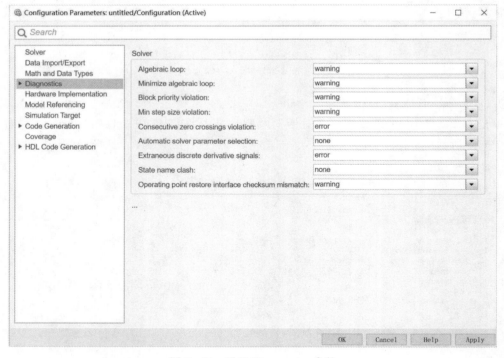

图 7 - 30　设置 Diagnostics 参数

(1)Solver：当 Simulink 检测到与求解器相关的错误时，这个控制组可设置诊断措施。

Algebraic loop：在执行模型仿真时可以检测到代数环，共有 none、warning 和 error3 个参数可供选择。如果选择 error，Simulink 将会显示错误信息和组成代数环的模块，中断模型仿真运行；如果选择 none 不会给出任何信息及提示；如果选择 warning 则是给出相应的警告而不会中断仿真运行。

Minimize algebraic loop：如果需要 Simulink 消除含有子系统的代数环及这个子系统的直通输入端口，可以设置此项来采取相应的诊断措施。如果代数环中存在一个直通输入端口，仅当代数环所用的其他输入端口没有直通时，Simulink 才可以消除这个代数环。

Block priority violation：当仿真运行时，Simulink 用来检测模块优先级设置是否错误的选项。

Min step size violation：允许下一个仿真步长小于模型设置的最小时间步长。当设置的模型误差需要的步长小于设置的最小步长时，此选项起作用。

Automatic solver parameter selection：当 Simulink 改变求解器参数时采取的诊断措施。例如，假设用一个连续求解器来仿真某离散模型，并设置此选项为 warning，此时，Simulink 就会改变求解器的类型为离散类型，并在 MATLAB 命令窗口显示一个关于此设置的警告信息。

（2）Sample Time：当 Simulink 检测到与模型采样时间相关的错误时，这个控制组可以用来设置诊断措施，如图 7 - 31 所示。

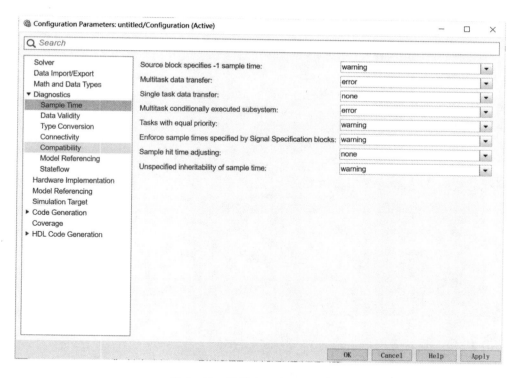

图 7 - 31　设置 Sample Time 参数

Source block specifies － 1 sample time：设置源模块的采样时间为－1，如 Sine Wave 模块。

Multitask data transfer：多任务模式中的两个模块之间发生无效速率转换时要执行的诊断操作，默认值"错误"。

Single task data transfer：单任务模式中，如果两个模块间发生了速率转换，选择要采取的诊断操作,默认值"无"。

Tasks with equal priority:这个模型所表示的目标中的一个异步任务与另一个目标异步任务具有同样的优先级,且可以抢占对方,选择要采取的诊断动作。默认为"警告"如果目标不允许具有同样优先级的任务相互支配,则必须将此选项设置为"error"。

Multitask conditionally executed subsystem:多任务有条件执行子系统。当检测到可能导致数据损坏或不确定行为的子系统时,选择需要采取的诊断措施。

Exported tasks rate transiton 导出任务速率转换。当检测到导出任务之间有存在未指定的数据传输时选择诊断方式。

(3)Data Validity:数据有效性诊断。设置当 Simulink 检测到有危害模块的信号、参数和状态出现问题时所采取的诊断措施,如图 7-32 所示。

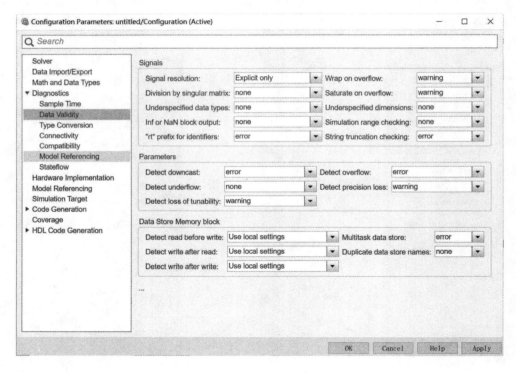

图 7-32　设置 Data Validity 参数

(4)Type Conversion:该选项组在用户设置诊断时起作用,以便 Simulink 在模型编译过程中检测到模型中存在数据类型转换问题时能够采取相应的应对措施,如图 7-33 所示。

(5)Connectivity:这个选项组可以用来设置相应的诊断,以便 Simulink 在模型编译过程中检测到模块的连接问题时能够采取相应的应对措施,如图 7-34 所示。

(6)Compatibility 和 Model Referencing:这两个选项组都允许用户设置相应的诊断措施,以便在模型升级或者模型仿真过程中,检测到 Simulink 不同版本之间的不兼容性时能够采取相应的措施。二者功能相似,只是针对的对象有所不同,如图 7-35 与图 7-36 所示。

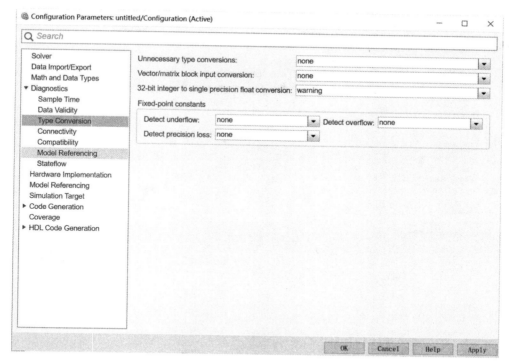

图 7 - 33　设置 type conversion 参数

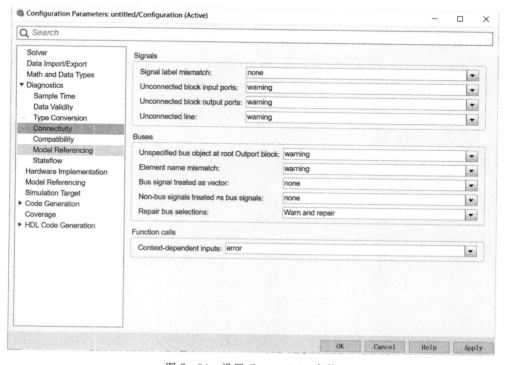

图 7 - 34　设置 Connectivity 参数

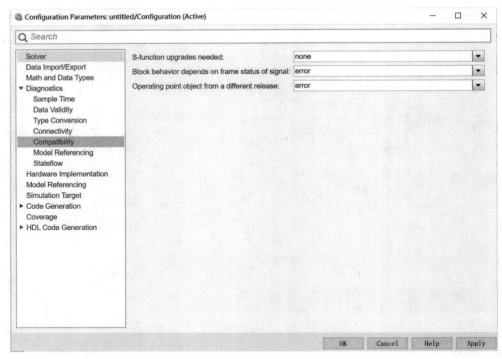

图 7 – 35　设置 Compatibility 参数

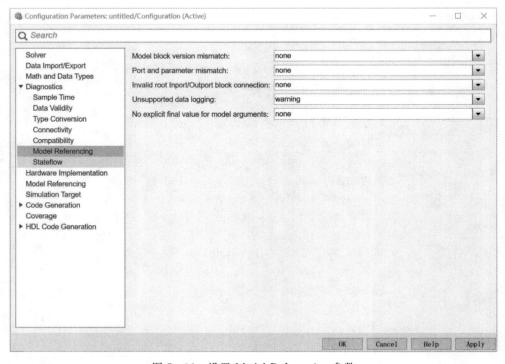

图 7 – 36　设置 Model Referencing 参数

7.2.2　求解器 Solver 算法选择

Simulink 仿真的基础是基于数值计算,因此仿真过程中的计算精度问题必须考虑。对于不同特性的系统方程,必须选用不同的求解器 Solver 算法达到需要的求解精度。Simulink 提供的求解器按照步长是否可变、方程是否连续这两个属性。可分为两大类:变步长求解器和定步长求解器;离散系统求解器和连续系统求解器。变步长求解器在仿真过程中步长是变化的,提供误差控制和过零检测;固定步长求解器在仿真过程中提供固定的步长,不提供误差控制和过零检测。

1. 变步长求解器

变步长求解器在仿真过程中需要计算仿真步长,通过增加/减小步长来满足所设定的误差宽容限。在生成实时运算代码时,必须使用定步长求解器。若不打算配置模型代码生成,求解器的选择根据建立模型而定。Simulink 中提供的变步长求解器类型如图 7 - 37 所示。

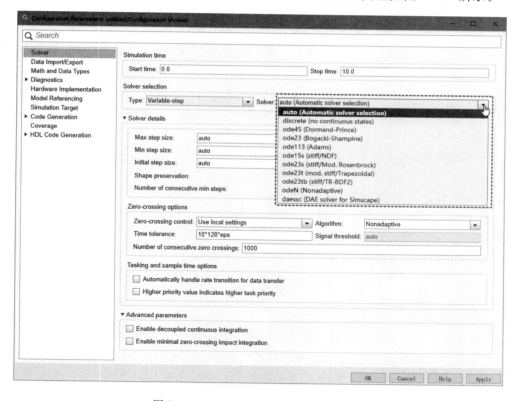

图 7 - 37　Simulink 提供的变步长求解器

(1)auto。使用 auto 求解器选择的变步长求解器计算模型的状态。在编译模型时,"自动"将更改为由 auto 求解器基于模型的动态特性选择的变步长求解器。

(2)discrete(变步长)。discrete(变步长)求解器是 simulink 在检测到模型中仅具有离散状态时所选择的一种变步长求解器。通过加上步长来计算下一个时间步的时间,该步长取决于模型状态的变化速度。

(3)ode45 算法。ode45 算法采用龙格-库塔法,分别用 4 阶和 5 阶 Taylor 级数计算每个积分步长终端的状态变量近似值,并把这两个阶次不同级数的近似值相减,用得到的差值作为计算误差的判断标准。如果误差较大,那么就把积分步长缩小,然后重新计算;如果误差远小于系统的设定值,那么下一步计算时将加大积分步长。

ode45 算法属于变步长单步算法,算法精度适中,它适用于大多数连续或离散系统,但不适用于刚性(stiff)系统。所谓的刚性(stiff)系统,是指系统的方程特征值相差很大的系统,其物理意义就是描述该动态系统惯性的一组时间常数值大小相差悬殊。刚性系统中既包含变化很快的动态分量,又包含变化很慢的动态分量。

(4)ode23 算法。ode23 算法也采用龙格-库塔法,分别采用 2 阶和 3 阶 Taylor 级数计算每个积分步长终端的状态变量近似值。ode23 算法是一种一步求解器,只需要前一个时间点处的解,其积分步长要比 ode45 的步长取得小。

(5)ode113 算法。ode113 算法是一种基于变阶 Adams 法的算法,它在误差容许要求严格时比 ode45 有效。ode113 是一种多步预测校正算法,需要前面几个时间点处的解才能计算当前解。

(6)ode15s 算法。ode15s 算法基于数字微分公式(NDF),是一种变阶多步算法,专门应用于刚性系统,当要解决的问题不能使用 ode45 算法,或使用效果不好时,就可以用 ode15s 算法。

(7)ode23s 算法。ode23s 算法是一种基于 Rosenbrok 公式的定阶单步算法,用于刚性系统求解,在误差要求宽松时效果好于 ode15s,能解决某些 ode15s 所不能有效解决的刚性问题。

(8)ode23t 算法。ode23t 算法是梯形规则的一种自由插值实现。这种算法是一步求解器,适用于求解中度刚性(stiff)的问题。

(9)ode23tb 算法。ode23tb 算法是 TR－BDF2 的一种实现,具有两个阶段的隐式龙格-库塔公式,在第一阶段采用梯形法则,在第二阶段包含一个二阶后向差分公式。

(10)odeN 算法。odeN 算法使用 Nth 阶定步长积分公式,采用当前状态值和中间点的逼近状态导数的显函数来计算模型的状态。虽然求解器本身是定步长求解器,但 Simulink 将减小过零点处的步长以确保准确度。

(11)daessc 算法。daessc 算法通过求解由 Simscape 模型得到的微分代数方程组,计算下一时间步的模型状态。

2. 定步长求解器

定步长求解器是指从仿真开始到仿真结束使用相同的步长大小来解算模型。用户可以指定步长大小,也可以由求解器自动选择步长大小。通常步长越小精度越高,但是步长小会增加工作量和系统仿真所需的时间。Simulink 中提供的定步长求解器类型如图 7－38 所示。

(1)auto。使用自动求解器选择的定步长求解器计算模型的状态。在编译模型时,"自动"将更改为由 auto 求解器基于模型的动态特性选择的定步长求解器。

(2)discrete(定步长)。此求解器用于仅具有离散状态的模型,为定步长算法,当前时间加上定步长来计算下一个时间步的时间。仿真步长越小,结果越准确,但仿真时间越长。

(3)ode8 算法。ode8 算法基于 8 阶 Dormand—Prince 公式,采用当前状态值和中间点的逼近状态导数的显函数来计算模型在下一个时间步的状态。

(4)ode5 算法。ode5 算法基于 5 阶 Dormand—Prince 公式,采用当前状态值和中间点的逼近状态导数的显函数来计算模型在下一个时间步的状态。。

（5）ode4 算法。ode4 算法基于 4 阶 Runge—Kutta 公式,通过当前状态值和状态导数的显函数计算下一个时间步的模型状态。

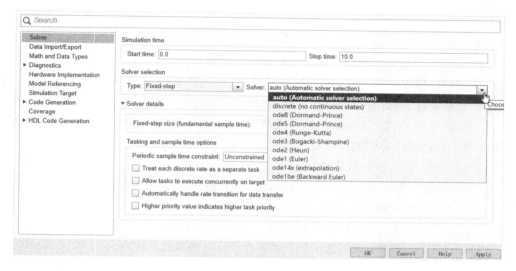

图 7 - 38　Simulink 定步长求解器

（6）ode3 算法。ode3 算法是 ode23 的定步长版本,基于 Bogacki－Sbampine 公式计算状态导数,采用当前状态值和状态导数的显函数来计算模型在下一个时间步的状态。

（7）ode2 算法。ode2 算法使用 Heun 积分方法,也叫作改进 Euler 公式,通过当前状态值和状态导数的显函数来计算下一个时间步的模型状态

（8）odel 算法。odel 算法使用 Euler 方法,通过当前状态值和状态导数来计算下一个时间步的模型状态。

（9）ode14x 算法。ode14x 算法结合使用牛顿方法和基于当前值的外插方法,采用下一个时间步的状态和状态导数的隐函数来计算模型在下一个时间步的状态。

（10）ode1be 算法。ode1be 算法是后向欧拉求解器,使用固定的牛顿迭代次数,计算成本固定。

3. 离散系统求解器

离散时间系统通常是用差分方程描述的,其输入与输出变量仅在离散的采样时刻取值,系统的状态每隔固定时间才更新一次,而 Simulink 对离散时间系统仿真的核心,就是对离散系统的差分方程求解。除了有限的数据截断误差外,可以认为离散系统仿真结果是没有误差的。

4. 连续系统求解器

Simulink 对连续系统进行仿真,实质上是对系统的常微分或偏微分方程进行求解,故 Simulink 提供的对微分方程近似求解的连续求解器有多种不同的算法。而不同的连续系统求解器算法会对系统的仿真结果与仿真速度造成不同的影响,但可以设置绝对误差限、相对误差限、最大步长、最小步长与初始步长等参数对连续求解器的求解过程施加相应的控制,所以一般不会对系统的性能分析产生较大的影响。

7.2.3 仿真模型的代数环问题

在用 Simulink 进行系统仿真时,模型常常会产生代数环,代数环往往会给计算程序带来很大的麻烦,需要特别注意。

1. 代数环的产生

根据输出和输入的关系,可将 Simulink 模块分为两类:一类是其当前时刻的输出直接依赖于其当前时刻的输入的模块,称为直接馈通模块;另一类就是其他模块称为非直接馈通模块。所谓模块的直接馈通,是指如果在这些模块的输入端口中没有输入信号,将无法计算此模块的输出信号。换句话说,直接馈通就是模块的输出直接依赖于模块的输入。在 Simulink 中,常见的具有直接馈通特性的模块有如下几种。

(1) Math Function:数学函数模块。

(2) Gain:增益模块。

(3) Product:乘法模块。

(4) State—Space:状态空间模块(矩阵 D 不为 0)。

(5) TransferFcn:传递函数模块(分子多项式与分母多项式阶次相同)。

(6) Sum:求和模块。

(7) Zero-Pole:零极点模块(零点与极点数目相同)。

如果直接馈通模块的输入端口直接由此模块的输出来驱动或者由其他直接馈通模块所构成的反馈回路间接地驱动,就会形成代数环。

【例 7-1】 一个很简单的有代数环的系统模型,如图 7-39(a)所示。

图 7-39(a)中的回路由一个求和模块和一个增益模块构成,其中求和模块的输出状态同时又作为该模块的输入,因而构成代数环。该代数环可以用代数方程 $y=u+2y$ 来表示,求和模块的输出 y 出现在方程的两边,这就是代数环的方程表现形式之一。由此代数方程可得,方程的解为 $y=-u$,因此,当 $u=1$ 时 $y=-1$,与图 7-39(b)所示的运行结果一致,但同时会有代数环警告信息出现,如图 7-40 所示。

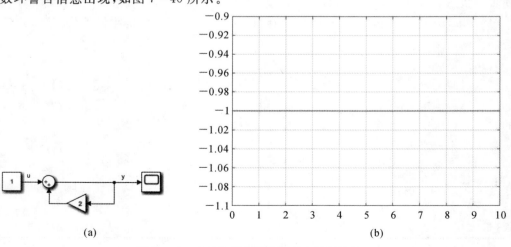

(a)   (b)

图 7-39 有代数环的系统模型和运行结果

(a)有代数环的系统模型; (b)模型运行结果

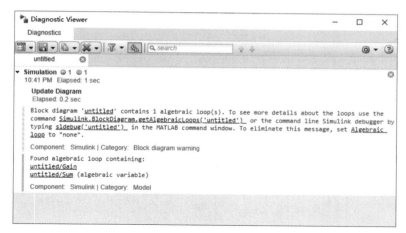

图 7 - 40　代数环警告信息

　　由于 Simulink 中代码生成不支持代数环,Simulink 的仿真引擎也不能求解所有的代数环,而且代数环的存在会影响仿真的速度,因此在构造 Simulink 模型时要尽量避免代数环的出现。

　　代数环的输入和输出之间是相互依赖的。当系统中出现代数环时,组成代数环的所有模块都要求在同一时刻计算出来,这与系统仿真过程要求按一定顺序求解模块输出的要求不符,因此必须使用一定的方法来解决具有代数环的系统求解问题。在 Simulink 中,一般使用牛顿法求解代数环,多数情况下这种方法很有效,但是对有些代数环此方法可能不收敛,所以在搭建系统模型之前,应尽量通过手工方法求解方程,从而去掉代数环,以免仿真结果不正确。

　　2.具有代数环系统的求解方法

　　(1)使用代数约束。对于具有代数环的系统可以使用数学运算模块(Math Operations)组中的代数约束模块(Algebraic Constraint)来解决。使用该模块并给出约束初始值,可以方便地对求解代数方程。代数约束模块的输入 $f(z)$ 是一个代数表达式,输出是模块的代数状态。代数约束模块通过调整其输出的代数状态以使其输入为 0。

　　【例 7.2】　已知方程组 $\begin{cases} \sqrt{x} + \sqrt{y} - 3 = 0 \\ x - y - 3 = 0 \end{cases}$,求 x,y 的值。

　　解:利用代数约束模块可以求解此多元方程。先建立如图 7 - 41 所示具有代数环的系统,然后把求得变量的值在 Display 模块显示。

　　当在系统中使用代数约束模块时,代数环求解器通过牛顿迭代法系统进行求解。由于对系统的求解使用了迭代的方法,所以,引入代数约束模块的系统仿真速度比不引入代数约束模块的系统仿真速度要慢。在使用代数约束时,一定要注意代数约束模块初始值的选取。

　　(2)在反馈回路中加入延时模块。使用代数约束虽然系统可以有效地求解代数环,但是由于采用牛顿迭代法(是一种基于一阶泰勒级数展开的逐次迭代逼近法)需要在每个仿真步长内进行多次迭代,所以仿真速度会大幅度降低。因此,用户还可以通过加入特定模块(非直接馈通模块)来切断代数环结构的方法来解决这类系统的仿真问题。

　　常用的切断代数环的方法是在反馈回路中加入离散模型库中的 Memery 模块或 Delay 模块。但应该注意,加入 Memery 模块或 Delay 模块会改变系统的动态特性,对于不适当的初始值,甚至有可能导致系统不稳定。

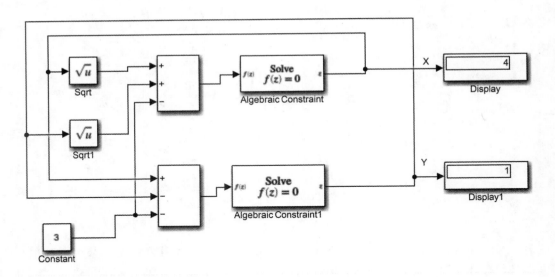

图 7-41　Algebraic Constraint 求解多元方程

【例 7-3】　求系统方程 $\begin{cases} \dot{x}=u-0.5y \\ y=4x+2\dot{x} \end{cases}$ 的解。

解:按照此系统方程在 Simulink 中建立的系统模型如图 7-42 所示,仿真的结果如图7-43 所示。

此模型中,直通模块 Sum1、Gain1、Sum2、Gain2 构成一个代数环,该代数环中的每一个模块的输入与输出之间都包含代数关系,这种模块从物理上说是无惯性的,从时间上说是无延迟的。

在原模型中引入 Memery 模块来切断代数环,此时系统的模型如图 7-44 所示,仿真结果如图 7-45 所示。

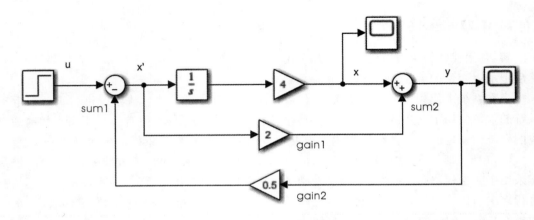

图 7-42　Simulink 中建立系统模型

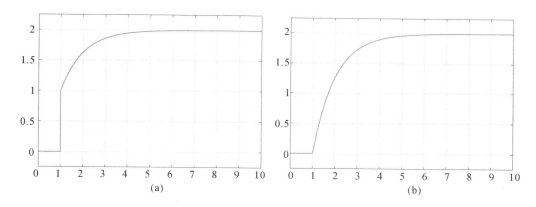

图 7 - 43　仿真结果

(a)输出量 y 的动态输出图；　(b) 状态量 x 的动态输出

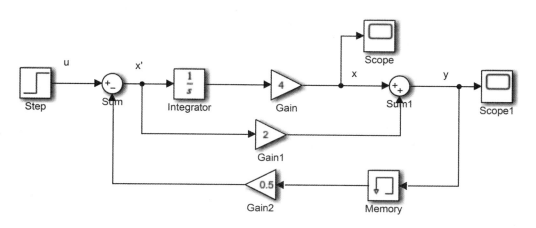

图 7 - 44　引入 Memery 模块的系统模型

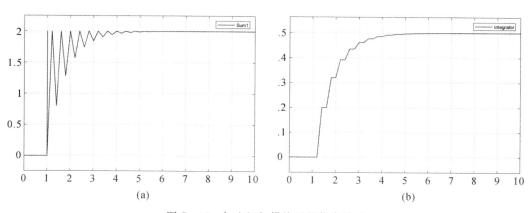

图 7 - 45　加入记忆模块后的仿真结果

(a)输出量 y 的动态输出；　(b)状态量 x 的动态输出

对比图 7-43 和图 7-45 中两种模型的仿真结果可以看出,切断代数环模型的计算速度提高了。Memery 模块能切断代数环使系统的计算速度提高,但也可能带来一些副作用,从而改变系统的动态特性。Memery 环节在系统中相当于一个纯延时环节,会影响系统的仿真精度,特别是当系统的稳定裕度不大时,由于延时环节传递函数众多极点的影响,可能会导致系统不稳定。

(3)在反馈回路中添加入高频传递环节。在反馈回路中也可以加入高频传递函数,切断反馈回路中的直通模块,消除输入信号与输出信号的关联关系,如图 7-46(a)所示。当该环节的截止频率足够高时,它对系统精度几乎没有影响,然而此环节增加的计算量会影响系统的仿真速度,也会影响其动态性。加入高频环节影响系统仿真速度的例子如图 7-46(b)所示。

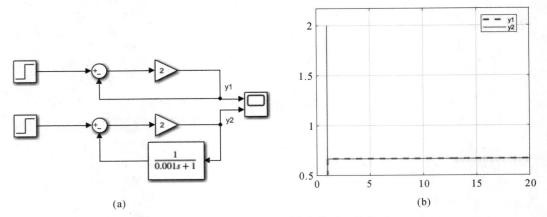

(a)   (b)

图 7-46　反馈回路中添加入高频传递环节前后
(a)模型;　(b)响应曲线

除此而外,还可以用工具栏中的"simulink"中的"diagnostics"对代数环进行消除。将"simulink"中"diagnostics"里面的对代数环的处理信息选为"none",即忽略代数环的信息,对形成代数环中的某些模块进行重构,以此来消除代数环。

7.2.4　仿真模型的过零检测问题

1. 过零检测的影响

过零检测是指可变步长求解器能够动态调整时间步大小,使其在某个变量缓慢变化时增加,在该变量迅速变化时减小。因为该变量在此区域中迅速变化,使求解器在不连续点的附近执行许多小的时间步。这可以提高仿真模型的精确性,但也可能会导致仿真时间过长。

Simulink 使用过零检测技术来精确定位不连续点,以免仿真时步长过小导致仿真时间太长,一般情况下能够提高仿真速度,但也有可能使得仿真在到达规定时间长度之前就停止。当采用变步长解算方法仿真时,如果遇到步长自动变得很小导致仿真时间过长或基本没有进度,可以考虑勾选"开启过零检测"功能。例如,在交流系统中,当波形从正半周向负半周转换经过零位时,系统作出的检测,同时也可作开关电路或者频率检测。

在 Simulink 中提供了三个说明过零行为的模型:example_bounce_two_integrators 模型演示了在不使用自适应算法的情况下,过多的过零点如何导致仿真在预期完成时间之前停止;example_doublebounce 模型使用比 example_bounce_two_integrators 更好的模型设计,该设计使用双精度积分器实现球的动态特性;example_bounce 模型说明了自适应算法如何使用两个不同的过零要求成功解算复杂的系统。这里以双积分器单弹球系统(example_bounce_two_integrators)来说明过零检测的影响。

在 MATLAB 命令行里输入:

>> example_bounce_two_integrators

输出结果如下:

'example_bounce_two_integrators' 用于 <u>展示过多过零检测的影响</u>。

点击上面下画线上的内容,系统打开的文件如图 7-47 所示,这是一个球在平面上弹跳的仿真,这里使用两个单个积分器来计算仿真过程中球的垂直速度和位置。出现模块图后,将模型配置参数的 Solver 窗格中的"Solver details"→"Zero-crossing options"→"Algorithm"的参数设置为"Nonadaptive";将仿真的停止时间设置为"20"。仿真的结果如图 7-48(a)所示。

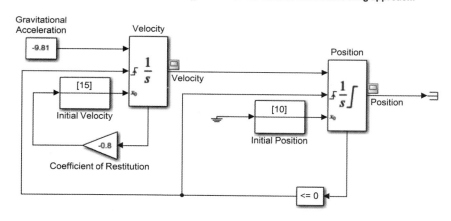

图 7-47　双积分器单弹球系统模型

从图 7-48(b)中可以看出,第二个图中仿真曲线的最后一部分速度略高于零,这与理论预期不符。

选择"Modeling"→"Model Settings"→"Model Properties"命令将仿真的停止时间更改为"25",然后对模型进行仿真。由于 Compare To Zero 和 Position 模块连续发生过多的过零事件,仿真将停止并显示出相应的错误,如图 7-49 所示。

因此,将模型配置参数的"Solver"页中的"Solver details"→"Zero-crossing options"→"Algorithm"的参数更改为"Adaptive",如图 7-50 所示,然后再次对该模型进行仿真。从仿真结果图 7-51(a)中可以看到 25 s 完整的仿真曲线,从图 7-51(b)中最后 5 s 的放大曲线可以看出,此时的曲线与弹球的预期解更接近。

在此例中使用了 Adaptive 算法,此算法能够动态调整过零阈值,可提高仿真的准确性,并减少检测到的连续过零点数。

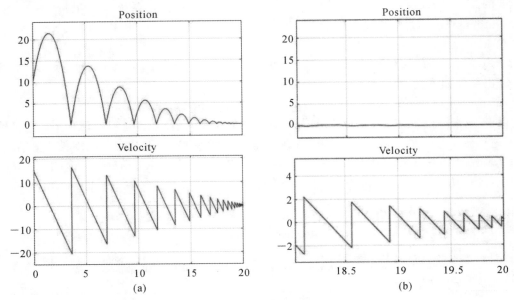

图 7-48　垂直速度和位置仿真结果

(a)完整仿真曲线；　(b)仿真曲线最后部分放大图

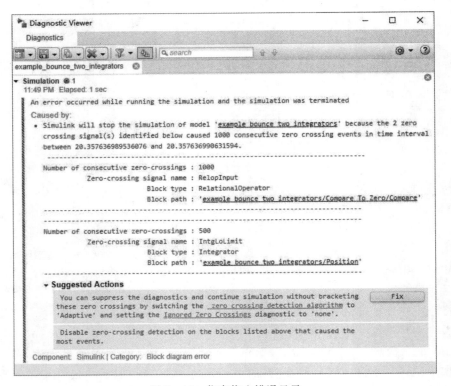

图 7-49　仿真停止错误显示

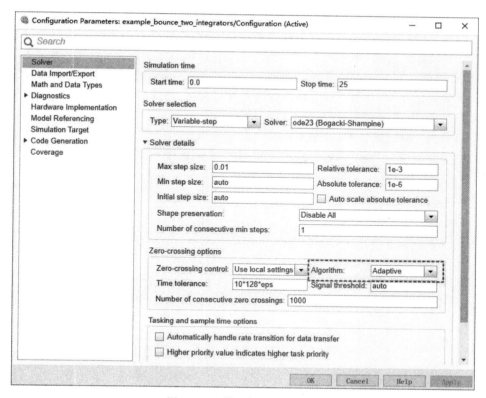

图 7 - 50　模型仿真算法更改

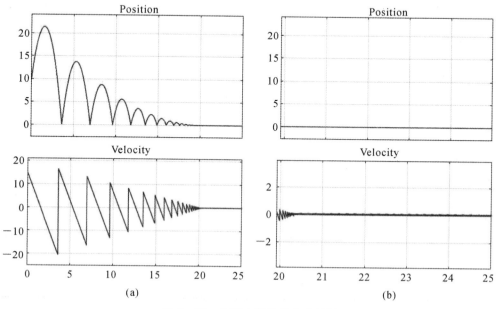

图 7 - 51　自适应算法的仿真结果

（a）完整仿真曲线；　（b）仿真曲线最后 5 s 放大图

2. 过零检测产生错误的原因

在上面仿真中,当小球与地面发生碰撞时,会产生不连续性的高频率波动(震颤)。如果不能合理地选择过零点时间,则会因为检测不到零点导致仿真结果错误;如果求解器误差容限太大,求解器还可能会完全错过过零点。在图 7-48 中,积分器越过了该事件,因为符号在时间步之间没有变化。在图 7-51 中,求解器检测到符号变化,因此检测到过零事件。图 7-52(a)为可检测过零信号,图 7-52(b)为不可检测过零信号。符号变化指示出现过零,然后过零算法将搜索精确的过零时间。但是,如果在某个时间步内发生过零,但该时间步开始和结尾的值没有指示符号发生变化,则求解器将越过此次过零而不检测它。

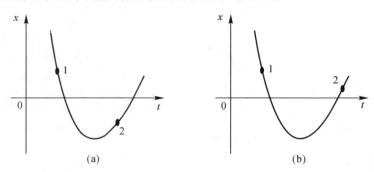

图 7-52 过零信号检测

(a)可检测; (b)不可检测

3. 避免过多过零的方法

(1)增加允许的过零数量。增加"Configuration Parameters"对话框中"Solver"窗格上"Number of consecutive zero crossings"选项的值可能会给模型提供足够多的时间来解决过零情况。

(2)放宽 Signal threshold。在"Configuration Parameters"对话框的"Solver"窗格上,从"Algorithm"选项的下拉列表中选择"Adaptive",并增加"Signal threshold"选项的值。此时,求解器只需要较少的时间来准确定位过零点,可以缩短仿真时间,并消除过多的连续过零错误数,但可能会降低仿真的精度。

(3)对特定模块禁用过零检测。清除模块参数对话框上的"Enable zero-crossing detection"复选框;在"Configuration Parameters"对话框的"Solver"窗格上,从"Zero-crossing control"选项的下拉列表中选择"Use local settings"。在本地禁用过零检测可以防止特定模块由于出现过多连续过零点而停止仿真,而其他模块将继续受益于过零检测所提供的更高准确性。

(4)对整个模型禁用过零检测。在"Configuration Parameters"对话框的"Solver"窗格上,从"Zero-crossing control"选项的下拉列表中选择"Disable all"。此时,可防止在模型中的任意位置检测到过零点,但模型将无法再受益于过零检测所提供的更高准确性。

(5)减小最大步长大小。在"Configuration Parameters"对话框的"Solver"窗格上,为"Max step size"选项输入一个值。求解器可以采用足够小的步长来解决过零情况,但是,减小步长大小可能会增加仿真时间,在使用自适应算法时很少有必要这么做。

7.3　Simulink 系统建模和仿真举例

7.3.1　连续系统建模仿真

连续系统建模包括线性系统建模和非线性系统建模。

【例 7 - 4】　建立二阶系统 $\dfrac{1}{s^2+0.6s}$ 的仿真模型,输入信号为阶跃信号,绘制其输出响应曲线。

解:采用以下步骤建立系统的仿真模型。

(1)在"Sources"模块库中选择"Step"模块,在"Continuous"模块库中选择"Transfer Fcn"模块,在"Math Operations"模块库中选择"Sum"模块,在"Sinks"模块库中选择"Scope"模块。

(2)连接各模块,从信号线引出分支点,构成闭环系统。

(3)设置模块参数。打开"Sum"模块的参数设置对话框,将"List of signs"设置为"|＋－",其中:"|"表示上面的入口为空,如图 7 - 53(a)所示。双击"Transfer Fcn"模块,打开其参数设置对话框,将此传递函数的分子系数"Numerator coefficient"设置为"[1]",分母多项式"Denominator"设置为"[1 0.6 0]",如图 7 - 53(b)所示。将"Step"模块的参数设置对话框中"Step time"修改为"0"。

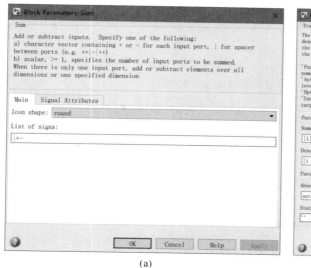
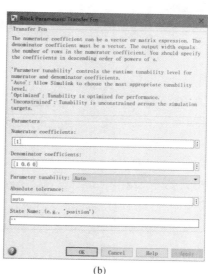

(a)　　　　　　　　　　(b)

图 7 - 53　模块的参数设置

(a)Sum 模块参数设置对话框;　(b)Transfer Fcn 模块参数设置对话框

(4)添加信号线文本注释。双击信号线,出现编辑框后,就可以输入相关的注释文字,仿真模型如图 7 - 54 所示。

(5)仿真与分析。在 Simulink 模型窗口,选择菜单"Simulation",将"Stop time"仿真时间设置为"20"。单击菜单中的绿色"Run"按钮,系统开始仿真,观察此窗口右下角的运行状态显示,仿真结束后双击示波器模块,系统的仿真输出如图 7 - 55(a)所示,复制后曲线如图 7 - 55(b)所示。

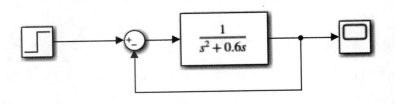

图 7 - 54 仿真模型

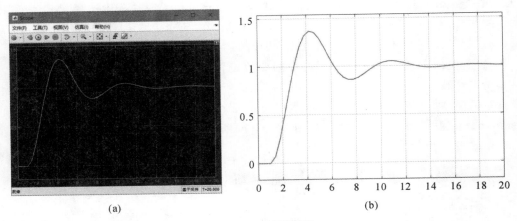

(a)   (b)

图 7 - 55 显示结果

(a)示波器显示; (b)复制结果

如果将仿真模型中的示波器换成"Sinks"模块库中的"Out"模块;然后按照图 7 - 56(a)所示在 Simulink 窗口"MODELING"选项卡中选择"Model Settings",再点击"Data Import/Export"将"Time"和"Output"栏勾选,并分别设置保存在工作空间的时间变量和输出变量为"tout"和"yout";将"format"设置为"array"。仿真后在命令窗口输入 plot(tout,yout),获得在绘图窗口中显示的曲线,如图 7 - 56(b)所示。

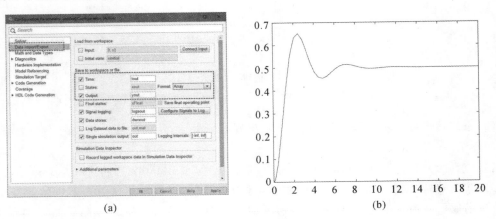

(a)   (b)

图 7 - 56 Sinks 模块仿真

(a)仿真输入、输出变量设置; (b)绘图窗口的仿真曲线

【例 7-5】 已知非线性系统 $\ddot{x}_1 - (x_1^2 - 3)\dot{x}_1 + 2x_1 = 0$，也可以写成 $\dot{x}_1 = x_2$，$\dot{x}_2 = (x_1^2 - 3)x_2 - 2x_1$ 的形式，利用 Simulink 建立仿真模型，计算 x_1、x_2 的值，并用示波器 Scope 显示其变化情况。

解：采用以下步骤建立系统的仿真模型。

(1)确定创建系统模型所需的模块。

1)Math Operations 模块库中的 Gain，Product，Math Function 和 Sum 模块；

2)Source 模块库中的 Constant 模块；

3)Continuons 模块库中的 Integrator 模块；

4)Signal Routing 模块库中的 Mux 模块，此模块可以将两路输入向量化，整合成一路输出，直接显示到示波器上，同时绘制两条曲线；

5)Sinks 模块库中的 Scope 模块和 XY Grape 模块，Scope 模块用来显示系统状态量的时间响应曲线，XY Grape 模块用来显示系统的相平面曲线。

确定好以后将这些模块拷贝入 Simulink 模型窗口，然后根据非线性系统方程构建系统 Simulink 模型，如图 7-57 所示。

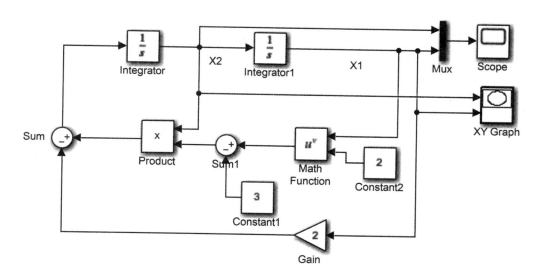

图 7-57　系统 Simulink 模型

(2)模型参数及系统仿真参数设置。

1)系统模块参数设置：将 Integrator 模块的初始状态"Initial condition"设置为"1"，Integrato1 模块的初始状态"Initial condition"设置为"-3"；将 XY Grape 模块中的 x 轴的最大值和最小值分别设置为"10"和"-10"，y 轴的最大值和最小值分别设置为"5"和"-5"。

2)仿真参数设置：在 Simulink 模型窗口，选择菜单"Simulation"，将"Stop time"仿真时间设置为"20"。

单击绿色的"RUN"按钮，开始仿真，仿真结束后，系统的仿真结果可通过 XY Grape 模块和 Scope 模块的显示观察，如图 7-58(a)(b)所示。

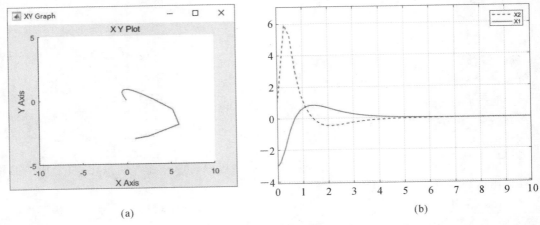

图 7-58 仿真结果

(a)系统相轨迹； (b)系统状态变量曲线

7.3.2 离散系统建模仿真

对于单一类型模块,许多离散时间系统中包含多种不同的采样速率。在离散控制系统中,控制器的更新速率一般低于对象本身的工作频率,显示系统的更新速率更是比显示器的可读速率低很多。从原理上讲,多速率系统的建模与单速率系统建模没有什么不同,但必须更多地注意采样时间和时间偏移量。Simulink 为帮助用户方便地跟踪不同采样速率的运作范围和信息流向,采用不同的颜色表示不同的采样速率。

离散系统在建模时,采样时间是所有离散模块最重要的设置参数。离散模块的设置对话框中,Sample time 采样时间栏,可以填写标量 T 或者二维向量[T,offset],其中:T 为指定采样周期;offset 为时间偏移量,时间偏移量可正可负,但其绝对值总小于 T,实际的采样时刻 $t = n * T + offset$。对于纯离散系统,最优先使用的 Solver 解算方法是 discrete 方法,但该方法完全不能处理连续系统。至于其他解算方法,都可以同时适用于离散系统和连续系统。

【例 7-6】 某离散时间系统的差分方程为

$$x_1(k+1) = x_1(k) + 0.1x_2(k) + 0.005x_2(k-1)$$
$$x_2(k+1) = -0.08\cos(x_1(k)) + 0.094x_2(k) + u(k)$$

其中:$u(k)$是输入,$u(k) = 6 - x_1(k)$。该过程的采样周期是 0.1 s,控制器的采样周期为 0.25 s,显示系统的更新周期为 0.5 s。

解:采用以下步骤建立系统的仿真模型。

(1)确定创建系统模型所需的模块。

1)Math Operations 模块库中的 Gain 和 Sum 模块;

2)Soure 模块库中的 Constant 模块;

3)Discrete 模块库中的 Unite Delay 模块和 Zero-Order Hold 模块,Unite Delay 模块实现 $y(k) = u(k-1)$,Zero-Order Hold 模块是将输入信号每过一个采样时间更新一次,并保持到下一次采样,实现 $y(t) = u(kT)$;

4)Sink 模块库中的 Scope 和 Display 模块;

5）User－Defined Function 模块库中的 Fcn 模块。

根据离散系统差分方程构建系统 Simulink 模型，如图 7－59 所示。

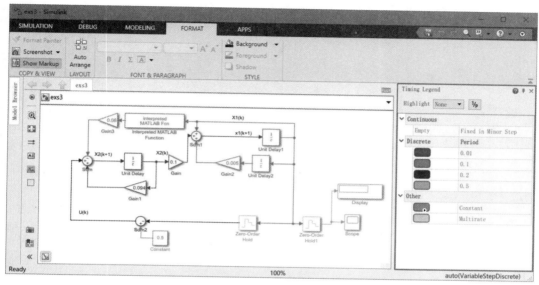

图 7－59　离散系统的 Simulink 模型

设例 7－6 表示的离散系统有多个采样速率，为了分清各部分信号的采样周期，在 Simulink 中可用不同的颜色来标记不同的采样周期信号。具体的方法是在"DEBUG"菜单下，点击"Information Overlays"，选择"Colors"。图 7－59 中就是用黑、红、绿和蓝四种不同的颜色分别代表连续部分和 0.01 s、0.1 s、0.2 s 及 0.5 s 不同采样周期的部分（黑白印刷的书中无法分辨）。

（2）系统模块参数设置及仿真参数设置。

1）系统模块参数设置：将 Unite Delay 模块和 Unite Delay1 模块的采样时间分别设置为 0.01 s 和 0.1 s；将 Zero－Order Hold 模块和 Zero－Order Hold1 模块的采样时间分别设置为 0.2 s 和 0.5 s；将 Fcn 模块的函数设置为 $\cos(u)$；其他参数按照离散系统表达式来进行设置。

2）仿真参数设置：求解器 Solver 解算方法设置为 discrete，其余均采用 Simulink 的默认值。

单击"Start simulation"按钮开始仿真，仿真结束后，Display 模块显示 x_1 的最后数值为 0.448 2，x_1 的随时间变化的曲线由 Scope 模块来显示，如图 7－60 所示。

★注：在 Simulink 中，除 Discrete 模块库外，其他 Math、Signals&Systems、Sink 和 Sourse 模块库中的大部分模块也都能用于离散系统建模。

7.3.3　混合系统建模仿真

动态系统除了连续系统和离散系统的建模仿真外，还有混合系统的建模仿真。在现代控制系统中，被控对象通常是连续的子系统，而控制器则是由逻辑控制器或计算机构成的离散系统。对于这种离散-连续混合系统，在 Simulink 中仿真时必须考虑连续信号和离散信号采样时间之间的匹配问题。Simulink 中的变步长连续求解器充分考虑了这个问题，因此在对混合系统进行仿真分析时,模型参数设置应使用变步长连续求解器。

由于离散-连续混合系统只是连续子系统和离散子系统两部分的混合系统,7.3.1 节和 7.3.2 节已经分别举例说明了对连续系统和离散系统的建模仿真,故在此对混合系统不再赘述。

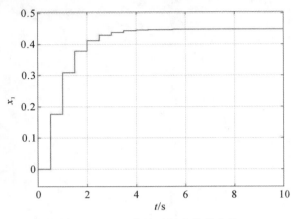

图 7-60　x_1 的随时间变化的曲线

7.4　子系统与封装

简单的系统可以直接在 simulink 中建立系统的模型,也可以直接分析模块之间输入和输出的关系及连接关系。如果研究的系统比较复杂,那么直接用基本模块构成模型就比较庞大,模型中信息的主要流向和关系也不容易辨认,后期参数设置和仿真结果分析就比较困难。因此,Simulink 的子系统技术支持把整个系统模型按功能或对应物理部件划分成一个个"块",可以将联系比较紧密的模块或者归属于一个部分的模块封装成相应的"子系统",使复杂系统的 Simulink 模型结构变简单,提高模型的可读性,同时也便于对系统进行仿真与分析。

子系统类似于编程语言中的子函数,用户可将一组相关的模块封装为一个子系统模块,子系统模块等效于原来那组模块的功能,也可以对其进行相关的设置,在模型仿真过程中还可以作为一个模块来使用。

7.4.1　创建子系统

建立子系统有两种方法:一种是在已建立好的系统模型的基础上建立子系统;另一种是在创建系统模型中的过程中建立子系统,两种创建子系统的方法操作顺序不同,但实现的功能相同。

1. 在已建好的系统模型中建立子系统

采用这种方法时,首先在已建好的系统模型中框选出欲采用子系统封装的区域,然后选中"MODELING"菜单下的"COMPONENT"中的"Create Subsystem",或者右键单击鼠标选中"Create Subsystem",即可建立子系统。

【例 7-7】　已知一个系统模型如图 7-61 所示,控制部分为离散系统,被控对象为两个连续系统,其中一个有反馈环,反馈环中引入了零阶保持器,输入为阶跃信号,创建被控对象子系统模型。

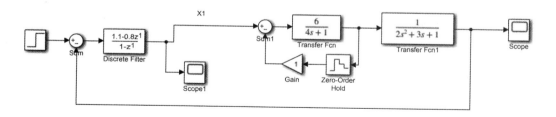

图 7 - 61　系统模型

解:在模型窗口中,将表示被控对象的两个连续环节和内反馈环节用鼠标选中,再选择"MODELING"菜单下的"COMPONENT"中的"Create Subsystem",建立一个被控对象子系统,这就是整个控制系统模型,如图 7 - 62 所示。

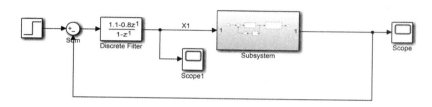

图 7 - 62　子系统封装后的模型

双击该子系统,则会出现"Subsystem"模型窗口,从中可以看到,封装的子系统模型除了用鼠标选中的环节外,还自动添加了一个输入模块"In1"和一个输出模块"Out1",如图 7 - 63 所示。

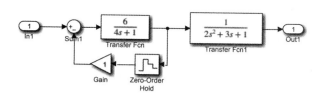

图 7 - 63　Subsystem 模型窗口

系统的仿真结果如图 7 - 64 所示。

2. 在创建系统模型的过程中建立子系统

这种方法适用于系统各部分功能比较明确,但结构比较复杂的系统模型的建立。首先设计系统的总体模型,再将此模型分成若干个子模块进行细节构建,在建立系统总体模型时就应考虑各功能模型可以用不同的子系统来实现。子系统的创建方法是:在建立系统总体模型的过程中,先用 Simulink 中 Ports&Subsystems 模块库中的 Subsystem 模块(见图 7 - 65)建立空白子系统,再在空白子系统中的 In1 模块和 Out1 模块之间加入相应的模块,并对其进行连接与参数设置,从而完成该子系统的建立。

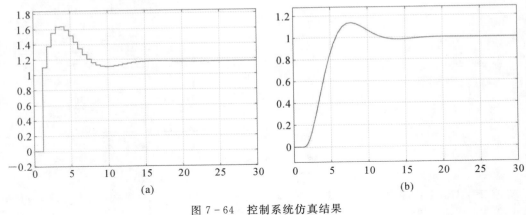

图 7-64　控制系统仿真结果
(a)控制器输出；　(b)被控量输出

图 7-65　Subsystem 模块和内部结构

　　另外,Ports&Subsystems 模块库中有单独的 In1 和模块 Out1 模块,可以通过端口编码设置使子系统产生多个输入、输出端口,但这两个模块只是对信号进行传递,完成子系统和总体模型中其他部分之间的通信,并不改变信号的任何属性,信号标签也可以越过子系统进行传递。

7.4.2　封装子系统

　　使用创建子系统技术可以改善系统模型的可读性,但在仿真分析时子系统模块参数需从MATLAB 基本工作空间直接获取,这样易发生变量冲突,也缺少象征性标志,规范化程度比较低。因此,可以为子系统设置自定义的图标和参数设置对话框,与通用库模块一样对子系统的参数进行设置。

　　创建子系统后进一步封装的步骤如下。

　　(1)先选中创建的子系统,然后双击打开,给需要进行赋值的参数指定一个变量名。

　　(2)单击选中的子系统模块,在菜单栏新出现的"SUBSYSTEM BLOCK"中选择"createmask",弹出的封装对话框如图 7-66 所示。

　　(3)在封装对话框中的设置相应的参数,主要有"Icon&Ports""Parameters&Dialog""Initialization"和"Documentation"四个选项卡。下面介绍每个选项卡的功能和设置方式。

　　1)Icon&Ports 选项卡。该选项卡用于设定封装模块的图标和端口,选项包含模块的外形、描述性文字、图像和图形等。

　　Drawing commands 栏:用户可以编写或绘制图标的命令,还可以在图标中显示文本、图像、图形或传递函数等。常用的绘图命令包括 plot、disp、text、port_label、image、patch、color、droots、dploy 和 fprintf 等。

　　Options 栏:用来设置封装模块的外观和端口,包括模块外框、图标透明度、图标单位、图标旋转、端口旋转和运行初始化。

　　2)Parameters&Dialog 选项卡。该选项卡用于定义和描述封装对话框的参数与字符变量,如图 7-67 所示。

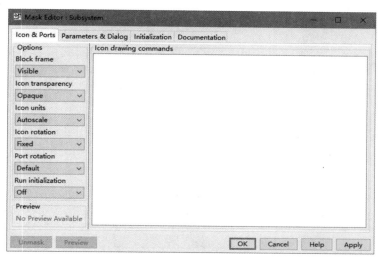

图 7-66　子系统封装编辑界面

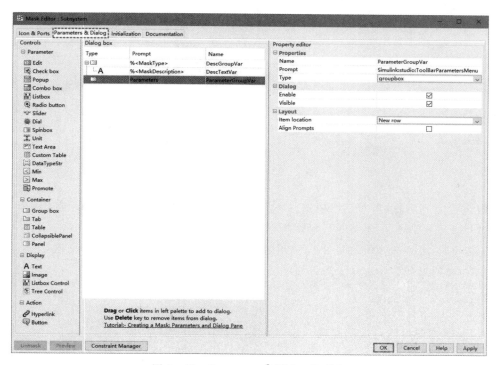

图 7-67　Parameters&Dialog 选项卡

• Controls 栏:用于添加输入变量,此处提供了大量选择,在添加完成后可以利用鼠标拖动来完成变量的上下移动,如果需要删除则单击鼠标右键就可完成此操作。

• Dialogbox 栏。

type:用来给用户提供设计编辑区的选择,选择项在 Controls 栏中选择,如"Edit"提供一个编辑框;"Checkbox"提供一个复选框;"Popup"提供一个弹出式菜单;等等。

Prompt(提示):输入 type 中相关项的含义,其内容会显示在封装后模块的参数设置对话框中。

Name:输入变量的名称。

• Property editor 栏:随 Dialog box 栏中选中项的变化而变化,编辑对应选项的具体名称、可视性、类型等特性。其中:

Evaluate:如果选中该复选框,表示在将用户输入的表达式赋予相应的变量之前,需要先对表达式求值。否则 Simulink 就会将表达式作为字符值赋予变量。

Tunable:该选项允许 Simulink 在进行仿真的过程中改变精装子系统的参数。

3)Initialization 选项卡。Initialization 选项卡用于输入初始化封装子系统命令。

4)Documentation 选项卡。Documentation 选项卡用于设定封装模块的类型、描述和帮助文档,分别有"Type"(用于设置模块显示的封装类型)" Description"(用于输入描述文本,对精装子系统模块的工作进行说明)和"Help"栏(用于输入帮助文本),如图 7-68 所示。

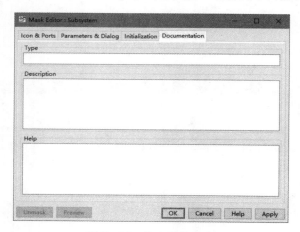

图 7-68　输入帮助文本

参数设置完成后,点击对话框中的"OK"按钮或"Apply"按钮将修改的设置应用于封装模块;点击"Unmask"按钮用于将封装模块撤销。

【例 7-8】　已知一个标准的单位负反馈二阶系统,要求将其封装为子系统,并将其阻尼系数 zeta 和无阻尼频率 wn 封装为对话框输入参数;以单位阶跃信号作为输入对控制系统进行仿真。

解:(1)设计系统的总体模型。此例使用在创建系统模型的过程中建立子系统的方法,先在 Simulink 模型窗口构建控制系统的总体模型,如图 7-58 所示。

(2)创建子系统模型。双击 Subsystem 模块,在 In1 端口和 Out1 端口之间添加二阶系统模型,并将系统的阻尼系数用变量 zeta 表示,无阻尼频率用变量 wn 表示,子系统如图 7-70

所示。

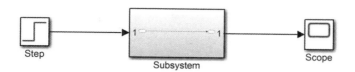

图 7 - 69　系统的总体模型

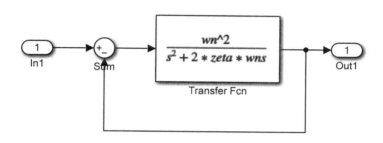

图 7 - 70　Subsystem 模块内部结构

（3）创建子系统模块封装图标。先单击选中子系统模块，在菜单栏新出现的"SUBSYSTEM BLOCK"中选择"createmask"，然后再在"Mask editor"对话框中选择"Icon"选项卡，在"Drawing commands"栏中输入如下绘制图标的命令：

```
disp('二阶系统')
plot([0 1 2 2.5 3 4 5 6 7 8 10],[0 0.6 1.03 1.15 1.04 1.01 0.95 0.98 1 1 1])
```

并对"Icon options"项进行设置，如图 7 - 71 所示，最后单击"OK"按钮，系统图标的显示结果如图 7 - 72 所示。

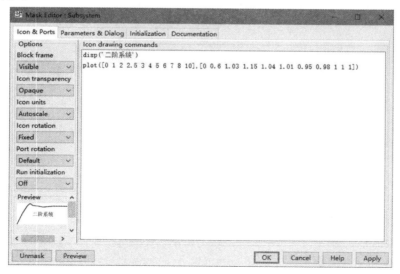

图 7 - 71　Icon options 项设置

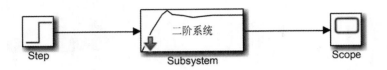

图 7 - 72 子系统图标

★注:这里还可以使用 text、fprintf 等绘图指令。

(4)设置封装子系统参数。在"Mask editor"对话框中,选择"Parameters & Dialog"选项卡,在其中添加 2 个参数,参数名分别为"阻尼系数"和"无阻尼振荡频率",其对应的"Variable"分别为"zeta"和"wn",设置如图 7 - 73 所示。

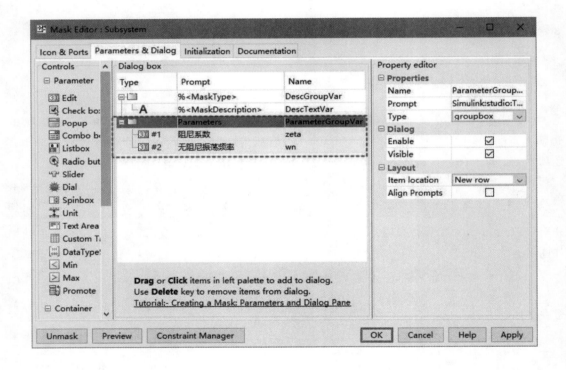

图 7 - 73 设置精装子系统参数

(5)初始化设置。在"Mask editor"对话框中,选择"Initialization"选项卡,并在"Initialization commands"的编辑框中输入"zeta=0.707,wn=2"初始化命令,如图 7 - 74 所示。

(6)设置模块帮助和说明。在"Mask editor"对话框中,选择"Documentation"选项卡,在编辑框中分别输入帮助和说明文本,如图 7 - 75 所示。

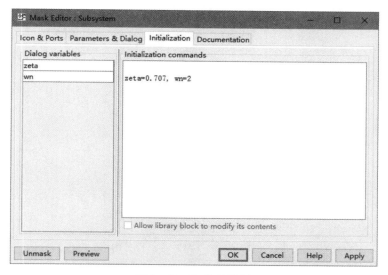

图 7-74　初始化设置

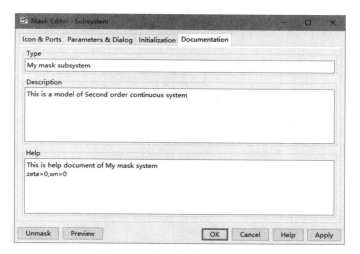

图 7-75　设置模块帮助和说明

　　设置完成后单击"OK"按钮,就完成了该子系统的封装,此时运行该系统的模型,就是使用初始化参数直接进行仿真,仿的结果如图 7-76 所示。

　　(7)重新设置子系统封装参数。如果用户想通过参数设置对话框重新设置模型参数值,就要将"Mask editor"对话框中初始化赋值删除,再通过子系统模块参数设置对话框进行参数设置。例如,在图 7-77 中分别将"阻尼系数"和"无阻尼振荡频率"设置为"1.2"和"3",在该图中还显示了用户刚设置的模块类型和模块说明,单击"OK"按钮,然后运行此仿真,示波器显示的仿真结果如图 7-78 所示。

　　(8)查看相关帮助。在图参数设置对话框中单击"Help"按钮,就可以看到刚才设置的帮助文档,如图 7-79 所示。

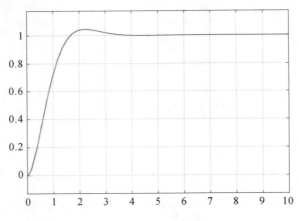

图 7 - 76　采用初始化参数仿真结果

图 7 - 77　设置参数

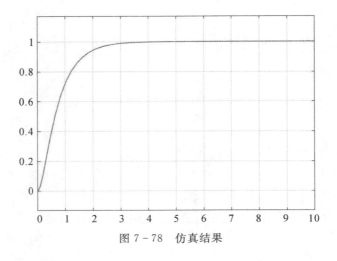

图 7 - 78　仿真结果

　　★注：要查看封装后系统模块 Subsystem(mask)的内部结构有两种方式：①选中模块，点击鼠标右键，依次点击"Mask""Look Under Mask"；②点击鼠标左键，然后按"Ctrl＋U"键。

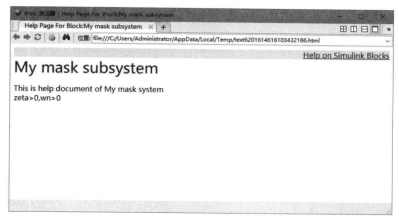

图 7-79　查看相关帮助

7.4.3　条件执行子系统

在 7.4.1 节和 7.4.2 节中,子系统的输出与输入具有一定的对应关系。对应一定的输入,子系统必会产生相应的输出。但在某些特殊情况下,只有满足一定条件时子系统才会被执行,即子系统的执行依赖于其他信号,这样的信号被称为控制信号。控制信号从子系统单独的控制端口输入,这样的子系统被称为条件执行子系统。在条件执行子系统中,子系统的输出不仅依赖于子系统本身的输入信号,而且还要受子系统控制信号的控制。

在 Simulink 中的 Port&Subsystems 模块库中,根据控制信号的不同,可以将条件执行子系统分为以下三种类型。

(1)使能子系统(Enable Subsystem 模块):控制信号的值为正时,子系统执行,即子系统接受那时的输入值。

(2)触发子系统(Triggered Subsystem 模块):当控制信号发生改变时,子系统执行。触发子系统的触发执行包括控制信号上升沿触发形式(rising)、控制信号下降沿触发形式(falling)和控制型号双边沿触发形式(either)三种形式。

(3)使能触发子系统(Enable and Triggered Subsystem 模块):把触发模块和使能模块放置在同一个子系统中,构成触发使能子系统,但只有当使能信号为正时,触发事件才起作用。

下面结合实例来说明以上三种子系统对应模块的使用和设置。

【例 7-9】　建立一个用使能子系统控制正弦信号为正半波整流信号的模型。

解:(1)确定创建系统模型所需的模块。把正弦信号"Sine wave"作为输入信号源,示波器"Scope"作为接收模块,Ports & Subsystems 模块库中的使能子系统"Enabled Subsystem"作为控制模块。

(2)连接各模块。将"Sine wave"模块的输出作为"Enabled Subsystem"模块的控制信号,模型如图 7-80 所示。

(3)双击"使能子系统"模块,(在缺省的情况下)其内部结构如图 7-81 所示。它包含了 In 输入模块、Out 输出模块和 Enable 使能模块,使能模块本身与别的模块没有任何连接。

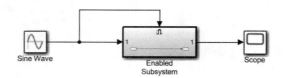

图 7 - 80　具有使能子系统的系统模型

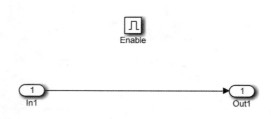

图 7 - 81　使能子系统内部结构图

双击图 7 - 81 中的"Enable"使能模块,可打开它的设置对话框,如图 7 - 82 所示。参数项"States when enabling"有两个选项:选"reset"时,此模块将把所在子系统所有内部状态重置为初始值;选"held"时,此模块把所在子系统所有内部状态保持在前次使能的终值上。本例中 Enable 使能模块的参数项"State when enabling"设置为"held"。

(4)模型仿真。由于"Enabled Subsystem"的控制信号为正弦信号,所以当正弦信号大于零时有输出,小于零时输出为 0,示波器的输出,为半波整流信号,如图 7 - 83 所示。

为了更好地理解条件执行子系统,在例 7 - 8 模型中的使能子系统中插入连续滤波模块 $G(s)=\dfrac{0.1}{0.01s+10}$,修改后的使能子系统如图 7 - 84 所示,仿真结果如图 7 - 85 所示。由图 7 - 85 和图 7 - 83 可以看出,带有滤波器的子系统的整流效果比较好。

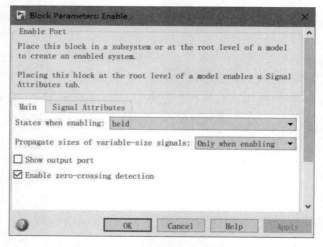

图 7 - 82　设置对话框

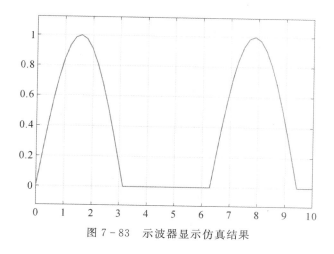

图 7 - 83　示波器显示仿真结果

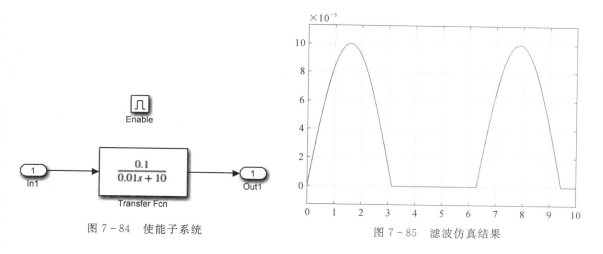

图 7 - 84　使能子系统

图 7 - 85　滤波仿真结果

★注:使能子系统中可以插入任何所需的连续或离散模块。

【例 7 - 10】　建立一个用触发子系统控制正弦信号输出阶梯波形的模型。

解:(1)确定创建系统模型所需的模块。模型把正弦信号"Sine wave"作为输入信号源,示波器"Scope"作为接收模块,触发子系统"Triggered Subsystem"作为控制模块,选择"Sources"模块库中的"Pulse Generator"模块作为控制信号。

(2)连接模块。将"Pulse Generator"模块的输出作为触发子系统"Triggered Subsystem"的控制信号,模型如图 7 - 86 所示。

(3)设置脉冲发生器"Pulse Generator"模块的参数:"Amplitude"设为"1","Period"设为"1","Pulse Width"设为"50","Phase Delay"设为"0";设置示波器"Scope"模块设为"3"个输入;正弦信号"Sine wave"模块的参数使用默认值;设置触发子系统中的触发方式"Trigger type"设为上升沿触发"rising"。

双击图 7 - 86 中的触发子系统,可见其在缺省情况下的系统结构,如图 7 - 87 所示。触发子系统一旦被控制信号触发,则其输出口就保持其值不变,直到下一次触发才可能发生改变。

触发信号也可以一个是向量,只要这个向量中有一个分量信号发生"触发事件",子系统就被触发。

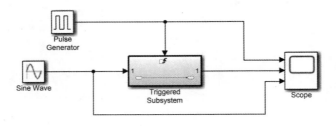

图 7 - 86　系统模型

双击图 7 - 87 中触发子系统中的触发模块,在参数设置对话框中可对触发方式进行选择,如图 7 - 88 所示。系统中也能插入某些其他模块,但一般的连续时间模块不能用于触发子系统。

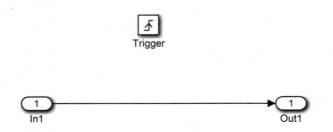

图 7 - 87　触发子系统图

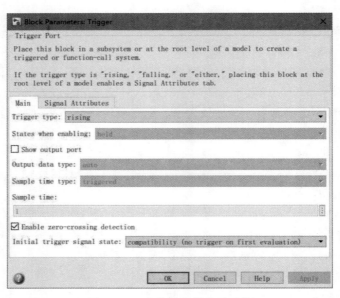

图 7 - 88　参数设置触发子系统

（4）由于"Triggered Subsystem"触发子系统的控制信号为"Pulse Generator"模块的输出，故仿真后示波器的输出如图 7－89 所示。

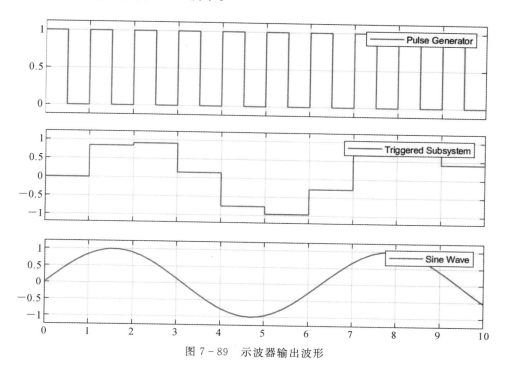

图 7－89　示波器输出波形

【例 7－11】　构建如图 7－90 所示含使能触发子系统的模型。

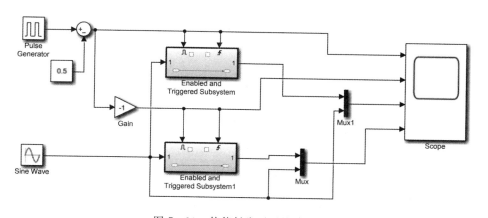

图 7－90　使能触发子系统建模实例

解：本例把两个使能触发子系统进行组合，通过输出可以比较使能触发子系统的功能。将 Gain 模块的增益设为"－1"，这样就构成了两个相反的控制信号，分别控制两个使能触发子系统。触发使能子系统内部结构如图 7－91 所示。触发使能子系统就是触发子系统和使能子系统的组合，含有触发信号和使能信号两个控制信号输入端，在触发事件发生后，Simulink 检查使能信号是否为"正"，如果为"正"就开始执行。

　　系统中各模块参数设置："Constant"模块值设置为"0.5"，Pulse Generator 模块的周期"Period"设置为"1"，"Pulse Width"设置为"50"，"Phase Delay"设置为"0"，Scope 模块的坐标数设置为 4；两个使能触发子系统的 Enable 模块的"States when enabling"参数都设置为"held"，两个使能触发子系统的 Trigger 模块的触发方式"Trigger type"都设置为上升沿触发"rising"，其他模块使用默认设置。点击"运行"按钮开始仿真，仿真的结果如图 7-92 所示。

图 7-91　触发使能子系统内部结构

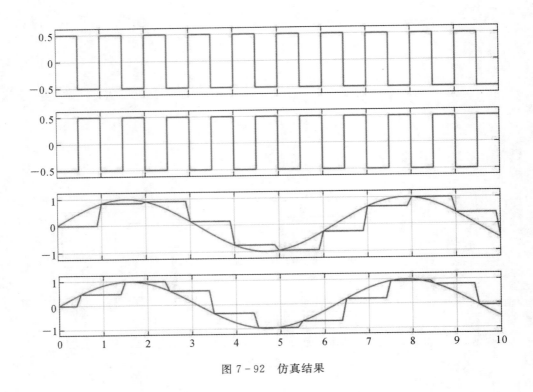

图 7-92　仿真结果

7.4.4　其他子系统

　　在 Simulink 中除了条件执行子系统外，Ports & Subsystems 模块库还提供了其他子系统模块，用户用这些子模块可以创建自己的系统，简化模型的结构，实现复杂的逻辑关系，同时还避免了编程的烦琐。常用子系统模块及功能如表 7-2 所示。

表 7 - 2　常用子系统模块及功能

名　称	模　块	功　能
可配置子系统	**Template** Configurable Subsystem	Configurable Subsystem 表示从用户指定的模块库中选择的任何模块,模块简化了表示一系列设计的模型的创建过程。例如,假设要建立某车床的电机模型,有多种电机可供选择,就可以先创建一个车床可用的各类型电机的模型库,然后使用一个 Configurable Subsystem 模块来表示电机选择;为基本车床设计的特定变体建模,用户只需使用可配置发动机模块的对话框来选择发动机类型即可
可变子系统	Subsystem Variant Subsystem	Variant Subsystem 模块包含两个或更多子级子系统,其中一个子级子系统在模型执行期间处于激活状态。激活的子级子系统称为活动变体。可以通过编程方式在基础工作区中更改变量值来切换可变子系统模块的激活变体,或通过手动方式在可变子系统模块对话框中覆盖变体选择来进行切换。在模型编译期间,活动变体由 Simulink 通过编程方式连接到可变子系统的 Inport 和 Outport 模块
函数调用子系统	function() Function-Call Subsystem	Function - Call Subsystem 是一种条件执行子系统,它在每次控制端口收到函数调用事件时运行。函数调用子系统类似于过程编程语言中的函数。调用函数调用子系统将按执行顺序执行子系统中的模块的输出方法
条件动作子系统	Action If Action Subsystem	If Action Subsystem 执行由 If 模块使能的子系统,是经过预先配置的 Subsystem 模块,可以作为一个起点,用来创建由 If 模块控制执行的子系统。If 模块计算逻辑表达式,然后根据计算结果输出动作信号
条件动作子系统	Action Switch Case Action Subsystem	SwitchCaseAction Subsystem 由 Switch Case 模块启用其执行的子系统。它是经过预先配置的 Subsystem 模块,用户可基于它创建由 Switch Case 模块控制执行的子系统。input port to a Switch Case 模块选择一个使用 Case conditions 参数定义的 case。根据输入值和选择的 case,该模块发送动作信号,以执行 Switch Case Action Subsystem 模块
重复执行子系统	for { ... } For Iterator Subsystem	For Iterator Subsystem 是在仿真时间步期间重复执行的子系统。它是一个预先配置的 Subsystem 模块,可以作为一个起点,用于创建在仿真时间步期间逻辑条件为 true 时对输入信号的每个元素或子数组重复执行的子系统。它等效于程序中的 while 或 do - while 循环的模块图

续表

名　称	模　块	功　能
逻辑条件执行子系统	If 模块 u1 if(u1 > 0)　else If	类似于 if‑else 语句的逻辑选择子系统执行,If 模块以及包含 Action Port 模块的 If Action Subsystem 模块实现 if‑else 逻辑来控制子系统的执行
	Switch Case 模块 u1 case [1]:　default: Switch Case	类似于 switch 语句的逻辑选择子系统执行,Switch Case 模块以及包含 Action Port 模块的 Switch Case Action Subsystem 模块,实现 switch 逻辑来控制子系统的执行
函数复用子系统	For Each Subsystem	对输入信号或封装参数的每个元素或子数组都执行一遍运算,再将运算结果串联起来的子系统。它是一个预先配置的 Subsystem 模块,可以作为一个起点,用于创建在仿真时间步期间对输入信号或封装参数数组的每个元素或子数组都要重复执行的子系统
迭代子系统	while { ... } IC While Iterator Subsystem	在仿真时间步期间重复执行的子系统。它是一个预先配置的 Subsystem 模块,可以作为一个起点,用于创建在仿真时间步期间重复执行指定的迭代次数的子系统
调用事件生成子系统	f() Function-Call Generator	提供函数调用事件来控制子系统或模型的执行。模块提供函数调用事件,用于在 Sample time 参数中指定的速率执行函数调用子系统或函数调用模型
可重置子系统	Resettable Subsystem	外部触发模块状态重置。预配置创建一个子系统的起点,该子系统在每次控制端口接收到触发信号时重置块状态。子系统的行为由一个 Reset 块控制

7.5　S　函　数

7.5.1　S 函数概述

在系统建模的过程中,对于一些复杂的对象,仅利用 Simulink 中现有的模块构建仿真系统时会比较困难或无法满足用户的需求。此时需要利用 S 函数技术来扩展 Simulink 库,其基本方法是用 M 语言、C 语言或者 Fortan 语言等来设计符合自己要求的 S 函数模块,然后就可以在 Simulink 建模时直接调用此 S 函数模块,从而完成对复杂模型系统的仿真。其中:C 语言编写的 S 函数的可执行文件为 MEX 文件;MATLAB 语言编写的 S 函数文件为 M 文件,按照支持功能分 Level1 和 Level2 两类,两种类型对应的 Simlink 模块形式是不同的。各种 S 函数文件的比较如表 7‑3 所示。本节将重点介绍 Level1 型 S 函数的 M 文件。

表 7 - 3　不同类型 S 函数文件对比

类　型		Simulink 模块		创建方式	优　点
M 文件	Level1	User - Defined Functions	system S-Function	Sfuntmpl. m	运行速度快,能处理矩阵数据
	Level2		matlabfile Level-2 MATLAB S-Function	Msfuntmpl. m	能够处理的数据类型较多,包括矩阵、复数及基于帧的数据处理
MEX 文件			C C Function1	Timetwo. c	具有最快的执行速度,能够处理复数数据,还可以对硬件端口进行操作
			system S-Function Builder	GUI 配置方式	

　　S 函数的 M 文件的工作过程与 Simulink 的仿真过程一样,分为两个阶段:第一个阶段为初始化阶段,这个阶段的主要工作是设置一些参数,如系统的输入输出个数、状态初值、采样时间等;第二个阶段就是运行阶段,这个阶段的主要工作是进行计算输出、更新离散状态、计算连续状态等,这个阶段需要反复运行,直至结束。

　　S 函数嵌入 Simulink 标准模块库中的 S - Function 框架模块后,就可以像其他标准模块一样,与 Simulink 的方程解算器 Solver 交互实现其功能,然后进行连接、设置和使用。

　　在主窗口中输入"sfundemos",或者点击"Simulink"→"User - DefinedFunctions"→"S—Function Examples",就会出现如图 7 - 93 所示的界面,这时可以选择对应的编程语言查看演示文件。

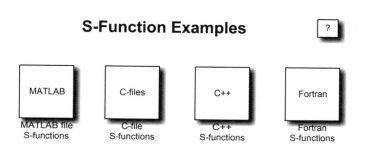

図 7 - 93　S 函数演示实例模块

7.5.2 创建 S 函数的 M 文件

由于 MATLAB 提供了 S 函数 M 文件的标准模板，所以 S 函数开发简便、交互性好、效率高。利用 M 文件来创建 S 函数模块的步骤可分为三步：①对 MATLAB 提供的标准模板程序进行适当的编辑，生成用户需要的 S 函数；②把编辑好的 S 函数嵌入 Simulink 中标准库模块 S-Function 的框架中，生成自己的 S 函数模块；③进一步将创建的 S 函数模块进行封装（非必须）。

1. 创建 S 函数的 M 文件模板

S 函数的 M 文件形式的标准模板程序是一个 MATLAB 自带的 M 文件，名为 sfuntmpl. m，存放在 MATLAB 软件根目录的 toolbox\simulink\blocks 子目录下。

此文件中包含了一个完整的 M 文件形式的 S 函数，它包括一个主函数和若干个子函数，每一个子函数都对应一个标志变量 flag。主函数根据 flag 变量的值，利用 Switch－Case 结构选择执行对应的子函数。用户在 MATLAB 命令窗口输入命令"edit sfuntmpl"即可在编辑器中打开程序模板，其格式和注释如下：

%主函数

```
function [sys,x0,str,ts] = sfuntmpl(t,x,u,flag)
```

```
%函数名 sfuntmpl 是模板文件名,用户生成自己的 S 函数,应重新起名
%输出变量名称、数目、次序,用户切勿改动
%输入变量的数目不得小于 4。这前 4 个变量的名称、次序,切勿改动
%用户根据需要,需要引入新的输入变量时,将新的变量添加在默认前 4 个变量的后面
%flag 是标志变量,它的 6 个不同取值,指向 6 个功能不同的子函数
```

```
switch flag,% flag 用于判断仿真状态
  case 0,%flag=0 表示处于初始化状态,此时用函数 mdlInitializeSizes 进行初始化
    [sys,x0,str,ts]=mdlInitializeSizes;
  case 1,% flag=1 表示此时要计算连续状态的微分,连续状态方程描述 dx/dt=A*x+B*u,
        %即 dx/dt=fc(t,x,u)中的 dx/dt,调用 mdlDerivatives 函数
    sys=mdlDerivatives(t,x,u); %如果设置连续状态变量个数为 0,此处只需 sys=[]
  case 2,% flag=2 表示此时要计算下一个离散状态,离散状态方程描述:x(k+1)=H*x(k)+G
        *u(k)
        %即上面提到的 x(k+1)=fd(t,x,u),找到 mdlUpdate 函数
    sys=mdlUpdate(t,x,u);%没有离散状态时 sys=[]
  case 3,% flag=3 表示此时要计算输出,可以用输出状态方程描述:y=C*x+D*u,
        %即 y=fo(t,x,u),找到 mdlOutputs 函数
    sys=mdlOutputs(t,x,u);%表示没有输出时 sys=[]
  case 4,% flag=4 表示此时要计算下一次采样的时间,只在离散采样系统中有用,
        %即上文的 mdlInitializeSizes 中提到的 ts 设置 ts(1)不为 0
        %这个函数主要用于变步长的设置
    sys=mdlGetTimeOfNextVarHit(t,x,u); %连续系统中 sys=[]
  case 9,% flag=9 表示此时系统要结束
    sys=mdlTerminate(t,x,u); %在结束时没有内容需要设置的话 sys=[]
  otherwise
```

```
DAStudio. error('Simulink:blocks:unhandledFlag', num2str(flag));
end
```

%主函数到此结束
%"模块初始化"子函数：提供状态、输入输出、采样时间数目和初始状态值

```
function [sys,x0,str,ts]＝mdlInitializeSizes
  sizes ＝ simsizes;                    %生成 sizes 数据结构（该命令不可修改）
  sizes. NumContStates   ＝ 0;          %模块的连续状态的数目,默认为 0,
                                        %用户根据实际系统可进行修改
  sizes. NumDiscStates   ＝ 0;          %离散状态数目,默认为 0,根据实际系统修改
  sizes. NumOutputs      ＝ 0;          %输出数目,默认为 0,根据实际系统修改
  sizes. NumInputs       ＝ 0;          %输入数目,默认为 0,根据实际系统修改
  sizes. DirFeedthrough ＝ 1;           %有无直接馈入,值为 1 时表示输入直接传到输出口
                                        %值为 0 时表示无直接馈入,默认为 1
  sizes. NumSampleTimes ＝ 1;           %采样时间数目,默认为 1,根据实际系统修改
  sys ＝ simsizes(sizes);               %返回结构数组 sizes 所包含的数据（不可修改）
  x0  ＝ [];                            %设置初始状态,根据实际系统修改
  str ＝ [];                            %特殊保留变量（该命令不可修改）
  ts  ＝ [0 0];                         %表示采样时间和偏移量,[0  0]用于纯连续系统,
           %若取[-1  0],则表示采样时间继承该模块前面模块采样时间设置
                 %"计算导数"子函数:计算连续状态的导数
function sys＝mdlDerivatives(t,x,u)%此处填写计算导数向量的命令,
                  %即输入连续状态方程,把计算的导数向量赋值给 sys
  sys ＝ [];                            %默认设置
                 %"状态更新"子函数:计算离散状态的更新

function sys＝mdlUpdate(t,x,u)          %此处填写计算离散状态向量的命令,
                  %即输入离散状态方程,把计算的离散状态向量赋值给 sys
  sys ＝ [];                            %默认设置
function sys＝mdlOutputs(t,x,u)         %计算输出子函数:计算模块输出,该子函数不可缺少

          %此处填写计算模块输出向量的命令,即把输入系统的输出方程赋值给 sys
  sys ＝ [];                            %默认设置
%"计算下一个采样时间"子函数:只有变采样速率系统才调用该子函数
function sys＝mdlGetTimeOfNextVarHit(t,x,u)
  sampleTime ＝ 1;    %默认下一个采样时间为 1 s 以后,根据系统修改
  sys ＝ t ＋sampleTime;                %sys 表示下一个采样时刻（不可修改）
                  %"结束仿真"子函数:该子函数不可缺少
function sys＝mdlTerminate(t,x,u)
  sys ＝ [];                            %一般不用修改
```

S 函数模板文件的说明：

(1)输入量的含义如下：t 为从仿真模型开始运行时刻算起的当前时间值；x 为 S 函数模块

的状态向量；u 为 S 函数模块的输入向量；flag 为执行不同操作的标志量（以它来判断当前是初始化还是运行等）。这 4 个参数的名称和位置不能改变，用户可以根据自己的需要添加更多的输入参数，但位置必须在前 4 个参数的后面。

（2）输出量的含义如下：sys 为子函数的返回值，它的含义随着调用子函数的不同而不同；x0 为状态的初始化向量；str 为保留参数，其值总是空数组（一般设 str＝[]）；ts 返回系统采样时间，是一个 1×2 的向量，ts(1)是采样周期，ts(2)是偏移量。这 4 个参数的名称和位置不能改变。

（3）模板文件中的 case 并非都是必要的，如当模块不采用变采样速率时，case 4 和相应的子函数 mdlGetTimeOfNextVarHit 就可以被删除。用户根据实际系统增加输入参数时，这些增加的参数将通过该 S 函数模块的对话框向其内部传递。

2.S 函数模块的说明

（1）S－Function 模块是一个单输入、单输出的模块，如果有多个输入与输出信号，可以使用 Mux 模块与 Demux 模块对信号进行组合和分离操作。

（2）S－Function 模块的参数设置对话框设置方法如下。

• S－function name：填入 S 函数的函数名称，建立 S－Function 模块与 M 文件形式的 S 函数之间的对应关系，点击后面的"Edit"按钮可以打开 S 函数的 M 文件的编辑窗口。

• S－function parameters：填入 S 函数需要输入的外部参数的名称，如果有多个变量的话，中间用逗号分隔开（如 a，b，c）。此外部参数就是后面主程序中输入变量的数值，其顺序与 S 主函数命名时的顺序一致。也可以使用 SIMULINK 中的 masking 工具将模块封装起来，这样就可以直观的填写这些外部参数的名称。

• S－function modules：当 S 函数是用 C 语言编写并用 MEX 工具编译的 C MEX 文件时，才需要填写该参数。

设置完这些参数后，S－Function 模块就成了一个具有特定功能的模块，如图 7－94 所示。

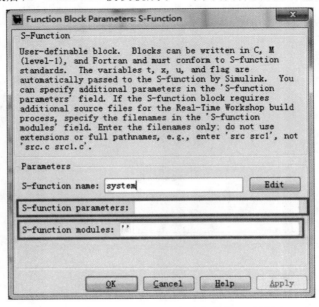

图 7－94　S－Function 模块的参数设置对话框

（3）S 函数 M 文件的仿真流程。为了更好地理解 S 函数的工作过程，绘制 S－Function 模块 M 文件仿真流程图如图 7－95 所示

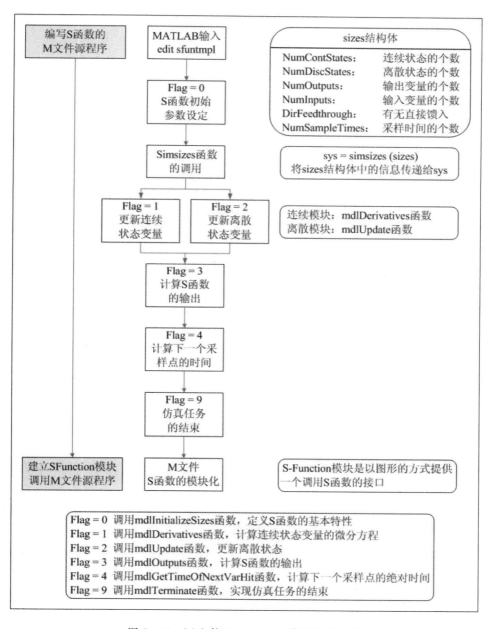

图 7－95　M 文件 S－Function 模块仿真流程

★注意：只有采用变采样速率时，与 flag＝4 相对应的子函数才会被调用，从而计算下一步的采样时间，上述流程只是完成了一个仿真步长的计算，当到达仿真结束时间时，才会利用 flag＝9 来结束仿真任务。

7.5.3 S 函数模块仿真实例

本小节结合实例来介绍基于 M 文件进行 S 函数模块建立和仿真应用的基本方法。

【例 7 - 12】 用 S 函数实现系统 $y=au^2+bu+1$，其中 u 为输入，a、b 为待定系数，并求取其在正弦输入下的输出。

解：由系统方程可看出，在本例中创建 S - Function 模块时，除了输入参数 t、x、u、flag 外，还要引入两个输入参数 a 和 b。

首先创建如下的 S - Function 模块源文件 s1. m：

```
function [sys,x0,str,ts] = s1(t,x,u,flag,a,b)
switch flag,
    case 0
        [sys,x0,str,ts]=mdlInitializeSizes;
    case 3
        sys=mdlOutputs(t,x,u);
    case{ 1, 2, 4, 9 }
        sys=[];
    otherwise
DAStudio. error('Simulink:blocks:unhandledFlag', num2str(flag));
end

function [sys,x0,str,ts] = mdlInitializeSizes()
sizes =simsizes;
sizes. NumContStates   = 0;
sizes. NumDiscStates   = 0;
sizes. NumOutputs      = 1;
sizes. NumInputs       = 1;
sizes. DirFeedthrough  = 1;    %值为1,表示存在直接馈入
sizes. NumSampleTimes  = 1;
sys =simsizes(sizes);
str = [];
x0  = [];
ts  = [-1 0];
function sys =mdlOutputs(t,x,u)
global a b;
sys = y=a*u^2+b*u+1;
```

其中：global a b;为将 a 和 b 定义为全局变量，以获取 MATLAB 工作区所输入的 a 和 b 的值。如果不重新定义全局变量，程序就会报错。

创建完 S 函数文件后，在 Simulink 模型框图中添加 S - Function 模块，打开 S - Function 模块的参数设置对话框，把参数"S - Function name"设置为"s1"，在参数"S - Function parameters"设置栏依次填写输入参数"a,b"，单击"OK"按钮完成设置，如图 7 - 96 所示。

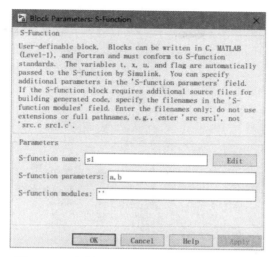

图 7 - 96　参数 S - Function parameters 设置栏

在 Simulink 模型中添加和连接其他模块,把各个模块参数设置为默认值,系统仿真模型如图 7 - 97 所示。

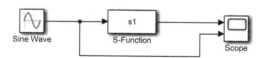

图 7 - 97　利用 S - Function 建立的仿真模型

在仿真模型进行仿真之前,还需要设置输入参数 a 和 b。如需要在 MATLAB 命令窗口执行如下命令(当然也可以直接在图 7 - 96 的 S - Function parameters 设置栏输入):

```
>>clear
>> a=1;b=2;
```

在参数设定完成后,运行此仿真模型,仿真的结果如图 7 - 98 所示。

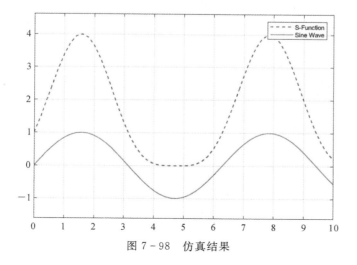

图 7 - 98　仿真结果

除了在 MATLAB 命令窗口中直接输入的方法设置输入参数外,还可以利用封装子系统技术,按鼠标右键点击 S 函数模块,按照 7.4.2 节的封装方式进行子系统封装,从而利用参数对话框设置输入参数或者修改输入参数。

【例 7 - 13】 已知某系统的状态方程 $\dot{x} = \begin{bmatrix} 3 & -1 & -2 \\ 2 & 0 & -1 \\ 4 & 3 & 0 \end{bmatrix} x + \begin{bmatrix} 1 \\ 2 \\ 5 \end{bmatrix} u, y = \begin{bmatrix} 1 & -3 & 2 \end{bmatrix} x +$

$3u$,试用 S 函数建立其仿真模型,并求其单位阶跃响应曲线。

解:首先创建如下的 S - Function 模块源文件 s2. m:

```
function [sys,x0,str,ts] = s2(t,x,u,flag)
switch flag,
case 0,
[sys,x0,str,ts] = mdlInitializeSizes;
case 1,
sys = mdlDerivatives(t,x,u);
case 2,
sys = mdlUpdate(t,x,u);
case 3,
sys = mdlOutputs(t,x,u);
case 4,
sys = mdlGetTimeOfNextVarHit(t,x,u);
case 9,
sys = mdlTerminate(t,x,u);
otherwise
DAStudio. error('Simulink:blocks:unhandledFlag', num2str(flag));
end
function [sys,x0,str,ts] = mdlInitializeSizes
sizes = simsizes;
sizes. NumContStates = 3;
sizes. NumDiscStates = 0;
sizes. NumOutputs = 1;
sizes. NumInputs = 1;
sizes. DirFeedthrough = 0;
sizes. NumSampleTimes = 1;
sys = simsizes(sizes);
x0 = [0;0;0];
str = [];
ts = [0 0];
function sys = mdlDerivatives(t,x,u)
x(1) = 3 * x(1) - 0 * x(2) - 1 * x(3) + 1 * u;
x(2) = -2 * x(2) + 1 * x(3) - 2 * u;
x(3) = 8 * x(1) + 2 * x(3) + 1 * u;
sys = x;
```

```
function sys=mdlUpdate(t,x,u)
sys = [];
function sys=mdlOutputs(t,x,u)
sys = 1 * x(1)-3 * x(2)+2 * x(3);
function sys=mdlGetTimeOfNextVarHit(t,x,u)
sampleTime = 1;
sys = t+sampleTime;
function sys=mdlTerminate(t,x,u)
sys = [];
```

创建完 S 函数文件后,先在 Simulink 模型框图中添加 S - Function 模块,然后打开 S - Function 模块的参数设置对话框,把参数"S - Function name"设置为"s2",最后单击"OK"按钮完成设置。

在 Simulink 模型中添加和连接其他模块,把各个模块参数设置为默认值,系统的仿真模型如图 7 - 99 所示。

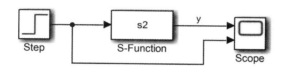

图 7 - 99　利用 S - Function 建立的仿真模型

在参数设定后,运行此仿真模型,仿真的结果如图 7 - 100 所示。

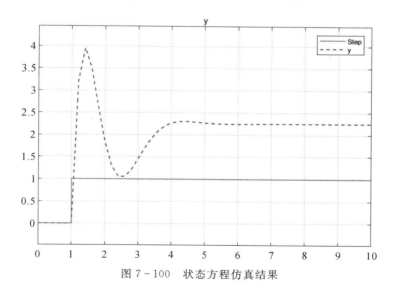

图 7 - 100　状态方程仿真结果

【例 7 - 14】　编制 S 函数,将输入的正弦波形离散并延迟后输出在示波器中。

解:首先创建如下的 S - Function 模块源文件 s3. m:

```
function [sys,x0,str,ts]=s3(t,x,u,flag)
switch flag
    case 0,
        [sys,x0,str,ts]=mdlInitializeSizes;
    case 2,
        sys=mdlUpdate(t,x,u);
    case 3,
        sys=mdlOutputs(t,x,u);
    case 9,
        sys=[];
    otherwise
error(['Unhandled flag=',num2str(flag)]);
end

function [sys,x0,str,ts]=mdlInitializeSizes(len)
sizes=simsizes;         %返回一个变量,
sizes.NumContStates=0;          %连续变量个数
sizes.NumDiscStates=1;          %离散变量个数
sizes.NumOutputs=1;         %输出个数
sizes.NumInputs=1;          %输入个数
sizes.DirFeedthrough=0;         %直接贯通,0 或 1,当输出值直接依赖于同一时刻的输入时为 1
sizes.NumSampleTimes=1;         %采样时间
sys=simsizes(sizes);        %返回值
x0=1;       %设置初始值
str=[];
ts=[0.2 0];         %是指从 0 时刻起,每隔 0.2s 执行一次(10Hz)

function sys=mdlUpdate(t,x,u)
sys=u;

function sys=mdlOutputs(t,x,u)
sys=x;
```

创建完 S 函数文件后,先在 Simulink 模型框图中添加 S - Function 模块,然后打开 S - Function 模块的参数设置对话框,把参数"S - Function name"设置为"s3",最后单击"OK"按钮完成设置。

在 Simulink 模型中添加和连接其他模块,把各个模块参数设置为默认值,系统的仿真模型如图 7 - 101 所示。

在参数设定完成后,运行此仿真模型,仿真的结果如图 7 - 102 所示。

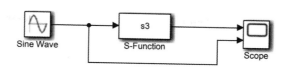

图 7 - 101　系统仿真模型

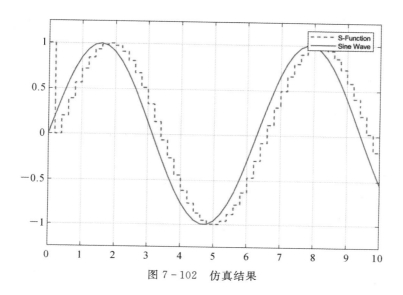

图 7 - 102　仿真结果

7.6　用 MATLAB 命令创建和运行 Simulink 模型

Simulink 模型的创建和运行也可以采用 MATLAB 命令编写程序的方式,这种方式可以灵活地控制模型,也可以动态设置和修改相应的参数,还可以实现很多用框图连接方式无法实现的目标。

7.6.1　用 MATLAB 命令创建 Simulink 模型

1. 常用命令

用 MATLAB 命令创建 Simulink 模型的常用命令如表 7 - 4 所示。

表 7 - 4　创建 Simulink 模型的常用命令

命　令	功　能
add_block	在系统中加入一个新模块
add_line	在系统中加入一条线
bdclose	关闭一个系统窗口
bdroot	获取根系统的名字
close_system	关闭一个系统窗口

续 表

命　令	功　能
delete_block	从系统中删除模块
delete_line	从系统中删除线
find_system	查找系统、模块、连线和注释
gcb	获取当前模块的路径名
gcbh	获取当前模块的句柄
gcs	获取当前系统的路径名
get_param	获取参数值
new_system	建立一个新的 Simulink 系统
open_system	打开一个存在的系统
replace_block	替换系统中的模块
save_system	保存系统
set_param	设置参数值

2. Simulink 模型文件操作

(1)创建新模型。new_system 命令用来在 MATLAB 的工作空间创建一个空白的 Simulink 模型,其语法格式如下:

new_system('modelname',option)

其中:"modelname"为模型名;"option"选项可以是"Library"和"Model"两种,也可以省略,默认为"Model"。

(2)打开模型。open_system 命令用来打开逻辑模型,在 Simulink 模型窗口显示该模型,其语法格式如下:

open_system('modelname')

其中:"modelname"为模型名。

例如,使用 open_system('f14') 命令可以打开 MATLAB 中的 f14 演示模型,如图 7-103 所示。

(3)保存模型。save_system 命令用来保存模型为模型文件,扩展名为.mdl,其语法格式如下:

save_system('modelname',文件名)

其中:"modelname"为模型名,可省略,如果不给出模型名,则自动保存当前的模型;"文件名"指保存的文件名,是字符串。

3. 添加模块和信号线

(1)添加模块。add_block 命令用来在打开的模型窗口中添加新模块,其语法格式如下:

add_block('源模块名','目标模块名','属性名 1','属性值 1','属性名 2','属性值 2',…)

其中:"源模块名"为一个已知的库模块名,Simulink 自带的模块为内在模块,如正弦信号模块为"built-in/Sine Wave";"目标模块名"为在模型窗口中使用的模块名。

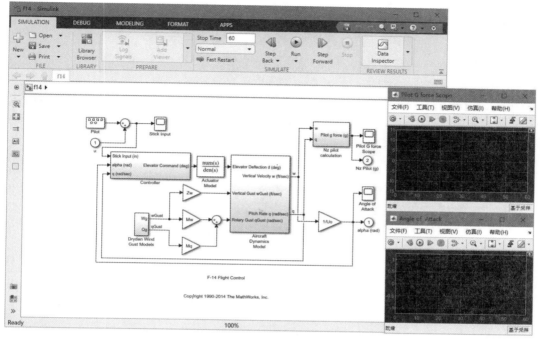

图 7 - 103　利用 MATLAB 命令打开 simuink 模型

（2）添加信号线。add_line 命令用来添加连接模块的信号线，其语法格式如下：

add_line（'模块名'，'起始模块名/输出端口号'，'终止模块名/输入端口号'）

【例 7 - 15】　用 MATLAB 命令创建一个名为 mys1 仿真模型。

解：（1）创建一个空白模型窗口，如图 7 - 104 所示。

new_system（'myml'）	%创建逻辑模型
open_system（'myml'）	%打开模型
save_system（'myml'，'mys1'）	%保存模型文件

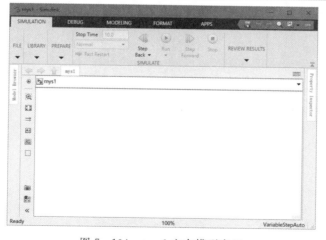

图 7 - 104　mys1 空白模型窗口

(2)添加各个模块,并连接成系统模型,如图 7 - 105 所示。

```
add_block('simulink/Sources/Step','mys1/Step','position',[20,100,40,120])
%添加阶跃信号模块
add_block('simulink/Continuous/Transfer Fcn','mys1/Fcn1','position',[120,90,200,130])
%添加传递函数模块
add_block('simulink/Sinks/Scope','mys1/Scope','position',[240,100,260,120])
%添加示波器模块
add_line('mys1','Step/1','Fcn1/1')      %添加连线
add_line('mys1','Fcn1/1','Scope/1')
```

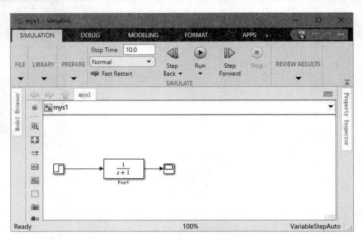

图 7 - 105　命令运行后创建的模型

(3)点击"运行"按钮,模型的仿真结果如图 7 - 106 所示.。

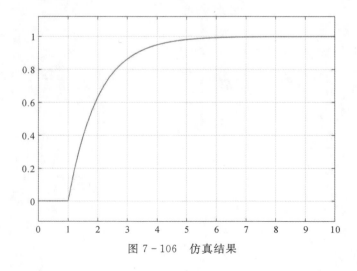

图 7 - 106　仿真结果

3. 设置模型和模块属性

(1)模型属性。simget 命令用来获取模型的属性,其语法格式如下:

simget（'模型文件名'）

例如，下面的程序可获取例 7 – 13 中二阶系统模型属性。

```
>>simget('mys1')

ans =

包含以下字段的 struct：

                        AbsTol：'auto'
                AutoScaleAbsTol：[]
                         Debug：'off'
                    Decimation：1
                  DstWorkspace：'current'
                 FinalStateName：'
                     FixedStep：'auto'
                   InitialState：[]
                    InitialStep：'auto'
                      MaxOrder：5
         ConsecutiveZCsStepRelTol：2.8422e−13
              MaxConsecutiveZCs：1000
                    SaveFormat：'Dataset'
                  MaxDataPoints：0
                       MaxStep：'auto'
                       MinStep：'auto'
          MaxConsecutiveMinStep：1
                   OutputPoints：'all'
                OutputVariables：'ty'
                        Refine：1
                        RelTol：1.0000e−03
                        Solver：'VariableStepAuto'
                   SrcWorkspace：'base'
                         Trace：'
                     ZeroCross：'on'
                  SignalLogging：'on'
              SignalLoggingName：'logsout'
              ExtrapolationOrder：4
          NumberNewtonIterations：1
                       TimeOut：[]
  ConcurrencyResolvingToFileSuffix：[]
          ReturnWorkspaceOutputs：[]
     RapidAcceleratorUpToDateCheck：[]
       RapidAcceleratorParameterSets：[]
```

（2）设置系统模型和模块的属性。set_param 命令用来设置仿真系统模型或模块的各种属性参数，其语法格式如下：

set_param（'设置模型或模块的路径名'，'属性名 1'，属性值 1，'属性名 2'，属性值 2，…）

其中：命令中的属性参数可以是仿真模型的参数、模块的通用参数、模块的特定参数或模块的回调参数，这些参数在此不做介绍，可查看以下具体案例。

例如，可设置例 7 - 15 中二阶系统模型中各模块的属性，命令运行后生成的系统模型如图 7 - 107 所示，模型的仿真结果如图 7 - 108 所示。

```
set_param('mys1','StopTime','15')              %设置采样停止时间
set_param('mys1/Step','time','0')              %设置阶跃信号上升时间
set_param('mys1/Fcn1','Denominator','[1 2 3]')     %设置传递函数分母
```

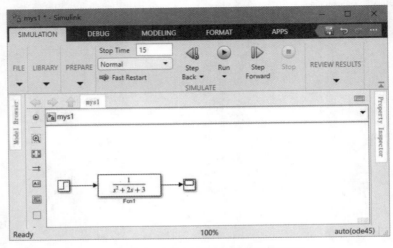

图 7 - 107　命令运行后生成的系统模型

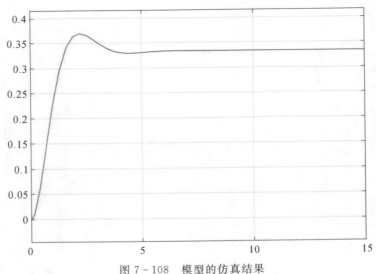

图 7 - 108　模型的仿真结果

7.6.2　用 MATLAB 命令运行 Simulink 模块

使用 MATLAB 命令 sim 运行 Simulink 仿真模型,其一般格式如下:

SimOut = sim('model', Parameters)

其中:model 是模块的名称;Parameters 可以是参数名称-值对组列表、包含参数设置的结构体或者配置集。sim 命令返回 SimOut,它是单一的 Simulink.SimulationOutput 对象,其中包含所有的仿真输出(记录的时间、状态和信号)。此语法是 sim 命令的"单输出格式"。

sim 命令的一些常用格式如表 7-5 所示。

表 7-5　sim 命令的常用格式

格　　式	功　　能
simOut = sim(model)	使用现有模型配置参数对指定模型 model(文件名)进行仿真,并将结果返回为 Simulink.SimulationOutput 对象(单输出格式)
simOut = sim(model,Name,Value)	使用参数名称-值对组对指定模型进行仿真
simOut = sim(model,ParameterStruct)	使用结构体 ParameterStruct 中指定的参数值对指定模型进行仿真
simOut = sim(model,ConfigSet)	使用模型配置集 ConfigSet 中指定的配置设置对指定模型进行仿真
simOut = sim(model,'ReturnWorkspaceOutputs','on')	使用现有模型配置参数对指定模型进行仿真,并将结果返回为 Simulink.SimulationOutput 对象(单输出格式)
simOut = sim(simIn)	使用 SimulationInput 对象 simIn 中指定的输入对模型进行仿真

★注:sim 命令的输出始终返回到单一的仿真输出对象 simOut,而不是返回到工作区。sim 命令早期的格式[t,x,y]=sim('model',timespan,options,ut)不再使用。

例如,可采用 sim 命令对例 7-15 中的系统进行仿真。

在命令窗口输入 simOut = sim('mys1',[0,25]),得到如下结果:

```
simOut =

    Simulink.SimulationOutput:

                    tout: [58x1 double]

    SimulationMetadata: [1x1 Simulink.SimulationMetadata]
          ErrorMessage: [0x0 char]
```

仿真的结果如图 7-109 所示。

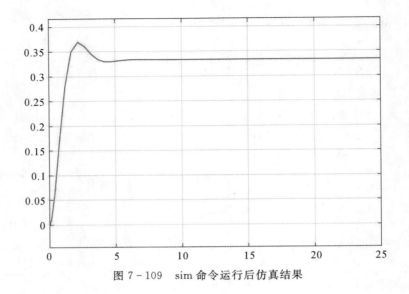

图 7-109   sim 命令运行后仿真结果

习　题　7

1. 利用 Simulink 模型计算方程 $\begin{cases} \dfrac{\mathrm{d}^2 x}{\mathrm{d}t^2} - 1\,000(1-x^2)\dfrac{\mathrm{d}x}{\mathrm{d}t} + x = 0 \\ x(0)=2 ; x'(0)=0 \end{cases}$ 的根。

2. 利用 Simulink 建模并输出正切曲线 $y = \tan(x)$ 在 $x \in [-2\pi, 2\pi]$ 上的曲线。

3. 采用触发子系统将一锯齿波转换成方波。

4. 采用 S 函数实现模块功能 $y = 2x$。

5. 举例说明封装子系统的步骤。

第二部分　基于 MATLAB 的控制系统仿真

第8章　MATLAB 与控制系统仿真概述

控制系统仿真是一门涉及自动控制理论与计算机技术的综合性新型学科。它结合控制理论的研究内容，还包含控制系统的建模、分析、设计、检验等方面的计算机处理方式，其中最核心的特征在于数字仿真和可视化。MATLAB 软件可以系统、形象地展现控制系统的原理和效果，快速实现复杂系统的计算，还能更好地展现控制系统中的抽象内容。

8.1　系统仿真概述

8.1.1　系统仿真概念

系统仿真是建立在控制理论、相似理论、信息处理技术和计算技术等理论基础之上的，以计算机和其他专用物理效应设备为工具，利用系统模型对真实或假想的系统进行试验，并借助专家的经验和知识、相关的统计数据以及信息资料对试验结果进行分析和研究，进而做出决策的一门综合性的试验性科学。系统仿真遵循的基本原则是相似原理，包括几何相似、环境相似、性能相似等。

数字仿真是指把系统的数学模型转化为仿真模型，并编写成程序使之能在计算机上运行、实验的全过程。通常把在计算机上进行的仿真实验称为数字仿真，又称为计算机仿真。它是一种对系统问题求数值解的计算技术，当系统无法通过建立数学模型来求解时，仿真技术能有效地来处理。

控制系统数字仿真是系统仿真的一个重要分支。它以控制系统模型为基础，以控制系统的分析、设计和计算为目标，通过计算机辅助手段获得满足一定性能指标的实验和求解结果的研究方式。

系统仿真技术是从 20 世纪 50 年代计算机诞生后开始发展的。近几十年来，随着计算机技术的飞速发展，出现了许多优秀的计算机应用软件，特别是还有专用的仿真语言。

早期的仿真语言一般是由 Basic 语言或 Fortran 语言编成某类专用仿真的软件包。由于这类编程软件具有自身的特征，使用这类软件包形式编写的仿真程序调用过程烦琐，维数指定困难，用户使用起来很不方便。后来产生了交互式仿真软件，但应用起来仍不是十分方便。交互式仿真软件功能单一、处理综合问题能力差。现在出现了很多实用的、具有良好人机交互功能的、面向对象的仿真平台，MATLAB 就是其中的杰出代表。该软件的一个显著的特点就是使用方便、集成度高，并且结果稳定、可靠。MATLAB 已经成为目前国际上最流行的控制系统仿真软件。

8.1.2　控制系统仿真三要素与过程

控制系统仿真有三个基本要素：实际系统、数学模型和计算机，其相互关系如图 8-1

所示。

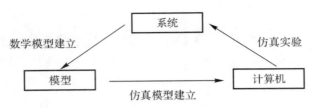

图 8-1　控制系统仿真三要素之间的关系

由图 8-1 可知,控制系统的仿真过程可分为以下四步:

(1)建立控制系统的数学模型。数学模型是控制系统仿真的依据,所以建立控制系统的数学模型是十分重要的。对于控制系统仿真而言,这里所讲的数学模型不仅包括仿真对象,而且还包括了控制器、传感器、执行机构及各种构成系统所必需的部分。

(2)建立仿真模型。建立仿真模型就是通过一定的算法对原控制系统的数学模型进行离散化处理。对于连续系统而言,就是建立相应的差分方程。

(3)编制仿真程序。编制仿真程序可用一般的高级语言或仿真语言。本书采用 MATLAB 软件编制仿真程序对控制系统进行仿真。

(4)进行仿真实验并输出仿真结果。先通过实验对仿真系统模型及程序进行校验和修改,然后再按照系统仿真的要求输出仿真结果,并结合仿真对象进行分析。

8.2　MATLAB 在控制系统仿真中的应用

8.2.1　MATLAB 在仿真中的优势

MATLAB 作为仿真软件,有三大特点:一是功能强大,它包括了数值计算和符号计算、计算结果和编程可视化、数学和文字统一处理、离线和在线计算等功能;二是界面友好、语言自然,MATLAB 以复数矩阵为计算单元,其指令表达与标准教科书的数学表达式相近;三是开放性强,MATLAB 有很好的可扩充性,可以把它当作一种高级语言去使用,用它可以很容易地编写各种通用或专用应用程序。

另外,SIMULINK 是 MATLAB 的一个重要的伴随工具,它通过对真实世界中的各种物理系统建立模型,进而用计算机对系统实现仿真。将 SIMULINK 应用于自动控制系统,可以很容易构建出符合要求的模型。灵活的修改参数,方便地改变系统结构或进行转换模型,同时还可以得到大量的有关系统设计的充分的、直观的曲线,这些特点使得它成为国际控制领域应用最广的首选计算机工具软件。

正是因为 MATLAB 具有这些特点,所以被广泛使用。MATLAB 不仅成为世界上最受欢迎的科学与工程计算软件之一,而且成为国际上最流行的控制系统计算机辅助设计的工具。现在的 MATLAB 已经成为一种具有广阔应用前景的、全新的计算机高级编程语言。

MATLAB 在数学类科技应用软件的数值计算方面首屈一指。MATLAB 可以用来进行矩阵运算、绘制函数和数据、实现算法、创建用户界面、连接其他编程语言的程序等,其主要应用于数值分析、数值和符号计算、工程与科学绘图、控制系统的设计与仿真、数字图像处理、数字信号处理、通信系统设计与仿真、财务与金融工程等。

　　MATLAB 包括拥有数百个内部函数的主包和三十几种工具箱。除内部函数外，所有 MATLAB 主包文件和各种工具箱都是可读和可修改的文件。用户通过对源程序的修改或加入自己编写的程序构造成新的专用工具箱。工具包又可以分为功能性工具箱和学科工具箱，功能性工具箱主要用来扩充 MATLAB 的符号计算、可视化建模仿真、文字处理及实时控制等功能。

8.2.2　MATLAB 在控制系统仿真中的应用

　　在控制系统仿真中，MATLAB 主要是利用控制相关工具箱和 Simulink 仿真特性来进行系统的仿真。

　　1. 控制系统工具箱（Control System Toolbox）

　　控制系统工具箱是 MATLAB 专门针对控制系统工程设计的函数和工具的集合。该工具箱主要采用 M 文件形式，提供了丰富的算法程序，所涉及的问题基本涵盖了经典控制理论的全部内容和一部分现代控制理论的内容。MATLAB 的控制系统工具箱主要用来处理以传递函数为主要特征的经典控制和以状态空间为主要特征的现代控制中的问题。该工具箱对控制系统的建模、分析和设计提供了一个完整的解决方案，是 MATLAB 最有力和最基本的工具箱之一。概括地说，控制系统工具箱在系统建模、系统分析和系统设计等方面都有应用。

　　2. 系统辨识工具箱（System Identification Toolbox）

　　系统辨识工具箱基于预先测试得到的输入、输出数据来建立动态系统的线性模型，可以使用时域或频域技术对单通道数据或多通道数据进行模型辨识。利用该工具箱可以对一些不容易用数学方法描述的复杂动态系统建立数学模型，例如发动机系统、飞行动力学系统及机电系统等。

　　3. 模糊逻辑工具箱（Fuzzy Logic Toolbox）

　　模糊逻辑工具箱利用基于模糊逻辑的系统设计工具扩展了 MATLAB 的科学计算。通过图形用户界面，可以完成模糊推理系统设计的全过程。该工具箱中的函数提供了多种通用的模糊逻辑设计方法，可以利用简单的模糊规则对复杂的系统行为进行建模，然后将这些规则应用于模糊推理系统。

　　4. 鲁棒控制工具箱（Robust Control Toolbox）

　　鲁棒控制工具箱提供了分析和设计具有不确定性的多变量反馈控制系统的工具与函数。应用该工具箱，可以建立包含不确定性参数和不确定性动力学的线性定常（Linear Time-Invariant，LTI）系统模型，分析系统的稳定裕度及最坏性能，确定系统的频率响应，设计针对不确定性的控制器。该工具箱还提供了许多先进的鲁棒控制理论分析与综合的方法，例如 H_2 控制、H_∞ 控制、线性矩阵不等式（Linear Matrix Inequalities，LMI）以及 μ 综合鲁棒控制等。

　　5. 模型预估控制工具箱（Model Predictive Control Toolbox）

　　模型预估控制工具箱用于设计、分析和仿真基于 MATLAB 建立的或由 Simulink 线性化所得到的对象模型的模型预估控制器。该工具箱提供了所有与模型预估控制系统设计相关的主要功能。

6. Simulink 与控制

MATLAB 中最突出的功能在于 Simulink 能够用于控制系统的仿真。Simulink 是用来进行建模、分析和仿真各种动态系统的一种交互环境,它提供了采用鼠标拖放的方法建立系统框图模型的图形交互平台。Simulink 的模块库还提供了大量的、功能各异的模块,可以方便用户快速地建立动态系统模型。建模时只需使用鼠标拖放模块库中的模块,并将它们连接起来即可。同时 Simulink 还提供了交互性很强的仿真环境,可以通过下拉菜单来执行仿真,或使用命令进行批处理。仿真结果可以在运行的同时通过示波器(一种输出显示/观测装置)或图形窗口查看。

另外,Simulink 的开放式结构允许用户扩展仿真环境的功能,可以生成自定义模块库,并拥有自己的图标和界面。由于 Simulink 可以直接利用 MATLAB 的数学、图形和编程功能,因此,用户还可以直接在 Simulink 下完成诸如数据分析、过程自动化、优化参数等的工作。

习 题 8

1. 熟悉软件的帮助系统:

在 MATLAB 命令窗口中分别输入以下命令,分析都能获得哪些信息。

```
>> help control(可以获得控制系统工具箱中各种类别函数的名称和功能说明。)
>> help rank(可以获得矩阵求秩函数的具体用法)
```

2. 用以下两种方法运行演示程序,选取一个实例查看运行的结果。

(1)在 MATLAB 命令窗口中运行命令"demos";

(2)在 MATLAB 命令窗口中选择菜单"Help|Demos"。

第9章 控制系统数学模型的建立和求解

要对控制系统进行仿真,首先就要建立系统的数学模型。MATLAB 中提供了大量的函数用于建立系统的数学模型。本章重点介绍建立多项式形式(Transfer Function,TF)、零极点形式(Zero - Pole,ZP)、状态空间形式(State Space,SS)、结构图形式的系统数学模型及其相互转化,并介绍利用 MATLAB 求解微分方程的拉普拉斯变换法和直接法,最后介绍利用系统辨识工具箱建立系统模型。

9.1 常用数学模型的建立

9.1.1 多项式形式模型

线性定常连续系统的传递函数 $G(s)$ 一般可以表示为

$$G(s)=\frac{B(s)}{A(s)}=\frac{b_m s^m+b_{m-1}s^{m-1}+\cdots+b_1 s+b_0}{a_n s^n+a_{n-1}s^{n-1}+\cdots+a_1 s+a_0}, \quad n\geqslant m \qquad (9-1)$$

式中:$B(s)=b_m s^m+b_{m-1}s^{m-1}+\cdots+b_1 s+b_0$,$A(s)=a_n s^n+a_{n-1}s^{n-1}+\cdots+a_1 s+a_0$,分别为分子多项式与分母多项式;$b_j(j=0,1,2,\cdots,m)$,$a_i(i=0,1,2,\cdots,n)$ 均为常系数。

MATLAB 中传递函数 $G(s)$ 的多项式模型表示如下:

num$=[b_m,b_{m-1},\cdots b_1,b_0]$(分子向量,num - numerator)

den$=[a_n,a_{n-1},\cdots,a_1,a_0]$(分母向量,den - denominator)

$G=$tf(num,den)(传递函数模型,tf 函数的用法见表 9 - 1)

表 9 - 1 tf 函数用法表

函 数	用 法
sys = tf(num,den)	返回变量 SYS 为连续系统传递函数模型
sys = tf(num,den,ts)	返回变量 SYS 为离散系统传递函数模型。ts 为采样周期,当 ts=−1 或者 ts=[]时,表示系统采样周期未定义
s = tf('s')	定义拉氏变换算子,以原形式输入传递函数
z = tf('z',ts)	定义 Z 变换算子及采样时间 ts,以原形式输入传递函数

【例 9 - 1】 在 MATLAB 中表示系统的传递函数(按 s 降幂形式):$G(s)=\dfrac{s^3+5s^2+10s+20}{s^4+10s^3+10s^2+15s+15}$。

解:在 MATLAB 命令窗口键入如下程序。

方法 1:

```
num=[1 5 10 20];
```

```
den=[1 10 10 15 15];
printsys(num,den);
```

方法 2:

```
num=[1 5 10 20];
den=[1 10 10 15 15];
G=tf(num,den)
```

运行结果为:

```
num/den =

     s^3 + 5 s^2 +10 s + 20
  ——————————————————
   s^4 + 10 s^3 + 10 s^2 + 15 s + 15
```

说明:程序中函数 printsys 用于显示传递函数 $G(s)$ 的多项式模型,显示变量 num/den 为通用的输出显示格式,与输出变量的名称无关。

【例 9-2】 在 MATLAB 中表示系统的传递函数(因式连乘形式):
$G(s)=\dfrac{10(s+1)}{s^2(s+2)(s^2+6s+10)}$。

解: 在 MATLAB 命令窗口键入如下程序。

方法 1:

```
num=conv([10],[1 1]);
den=conv([1 0 0],conv([1 2],[1 6 10]));
G=tf(num,den);
```

方法 2:

```
>> s=tf('s');    %定义拉氏算子
>> G=10*(s+1)/s^2/(s+2)/(s^2+6*s+10)    %直接给出系统传递函数表达式
```

运行结果为

```
num/den =

         10 s + 10
  ———————————————
s^5 + 8 s^4 + 22 s^3 + 20 s^2
```

说明:函数 conv(a,b)用于计算多项式的乘积(a,b 以行向量形式表示),结果为多项式系统的降幂排列。函数 conv 可嵌套使用。

例如,在 MATLAB 中表示传递函数 $G(s)=\dfrac{5(s+2)}{s^2(s+4)(s+1)}$ 的分子、分母的多项式形式为

```
num=conv([5],[1 2]);
den=conv(conv([1 0 0],[1 4]),[1 1]);
```

9.1.2 零极点模型

线性定常系统的传递函数 $G(s)$ 一般可以表示为零点、极点形式,即

$$G(s) = \frac{B(s)}{A(s)} = \frac{b_m s^m + b_{m-1} s^{m-1} + \cdots + b_1 s + b_0}{a_n s^n + a_{n-1} s^{n-1} + \cdots + a_1 s + a_0} = \frac{k(s - z_1)(s - z_2) \cdots (s - z_m)}{(s - p_1)(s - p_2) \cdots (s - p_n)} \qquad (9-2)$$

式中: $z_j (j=1,2,\cdots,m)$, 为系统的 m 个零点; $p_i (i=1,2,\cdots,n)$, 为系统的 n 个极点, k 为增益, 这些数均为常数。

系统 $G(s)$ 的零极点模型表示为

$$z = [z_1, z_2, \cdots, z_{m-1}, z_m] (分子)$$
$$p = [p_1, p_2, \cdots, p_{n-1}, p_n] (分母)$$
$$K = [k] (增益)$$
$$G = zpk(z, p, k) (零极点模型, zpk 函数的用法见表 9-2)$$

表 9-2　zpk 函数用法表

函　　数	用　　法
sys = zpk(z, p, k)	得到连续系统的零极点增益模型
sys = zpk(z, p, k, Ts)	得到连续系统的零极点增益模型, 采样时间为 Ts
s = zpk('s')	得到拉氏算子, 按原格式输入系统, 得到系统的 zpk 模型
z = zpk('z', Ts)	得到 Z 变换算子和采样时间 Ts, 按原格式输入系统, 得到系统 zpk 模型

【例 9-3】 已知某系统的传递函数为 $G(s) = \dfrac{7(s+6)}{(s+10)(s+2)(s+13)}$, 在 MATLAB 中表示其零极点模型。

解: 在 MATLAB 命令窗口键入如下程序:

```
>>z=[-6];
>>p=[-10 -2 -13];
>>k=7;
>>G=zpk(z,p,k)
```

运行结果为

```
G =

        7 (s+6)
  ———————————————————
  (s+10) (s+13) (s+2)

Continuous - time zero/pole/gain model.
```

【例 9-4】 已知系统的传递函数为 $G(s) = \dfrac{3(s+2)^2}{(s+1)(s+3)(s+1+2j)(s+1-2j)}$, 在 MATLAB 中表示其零极点模型。

解: 在 MATLAB 命令窗口键入如下程序:

```
>> z1=[-2;-2];
>> p1=[-1;-3;-1-2*j;-1+2*j];
>> k=3;
>> G1=zpk(z1,p1,k)
```

运行结果为

G1 =

$$
\frac{3\,(s+2)^{\wedge}2}{(s+1)\,(s+3)\,(s^{\wedge}2\,+\,2s\,+\,5)}
$$

Continuous - timezero/pole/gain model.

说明：在 MATLAB 的零极点模型显示中，如果存在复数零极点，则用其二阶多项式来表示这两个因式，而不直接展开成一阶复数因式。

零极点图：由 MATLAB 既可以求得系统的零极点向量，也可以用图形的方式显示其分布状态。pzmap 函数不带返回值使用时，显示系统零极点分布图。当在图上点击各点时，将显示该点的属性及其具体值。如例 9 - 4 的零极点分布图（见图 9 - 1）可以由如下语句得到。

```
>>pzmap(G1)    %得到系统零极点分布图
```

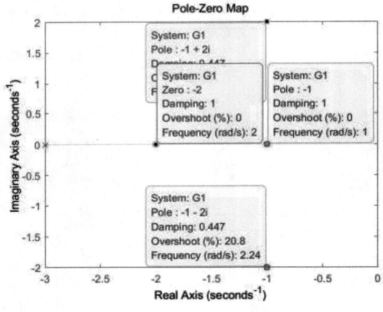

图 9 - 1　例 9 - 4 的零极点图

9.1.3　状态空间模型

状态空间模型是基于系统的内部的状态变量的，因此又往往被称为系统的内部描述方法。与传递函数模型不同的是，状态方程可以描述更广的一类控制系统模型，包括非线性系统。

线性时不变系统的状态空间模型可写为

$$
\begin{cases} \dot{x}(t) = \boldsymbol{A}x(t) + \boldsymbol{B}u(t) \\ y(t) = \boldsymbol{C}x(t) + \boldsymbol{D}u(t) \end{cases}
$$

其中：系统矩阵为 $\boldsymbol{A}$，控制矩阵为 $\boldsymbol{B}$，输出矩阵为 $\boldsymbol{C}$，直耦矩阵为 $\boldsymbol{D}$，且 $\boldsymbol{A}$、$\boldsymbol{B}$、$\boldsymbol{C}$、$\boldsymbol{D}$ 均为常数矩阵。

状态空间模型的 MATLAB 相关函数如表 9－3 所示。

表 9－3　状态空间模型的 MATLAB 相关函数

函　　数	说　　明
sys ＝ ss(A,B,C,D)	由 A,B,C,D 矩阵直接得到连续系统状态空间模型
sys ＝ ss(A,B,C,D,ts)	由 A,B,C,D 矩阵和采样时间 ts 直接得到离散系统状态空间模型
[A,B,C,D] ＝ ssdata(sys)	得到连续系统参数
[A,B,C,D,Ts] ＝ ssdata(sys)	得到离散系统参数

【例 9－5】　用 MATLAB 表示以下系统的状态方程模型。

$$\begin{cases} \dot{x}(t) = \begin{bmatrix} 2 & 5 & 11 \\ 10 & 0 & 3 \\ 0 & 9 & 8 \end{bmatrix} x(t) + \begin{bmatrix} 7 \\ 0 \\ 3 \end{bmatrix} u(t) \\ y(t) = \begin{bmatrix} 1 & 5 & 9 \end{bmatrix} x(t) + \begin{bmatrix} 0 \end{bmatrix} u(t) \end{cases}$$

解：在 MATLAB 命令窗口键入如下程序：

```
>> A=[2 5 11;10 0 3;0 9 8];
>> B=[7 0 3];
>> C=[1 5 9];
>> D=[0];
>> G=ss(A,B,C,D)    %输入并显示系统状态空间模型
```

运行结果为

```
a =
         x1   x2   x3
   x1    2    5    11
   x2    10   0    3
   x3    0    9    8
b =
         u1
   x1    7
   x2    0
   x3    3
c =
         x1   x2   x3
   y1    1    5    9
d =
         u1
   y1    0

Continuous - time model.
```

【例 9 - 6】 已知系统

$$\begin{bmatrix} \dot{x}_1 \\ \dot{x}_2 \end{bmatrix} = \begin{bmatrix} 0 & 1 \\ -3 & -4 \end{bmatrix} \begin{bmatrix} x_1 \\ x_2 \end{bmatrix} + \begin{bmatrix} 0 & 3 \\ 2 & 5 \end{bmatrix} \begin{bmatrix} u_1 \\ u_2 \end{bmatrix}$$

$$\begin{bmatrix} y_1 \\ y_2 \end{bmatrix} = \begin{bmatrix} 4 & 3 \\ 7 & 5 \end{bmatrix} \begin{bmatrix} x_1 \\ x_2 \end{bmatrix} + \begin{bmatrix} 0 & 9 \\ 1 & 0 \end{bmatrix} \begin{bmatrix} u_1 \\ u_2 \end{bmatrix}$$

,求系统状态方程的表示。

解：在 MATLAB 命令窗口键入如下程序：

```
>> A=[0 1;-3 -4];
>> B=[0 3;2 5];
>> C=[4 3;7 5];
>> D=[0 9;1 0];
>> Gss=ss(A,B,C,D)    %得到系统状态空间模型
```

运行结果为

```
a =
        x1    x2
    x1   0     1
    x2  -3    -4
b =
        u1    u2
    x1   0     2
    x2   3     5
c =
        x1    x2
    y1   4     3
    y2   7     5
d =
        u1    u2
    y1   0     9
    y2   1     0
Continuous - time model.
```

```
>> [a1,b1,c1,d1]=ssdata(Gss)    %得到系统模型参数
```

```
a1 =
     0     1
    -3    -4
b1 =
     0     2
     3     5
c1 =
     4     3
     7     5
```

```
d1 =
        0     9
        1     0
```

9.1.4　模型之间的转换

系统的线性时不变(LTI)模型有传递函数(tf)模型、零极点增益(zpk)模型和状态空间(ss)模型,它们之间可以相互转换,具体的函数和方法如表 9 - 4 所示。

表 9 - 4　模型转换函数

函　　数	说　　明
tfsys = tf(sys)	将其他类型的模型转换为多项式传递函数模型
zsys = zpk(sys)	将其他类型的模型转换为 zpk 模型
sys_ss = ss(sys)	将其他类型的模型转换为 ss 模型
[A,B,C,D]= tf2ss(num,den)	将 tf 模型参数转换为 ss 模型参数
[num,den]=ss2tf(A,B,C,D,iu)	将 ss 模型参数转换为 tf 模型参数,iu 表示对应第 i 路传递函数
[z,p,k]= tf2zp(num,den)	将 tf 模型参数转换为 zpk 模型参数
[num,den]=zp2tf(z,p,k)	将 zpk 模型参数转换为 tf 模型参数
[A,B,C,D]=zp2ss(z,p,k)	将 zpk 模型参数转换为 ss 模型参数
[z,p,k]=ss2zp(A,B,C,D,iu)	将 ss 模型参数转换为 zpk 模型参数,iu 表示对应第 i 路传递函数

【例 9 - 7】　已知系统传递函数模型为 $G(s) = \dfrac{15}{(s+4)(5s^2+2s+3)}$,试求其零极点模型及状态空间模型。

解:(1)tf 形式模型。在 MATLAB 命令窗口键入如下程序:

```
>> num=[15];
>> den=conv([1 4],[5 2 3]);
>>Gtf=tf(num,den)        %得到系统多项式传递函数表示
```

运行结果为

```
Transfer function:
              15
———————————————————
5 s^3 + 22 s^2 + 11 s + 12
```

(2)zpk 模型。在 MATLAB 命令窗口键入如下程序:

```
>>Gzpk=zpk(Gtf)        %将多项式传递函数模型转换为 zpk 模型
```

运行结果为

Zero/pole/gain：
```
            3
_ _ _ _ _ _ _ _ _ _ _ _ _ _
(s＋4)(s^2 ＋ 0.4s ＋ 0.6)
```

（3）状态空间模型。在 MATLAB 命令窗口键入如下程序：

```
>>Gss＝ss(Gtf)        %将多项式传递函数模型转换为 ss 模型
```

运行结果为

```
a =
          x1     x2     x3
   x1   −4.4   −1.1   −1.2
   x2    2      0      0
   x3    0      1      0
b =
        u1
   x1   1
   x2   0
   x3   0
c =
        x1   x2   x3
   y1    0    0   1.5
d =
        u1
   y1   0
Continuous - time model.
```

【例 9-8】 已知系统的零极点模型为 $G(s)=\dfrac{10(s+2)(s+6)}{(s+1)(s+3)(s+5)}$，试求其传递函数模型及状态空间模型。

解：（1）zpk 模型。在 MATLAB 命令窗口键入如程序：

```
>> z=[−2 −6]';
>> p=[−1 −3 −5]';
>> k=10;
>>Gzpk=zpk(z,p,k)    %得到系统 zpk 模型
```

运行结果为

```
Gzpk =
  10 (s＋2) (s＋6)
_ _ _ _ _ _ _ _ _ _ _
(s＋1) (s＋3) (s＋5)
Continuous - time zero/pole/gain model.
```

（2）tf 模型。

>> [num,den]=zp2tf(z,p,k)　%得到 tf 模型分子分母参数

```
num =
    0    10    80    120
den =
    1    9    23    15
```

（3）ss 模型。

>> [a,b,c,d]=zp2ss(z,p,k)　　%由系统 zpk 模型转换得到 ss 模型参数

```
a =
    -1.0000         0         0
     1.0000   -8.0000   -3.8730
          0    3.8730         0
b =
     1
     0
     0
c =
    10.0000         0   -7.7460
d =
     0
```

【例 9-9】　将双输入双输出的系统模型 $\begin{bmatrix} \dot{x}_1 \\ \dot{x}_2 \end{bmatrix} = \begin{bmatrix} 1 & -2 \\ 3 & -5 \end{bmatrix} \begin{bmatrix} x_1 \\ x_2 \end{bmatrix} + \begin{bmatrix} 0 & 2 \\ 1 & 0 \end{bmatrix} \begin{bmatrix} u_1 \\ u_2 \end{bmatrix}$　转换为多项 $\begin{bmatrix} y_1 \\ y_2 \end{bmatrix} = \begin{bmatrix} 0 & 2 \\ 1 & 3 \end{bmatrix} \begin{bmatrix} x_1 \\ x_2 \end{bmatrix} + \begin{bmatrix} 0 & 2 \\ 3 & 1 \end{bmatrix} \begin{bmatrix} u_1 \\ u_2 \end{bmatrix}$

式形式的传递函数模型。

解：

MATLAB 命令窗口键入的程序	运行结果
>> a=[1 -2;3 -5]; >> b=[0 2;1 0]; >> c=[0 2;1 3]; >> d=[0 2;3 1]; >> [num1,den1]=ss2tf(a,b,c,d,1)	num1 = 　　　0　2.0000　-2.0000 　3.0000　15.0000　-2.0000 den1 = 　1.0000　4.0000　1.0000
>> [num2,den2]=ss2tf(a,b,c,d,2) %得到第 2 路输入对应的传递函数参数	num2 = 　2.0000　8.0000　14.0000 　1.0000　6.0000　29.0000 den2 = 　1.0000　4.0000　1.0000

续表

MATLAB 命令窗口键入的程序	运行结果
Gss＝ss(a,b,c,d)； Gtf＝tf(Gss) ％直接得到各路传递函数	Transfer function from input 1 to output... 　　　　　2 s － 2 ＃1：－ － － － － － － 　　　　s⁻2 ＋ 4 s ＋ 1 　　　　3 s⁻2 ＋ 15 s － 2 ＃2：－ － － － － － － 　　　　s⁻2 ＋ 4 s ＋ 1 Transfer function from input 2 to output... 　　　　2 s⁻2 ＋ 8 s ＋ 14 ＃1：－ － － － － － － 　　　　s⁻2 ＋ 4 s ＋ 1 　　　　s⁻2 ＋ 6 s ＋ 29 ＃2：－ － － － － － － 　　　　s⁻2 ＋ 4 s ＋ 1

说明：系统传递函数矩阵为 $\dfrac{\boldsymbol{Y}(s)}{\boldsymbol{U}(s)}=\left[\boldsymbol{C}\,(s\boldsymbol{I}-\boldsymbol{A})^{-1}\boldsymbol{B}+\boldsymbol{D}\right]$，由以上计算可获得系统的传递矩阵。对以上双输入双输出的系统模型，在使用 ss2tf 函数时需要使用参数 iu 来指定输入和输出的对应关系。

9.2　由结构图获得数学模型

结构图中模型间的连接主要有串联连接、并联连接、串并联连接和反馈连接等。MATLAB 提供了系统模型连接化简的不同函数，其中的主要函数及功能说明如表 9 - 5 所示。

表 9 - 5　系统结构图连接化简函数

系统模型连接化简函数	功能说明
sys ＝ parallel(sys1,sys2)	并联两个系统，等效于 sys ＝ sys1 ＋ sys2
sys ＝ series(sys1,sys2)	串联两个系统，等效于 sys ＝ sys2 * sys1
sys ＝ feedback(sys1,sys2,sign)	sign＝－1 表示负反馈（可省略）；sign＝1 表示正反馈，等效于 sys＝sys1/(1±sys1 * sys)

【例 9 - 10】　已知系统 $G_1(s)=\dfrac{1}{s+2}$，$G_2(s)=\dfrac{9}{s^2+5s+7}$，求 $G_1(s)$ 和 $G_2(s)$ 分别进行串联、并联和反馈连接后的系统模型。

解：

连接类型	在 MATLAB 窗口键入的程序	运行结果
串联 X1 → G1(s) → X2 → G2(s) → X3	方法 1： >> clear >> num1＝1; >> den1＝[1 2]; >> num2＝9; >> den2＝[1 5 7]; >>G1＝tf(num1,den1); %得到 G1 >>G2＝tf(num2,den2); %得到 G2 >>Gs＝G2 * G1	Transfer function： $$\frac{9}{-s\textasciicircum 3 + 7\ s\textasciicircum 2 + 17\ s + 14}$$
	方法 2： >> Gs1＝series(G1,G2)	
并联 	>>Gp＝G1＋G2	Transfer function： $$\frac{s\textasciicircum 2 + 14\ s + 25}{s\textasciicircum 3 + 7\ s\textasciicircum 2 + 17\ s + 14}$$
	>> Gp1＝parallel(G1,G2)	
	>> Gf＝feedback(G1,G2)	Transfer function： $$\frac{s\textasciicircum 2 + 5\ s + 7}{s\textasciicircum 3 + 7\ s\textasciicircum 2 + 17\ s + 23}$$
反馈 	>> Gf1＝G1/(1＋G1 * G2)	Transfer function： $$\frac{s\textasciicircum 3 + 7\ s\textasciicircum 2 + 17\ s + 14}{s\textasciicircum 4 + 9\ s\textasciicircum 3 + 31\ s\textasciicircum 2 + 57\ s + 46}$$
	>> Gf2＝minreal(Gf1)	Transfer function： $$\frac{s\textasciicircum 2 + 5\ s + 7}{s\textasciicircum 3 + 7\ s\textasciicircum 2 + 17\ s + 23}$$

注：对于反馈连接，虽然运算式与 feedback 函数等效，但得到的系统阶次可能高于实际系统阶次，需要通过 minreal 函数进一步求其最小实现形式。

【例 9 - 11】　已知系统的结构图如图 9 - 2 所示，求系统的传递函数。

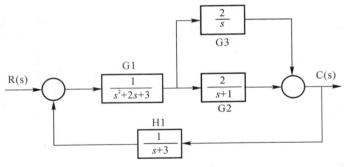

图 9 - 2　例 9 - 11 系统的结构

解：在 MATLAB 命令窗口键入如下程序：

```
>> clear
>> G1=tf(1,[1 2 3]);
>> G2=tf(2,[1 1]);
>> G3=tf(2,[1 0]);
>>H1=tf(1,[1 3]);
>>Gp=G2+G3;               %系统并联部分的化简
>>Gs=series(G1,Gp);       %系统串联部分的化简
>> Gc=Gs/(1+Gs*H1)        %系统负反馈连接
```

运行结果为

```
Transfer function：
        4 s^6 + 26 s^5 + 68 s^4 + 100 s^3 + 72 s^2 + 18 s
   ──────────────────────────────────────────────────────
        s^9 + 9 s^8 + 37 s^7 + 93 s^6 + 155 s^5 + 173 s^4

                          + 125 s^3 + 49 s^2 + 6 s

Continuous - time transfer function.
```

9.3　用拉普拉斯变换求解微分方程

9.3.1　拉普拉斯变换

拉普拉斯变换（简称拉氏变换）与反变换的函数如下：

laplace(f)　　　求函数 f(t)的拉氏变换

ilaplace(F)　　　求 F(s)的拉氏逆变换

【例 9 - 12】　求下列函数的拉氏变换：

(1) $f(t)=t^2$；　　(2) $f(t)=e^{3t}$。

解：在 MATLAB 命令窗口键入如下程序：

```
>>syms t
>>laplace(t^2)
```

运行结果为

```
ans =
    2/s^3
```

```
>>laplace(exp(3 * t))
```

```
ans =
    1/(s-3)
```

【例 9 - 13】 求下列函数的拉氏逆变换：

$(1) \dfrac{1}{(s+1)^2}$；$(2) \dfrac{1}{s^2+4}$。

解：在 MATLAB 命令窗口键入如下程序：

```
>>syms s
>>ilaplace(1/(1+s)^2)
```

运行结果为

```
ans =
    t * exp(-t)
```

```
>>syms s
>>ilaplace(1/(s^2+4))
```

```
ans =
    1/2 * sin(2 * t)
```

9.3.2 用 MATLAB 进行部分分式展开

微分方程的求解方法之一是通过拉氏变换获得解，再进行拉氏反变换获得时域解。其中的部分分式展开法是拉氏反变换必不可少的方法。

考虑下列传递函数

$$\frac{B(s)}{A(s)} = \frac{\text{num}}{\text{den}} = \frac{b_0 s^n + b_1 s^{n-1} + b_2 s^{n-2} + \cdots + b_n}{s^n + a_1 s^{n-1} + a_2 s^{n-2} + \cdots + a_n}$$

式中：a_i, b_i 的某些值可能为零，在 MATLAB 的行向量中，num 和 den 分别表示传递函数的分子和分母的系数，即 num$=[b_0 \quad b_1 \quad \cdots \quad b_n]$，den$=[1 \quad a_1 \quad a_2 \quad \cdots \quad a_n]$。

命令[r,p,k]=residue(num,den)将求出多项式 $B(s)$ 和 $A(s)$ 之比的部分分式展开式中的留数/极点和余项。

【例 9 - 14】 将传递函数 $\dfrac{B(s)}{A(s)} = \dfrac{2s^3 + 5s^2 + 3s + 6}{s^3 + 6s^2 + 11s + 6}$ 按部分分式展开。

解：在 MATLAB 命令窗口键入如下程序：

```
num=[2 5 3 6];
den=[1 6 11 6];
[r,p,k]=residue(num,den)
```

运行结果为

```
r =
    -6.0000
    -4.0000
     3.0000
p =
    -3.0000
    -2.0000
    -1.0000
k =
     2
```

说明：运行结果中 r 为留数列向量；p 为极点列向量；k 为余项列向量，因此

$$\frac{B(s)}{A(s)}=\frac{2s^3+5s^2+3s+6}{s^3+6s^2+11s+6}=\frac{-6}{s+3}+\frac{-4}{s+2}+\frac{3}{s+1}+2$$

然后再通过拉氏反变换就很容易获得其时域表达式。

【**例 9 - 15**】 将传递函数 $G(s)=\dfrac{B(s)}{A(s)}=\dfrac{s^2+2s+3}{s^3+3s^2+3s+1}$ 按部分分式展开（具有重根的情况）。

解：在 MATLAB 命令窗口键入如下程序：

```
num=[0 1 2 3];
den=[1 3 3 1];
[r p k]=residue(num,den)
```

运行结果为

```
r=
    1.0000
    0.0000
    2.0000
p=
    -1.0000
    -1.0000
    -1.0000
k=
    []
```

因此

$$\frac{B(s)}{A(s)}=\frac{1}{s+1}+\frac{0}{(s+1)^2}+\frac{2}{(s+1)^3}$$

9.4　用 MATLAB 求解微分方程

1.微分方程的解析解

MATLAB 中微分方程解析解的求取函数如表 9 - 6 所示。

表 9 - 6　微分方程解析解的求取函数

求微分方程(组)的解析解函数	功能说明
dsolve('方程 1','方程 2',…'方程 n','初始条件','自变量')	如果没有初始条件,则求出方程的通解;如果有初始条件,则求出方程的特解。系统缺省的自变量为 t
$[t,x]=solver('f',ts,x_0,options)$	[t, x]=solver ('f', ts, x₀, options) 自变量值　函数值　ode45 ode23 ode113 ode15s ode23s　由待解方程写成的 m-文件名　$ts=[t_0,t_f]$,t_0,tf 为自变量的初值和终值　函数的初值 ode23:组合的2/3阶龙格-库塔-芬尔格算法 ode45:运用组合的4/5阶龙格-库塔-芬尔格算法 用于设定误差限(缺省时设定相对误差10^{-3},绝对误差10^{-6})命令为:options=odeset('reltol',rt,'obstol'at),rt,at:分别为设定的相对误差和绝对误差

说明:(1)在表达微分方程时,用字母 D 表示求微分,D2、D3 等表示求变量的高阶微分。任何 D 后所跟的字母为因变量,自变量可以指定或由系统规则选定为缺省。例如,微分方程 $\frac{d^2 y}{dx^2}=0$ 应表示为:D2y=0。

(2)在解有 n 个未知函数的方程组时,$x0$ 和 x 均为 n 维向量,M 文件中的待解方程组应以 x 的分量形式来表示。

(3)使用 MATLAB 软件求数值解时,高阶微分方程必须等价地变换成一阶微分方程组。

【例 9 - 16】　求一阶微分方程 $\frac{du}{dt}=1+3u+u^2$ 的通解。

解:在 MATLAB 命令窗口键入如下程序:

```
dsolve('Du=1+3*u+u^2','t')
```

运行结果为

```
ans =
    -3/2-1/2*5^(1/2)*tanh(1/2*5^(1/2)*t+1/2*5^(1/2)*C1)
```

【例 9 - 17】　求二阶微分方程 $\begin{cases} \dfrac{d^2 y}{dx^2}+3\dfrac{dy}{dx}+1=0 \\ y(0)=1,\quad y'(0)=0 \end{cases}$ 的特解。

解:在 MATLAB 命令窗口键入如下程序:

```
y=dsolve('D2y+3*Dy+1=0','y(0)=1,Dy(0)=0','x')
```

运行结果为

```
y =
    -1/9*exp(-3*x)-1/3*x+10/9
```

【**例 9 - 18**】 求解如下一阶微分方程,并绘制 x 和 y 之间的关系。

$$\begin{cases} \dfrac{\mathrm{d}y}{\mathrm{d}x} = y - \dfrac{2x}{y}, & 0 \leqslant x \leqslant 1 \\ y(0) = 1 \end{cases}$$

解:现以步长 $h = 0.1$,用"4 阶龙格-库塔公式"求此方程组的数值解。

(1)建立函数 M 文件。

```
function f=eqs1(x,y)
          f=y-2 * x/y;
end
```

(2)在 MATLAB 命令窗口键入如下程序:

```
[x,y]=ode45('eqs1',0:0.1:1,1)
```

运行结果为

```
x =
         0
    0.1000
    0.2000
    0.3000
    0.4000
    0.5000
    0.6000
    0.7000
    0.8000
    0.9000
    1.0000

y =
    1.0000
    1.0954
    1.1832
    1.2649
    1.3416
    1.4142
    1.4832
    1.5492
    1.6125
    1.6733
    1.7321
```

(3)绘制 x 和 y 之间的关系曲线,如图 9 - 3 所示。

```
>>plot(x,y)
```

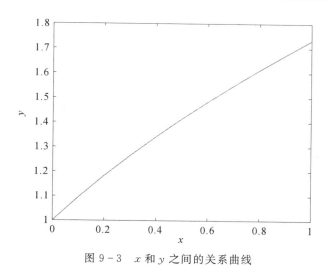

图 9-3　x 和 y 之间的关系曲线

求解器格式为：［自变量，因变量］＝ode45（'函数文件名'，节点数组，初始值）

【例 9-19】 已知一阶微分方程组 $\begin{cases} y'_1 = \cos x + 2y_1 - y_2, & 0 \leqslant x \leqslant 1, \\ y'_2 = \sin x - y_1 + 2y_2, \\ y_1(0) = 0.2, \quad y_2(0) = 0.3. \end{cases}$，求其特解。

解： （1）建立函数 M 文件。

```
function f=eqs2(x,y)
f=[cos(x)+2*y(1)-y(2);sin(x)-y(1)+2*y(2)];
end
```

（2）在 MATLAB 命令窗口键入如下程序：

```
[x,y]=ode45('eqs2',0:0.1:1,[0.2;0.3])
```

运行结果为

```
x =

         0
    0.1000
    0.2000
    0.3000
    0.4000
    0.5000
    0.6000
    0.7000
    0.8000
    0.9000
    1.0000
```

```
y =
    0.2000    0.3000
    0.3193    0.3434
    0.4589    0.3932
    0.6213    0.4482
    0.8101    0.5066
    1.0300    0.5655
    1.2868    0.6210
    1.5886    0.6672
    1.9458    0.6958
    2.3724    0.6954
    2.8871    0.6500
```

(3)绘制 x 和 y 之间的关系曲线,如图 9-4 所示。

```
>> plot(x,y)
```

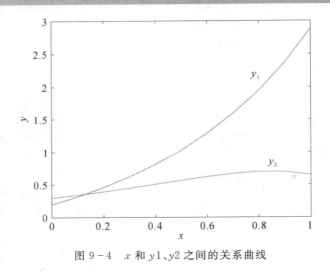

图 9-4　x 和 $y1$、$y2$ 之间的关系曲线

9.5　基于系统辨识工具箱 GUI 界面的模型建立

系统辨识工具箱(System Identification Toolbox App)支持基于测得的输入-输出数据构造动态系统的数学模型,可以对那些难以基于第一性原理或规范建模的动态系统进行建模并加以使用,还可以使用时域和频域输入-输出数据来确定连续时间和离散时间的传递函数、过程模型和状态-空间模型。该工具箱还提供嵌入式在线参数估计算法。

1. 系统辨识 GUI 界面

在 MATLAB 中打开系统辨识 GUI 界面有如下 2 种方式:

(1)在命令窗口中输入"System Identification"。

(2)单击 MATLAB 界面中"APP"栏的系统辨识工具箱按钮,如图 9-5 所示。

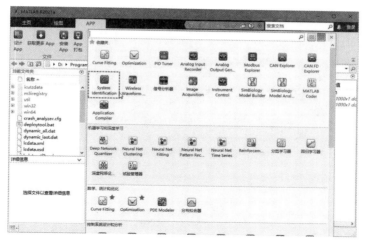

图 9-5　MATLAB 界面中 APP 栏

打开的系统辨识 GUI 界面如图 9-6 所示。

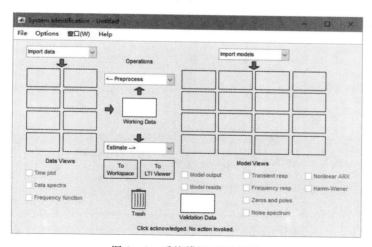

图 9-6　系统辨识 GUI 界面

2. 加载数据

点击"import data"，选择加载类型，可以包括时域的，也可以包括频域的。这里采用 MATLAB 自带的文件 dryer2. mat 中的数据。在命令窗口输入"load dryer2"，按回车键后就可以看到工作空间中的新增变量"u2"和"y2"，如图 9-7 所示。再分别以此作为待辨识系统的输入、输出数据。在 GUI 界面填入相应的输入变量名"u2"，输出变量名"y2"，采样时间选为"0.08"，"Data Name"改为"data1"，"Start Time"设为"0"，如图 9-8 所示。最后点击"import"按钮，可看到刚才的数据"data1"被导入到 GUI 界面，如图 9-8 所示。

3. 参数辨识

选择图 9-9 中的"Time plot"，弹出的绘图结果如图 9-10 所示。由图 9-10 可以看出，输入数据和输出数据有偏差，所以需要利用 GUI 界面的 preprocess 操作预处理数据，利用 remove mean 操作去除偏差，操作完成后得到均值为 0 的数据如图 9-11 所示。

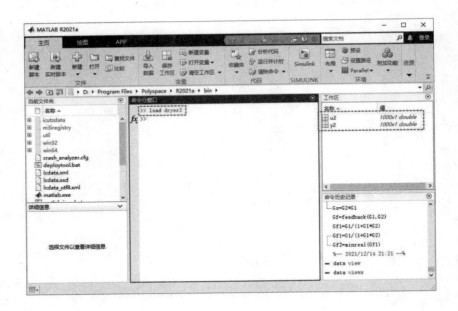

图 9 - 7　调入 MATLAB 自带的数据 dryer2

图 9 - 8　导入数据设置

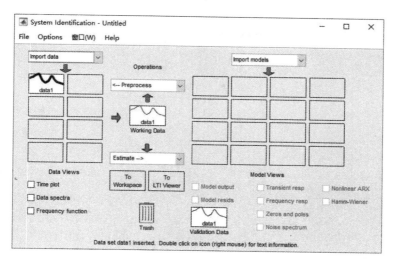

图 9 - 9　数据导入 GUI 界面

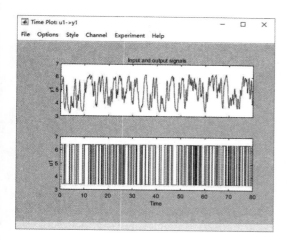

图 9 - 10　原始数据

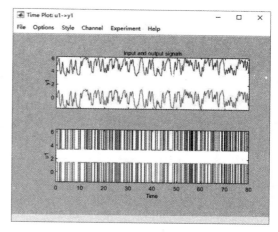

图 9 - 11　处理后的数据

此时 GUI 界面上的 Data Views 里多了 data1,将其拖入 Working Data 中。

4. 结果和验证

点击"Estimate"(估计)中的 Polynomial Models(多项式模型),弹出相应的界面。先在界面上设置"Orders"(阶数)为"[0:8 0:8 0:8]",即模型中三个变量的阶数选为 0~8,如图 9 - 12 所示,再点击"Estimate"按钮弹出 ARX 模型界面,如图 9 - 13 所示,红色、绿色、蓝色分别代表三种不同评价指标下最好的阶次选择,其中红色部分表示符合度最好的模型。

选中图 9 - 13 中的红色部分,再点击"Insert"按钮,从图中可以看到,模型自动加入 GUI 界面的"Import models"中,如图 9 - 14 所示。勾选"model output",弹出模型输出曲线与拟合精度,如图 9 - 15 所示。双击图 9 - 15 的 GUI 界面右侧的模型窗口就会弹出具体的模型表达式,如图 9 - 16 所示。

图 9 - 12　多项式模型参数设置

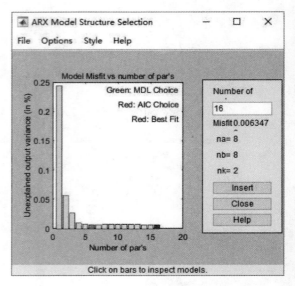

图 9 - 13　ARX 模型参数设置

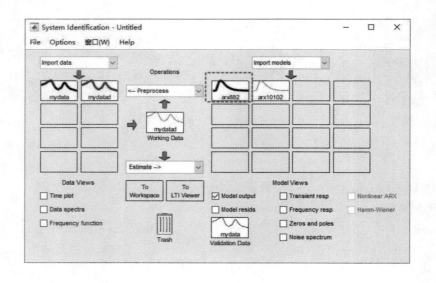

图 9 - 14　模型自动加入 GUI 界面

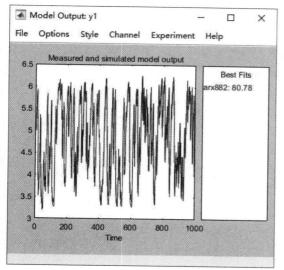

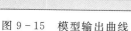

图 9 - 15　模型输出曲线

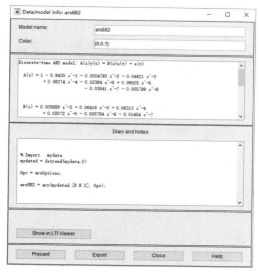

图 9 - 16　模型表达式

当然，系统也可以辨识传递函数、状态空间、滑动平均模型、动态过程模型等，步骤与以上过程类似，这里不再赘述。

习　题　9

1. 建立 $G(s)=\dfrac{2}{s^2+3s+2}$ 的多项式、零极点、状态方程形式的数学模型。

2. 写出 $G(s)=\dfrac{2(s+3)}{s^2(s+1)(s+5)}$ 的多项式、零极点、状态方程形式的数学模型，并且绘制其零极点图。

3. 求如图 9 - 17 所示系统的传递函数。

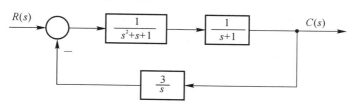

图 9 - 17　习题 3 系统结构图

4. 求解微分方程 $y' + 2xy = x^e - x^2$。

5. 求微分方程 $xy' + y - e^x = 0$ 在初始条件 $y(1) = 2e$ 下的特解并绘制出其解函数的图形。

第10章 控制系统的时域分析

控制系统的时域分析就是在时间域内研究系统在典型输入信号的作用下,其输出响应随时间的变化规律。线性系统时域性能指标是在单位阶跃信号作用下获得的,分为动态特性、稳态特性、稳定性三个方面。MATLAB/Simulink 提供了丰富的函数和功能来完成时域分析过程。

10.1 动态性能分析

10.1.1 阶跃输入响应及性能指标求取

1. 绘制阶跃响应曲线

函数 step 可实现线性定常连续系统的单位阶跃响应,其调用格式和功能如表 10-1 所示。

表 10-1　step 函数格式和功能

函数格式	功　能
step(sys1,…,sysN)	在同一个图形窗口中绘制 N 个系统 sys1,…,sysN 的单位阶跃响应。
step(sys1,…,sysN,T)	指定终止时间 T
step(sys1,'PlotStyle1',…,sysN,'PlotStyleN')	定义曲线属性 PlotStyle
[y,x,t]=step(sys)	得到输出向量、状态向量以及相应的时间向量

说明:(1)线性定常连续系统 sys1,…,sysN 可以是连续时间传递函数、零极点增益及状态空间等模型形式。

(2)系统为状态空间模型时,只求其零状态响应。

(3)T 为终止时间点,由 t=0 开始,至 T 秒结束。终止时间点 T 可省略,缺省时由系统自动确定。

(4)y 为输出向量;t 为时间向量,可省略;x 为状态向量,可省略。

2. 菜单获取性能指标

在 MATLAB 中,通过单位阶跃响应曲线来获取系统的动态性能指标。在阶跃响应曲线图中任意一点处,点击鼠标右键,选择菜单项"Characteristics",弹出的菜单内容包括峰值响应(Peak Response)、最大值(Peak amplitude)、超调量(Overshoot)、峰值时间(Peak time)、调节时间(Settling time)、上升时间(Rise time)、稳态值(Steady State);选择"Properties…",弹出阶跃响应属性编辑对话框,可以重新定义调节时间和上升时间。

【例 10-1】 已知二阶系统的传递函数为 $\Phi(s)=\dfrac{25}{s^2+3s+25}$,绘制其单位阶跃响应曲线,并求取其动态性能指标。

解：在 MATLAB 命令窗口输入如下程序：

```
>> num=25;
den=[1 5 25];
step(num,den)
```

运行结果如图 10-1(a)所示。在曲线图中任意一点处，点击鼠标右键，选择菜单项"Characteristics"，获得其性能指标如图 10-1(b)所示。

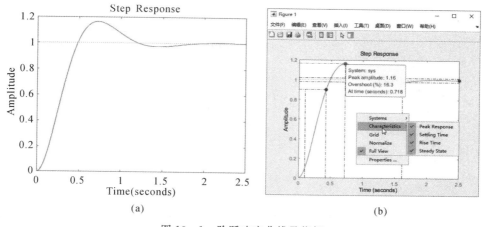

图 10-1　阶跃响应曲线及指标

(a)阶跃响应曲线；　(b)阶跃响应指标获取

3.编程获取性能指标

通过编程也可以获取系统阶跃响应的各项性能指标，这里以例 10-1 为例来说明。

续例 10-1，在 MATLAB 命令窗口继续输入如下程序：

```
G=tf(num,den);
[y,t]=step(G);
C=dcgain(G);          %计算系统稳态值
[Y,k]=max(y);         %计算输出值的峰值
tp=t(k)               %计算峰值时间
%上升时间
n=1;
while y(n)<C          %限制输出不超过稳态值
n=n+1;
end
tr=t(n)               %计算上升时间
%计算调节响应时间
i=length(t);
while(y(i)>0.95*C)&(y(i)<1.05*C)      %计算输出值达到稳态值正负5%范围内的时间
i=i-1;
end
ts=t(i)               %调节时间
```

运行结果为

```
tp =
    0.7184

tr =
    0.4974

ts =
    1.0500
```

4. 计算二阶系统自然频率和阻尼比

在给定一个控制系统后,为进一步分析其阶跃响应的性质,通常会进行自然频率和阻尼比的计算,MATLAB 提供了 damp 函数来辅助两者的计算,其调用格式如下:

[wn,z]= damp(sys)　　　　　　　　计算闭环系统的自然频率和阻尼比。

【例 10-2】 计算一单位负反馈系统 $G(s)=\dfrac{10}{s(s+4)}$ 的阻尼比 ζ 和自然振荡频率 ω_n。

解:在 MATLAB 命令窗口输入如下程序:

```
>> G=tf([10],[1 4 10]);
>> [wn,z]=damp(G)
```

运行结果为

```
wn =
    3.1623
    3.1623
z =
    0.6325
    0.6325
```

10.1.2　脉冲输入响应

MATLAB 提供了 impulse 函数来计算和显示线性连续系统的单位脉冲响应,其主要功能和调用格式如表 10-2 所示。

表 10-2　impulse 函数格式和功能

函数格式	功　能
impulse(sys1,…,sysN)	在同一个图形窗口中绘制 N 个系统 sys1,…,sysN 的单位脉冲响应曲线
impulse(sys1,…,sysN,T)	指定响应时间 T
impulse(sys1,'PlotStyle1',…,sysN,'PlotStyleN')	指定曲线属性 PlotStyle
[y,t,x]= impulse(sys)	得到输出向量、状态向量以及相应的时间向量

【例 10 - 3】　已知系统的传递函数为 $G_1(s) = \dfrac{10}{s^2 + s + 10}$，$G_2(s) = \dfrac{3}{2s + 7}$，计算并绘制其脉冲响应曲线。

解：在 MATLAB 命令窗口输入如下程序：

```
>> G1=tf(10,[1 1 10]);
>> G2=tf(3,[2 7]);
>> impulse(G1,'-',G2,'-.',10)          %指定曲线属性和终止时间
```

运行结果如图 10 - 2 所示。

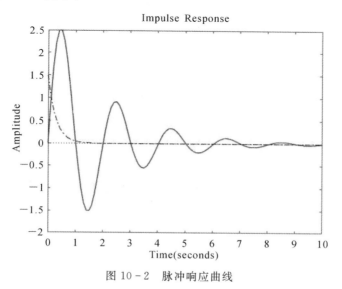

图 10 - 2　脉冲响应曲线

10.1.3　零输入响应

initial 函数用来计算线性定常连续时间系统状态空间模型的零输入响应，其主要功能和调用格式如表 10 - 3 所示。

表 10 - 3　initial 函数格式和功能

函数格式	功　能
initial(sys1,…,sysN,x0)	在同一个图形窗口内绘制多个系统 sys1,…,sysN 在初始条件 x0 作用下的零输入响应
initial(sys1,…,sysN,x0,T)	指定响应时间 T
Initial(sys1,'PlotStyle1',…,sysN,'PlotStyleN',x0)	在同一个图形窗口绘制多个连续系统的零输入响应曲线，并指定曲线的属性 PlotStyle
[y,t,x]=initial(sys,x0)	不绘制曲线，得到输出向量、时间和状态变量响应的数据值

说明：(1)线性定常连续系统 sys 必须是状态空间模型。

(2)T 为终止时间点，由 t＝0 开始，至 T 秒结束。响应时间 T 可省略，缺省时由系统自动确定。

【例 10-4】 已知单位负反馈控制系统的开环传递函数为 $G(s)=\dfrac{100}{s(s+20)}$,用 MATLAB 求其初始条件为[0　1]时的零输入响应。

解:在 MATLAB 命令窗口输入如下程序:

```
>> G1=tf([100],[1 20 0]);
>> G=feedback(G1,1,-1);                %使用函数 feedback( )进行反馈连接
>> GG=ss(G);                           %将传递函数模型转换为状态空间模型
>> initial(GG,[0 1])
```

运行结果如图 10-3 所示。

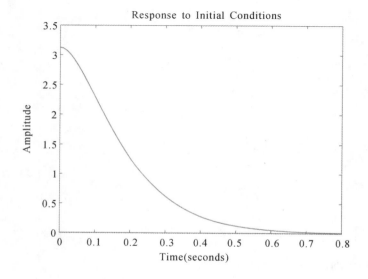

图 10-3　零输入响应曲线

10.1.4　任意输入响应

针对输入信号比较复杂的情况,MATLAB 提供了下列函数进行仿真:

(1)gensig 函数。此函数产生用于函数 lsim 的试验输入信号。gensig 函数的功能和调用格式如下:

[u,t]= gensig(type,tau)　　产生以 tau(单位:秒)为周期并由 type 确定形式的标量
　　　　　　　　　　　　　信号 u,t 为采样周期组成的矢量

[u,t]= gensig(type,tau,T_f,T_s)　　T_f 为信号的持续时间,T_s 为采样周期 t 之间的时间
　　　　　　　　　　　　　　间隔

说明:type 定义的信号形式包括:'sin',正弦波;'square',方波;'pulse',周期性脉冲。

(2)lsim 函数。此函数用来求线性定常系统在任意输入信号作用下的时间响应,其功能和调用格式如表 10-4 所示。

表 10 - 4　lsim 函数功能和格式

函数格式	功　能
lsim(sys,u,t,x0)	绘制系统在给定输入信号和初始条件 x0 同时作用下的响应曲线
lsim(sys,u,t,x0,'method')	指定采样点之间的差值方法为'method'
lsim(sys1,…,sysN,u,t,x0)	绘制 N 个系统在给定输入信号和初始条件 x0 同时作用下的响应曲线
lsim(sys1,'PlotStyle1',…,sysN,'PlotStyleN')	定义曲线属性 PlotStyle
[y,t,x]= lsim(sys,u,t,x0)	不绘制曲线,得到输出向量、时间和状态变量响应的数据值

说明:(1)u 为输入序列,每一列对应一个输入;t 为时间点。u 的行数和 t 相对应。u、t 可以由 gensig 函数产生。

(2)字符串'method'可以指定:'zoh'为零阶保持器;'foh'为一阶保持器。

(3)字符串'method'缺省时,lsim 函数根据输入信号 u 的平滑度自动选择采样点之间的差值方法。

(4)y 为输出向量;t 为时间向量,可省略;x 为状态向量,可省略。

【例 10 - 5】　已知线性定常连续系统的传递函数为 $G_1(s)=\dfrac{10}{s^2+6s+80}$,求其在指定正弦信号作用下的响应。

解:在 MATLAB 命令窗口输入如下程序:

```
>> [u,t]=gensig('sin',4,10,0.1);
```

%用函数 gensig( )产生周期为 4 s,持续时间为 10 s,每 0.1s 采样一次的正弦波

```
>> G=tf(60,[1 6 80]);
>>lsim(G,'-.',u,t)
```

运行结果如图 10 - 4 所示。

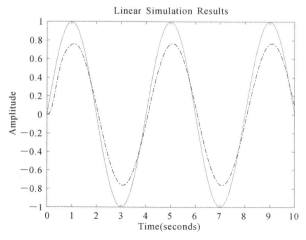

图 10 - 4　正弦信号作用下的响应曲线

10.2 稳态性能分析

稳态性能是控制系统控制准确度的一种度量,也被称为稳态误差。计算稳态误差通常多采用静态误差系数法,此种方法的实质就是求极限问题。MATLAB 符号数学工具箱(Symbolic Math Toolbox)中提供了求极限的 limit 函数,其功能和调用格式如表 10-5 所示。

表 10-5　limit 函数功能和格式

函数格式	功　能
limit(F)	绘制开环系统 sys 的闭环根轨迹,增益 k 由用户指定
limit(F,x,a)	求极限
limit(F,x,a,'right')	求单边右极限
limit(F,x,a,'left')	求单边左极限

★注:极限不存在,则显示 NaN。

【例 10-6】 一个单位负反馈控制系统的传递函数为 $G(s)=\dfrac{100}{s(s+10)}$,用 MATLAB 求其位置误差系数、速度误差系数和加速度误差系数。

解:按照静态误差系数的定义:位置误差系数 $K_p=\lim\limits_{s\to 0}G(s)H(s)$;速度误差系数 $K_v=s\lim\limits_{s\to 0}G(s)H(s)$;加速度误差系数 $K_a=s^2\lim\limits_{s\to 0}G(s)H(s)$。

命令窗口程序	运行结果	备注
>> F=sym('100/(s*(s+10))'); >>Kp=limit(F,'s',0)	Kp =NaN	$K_p=\infty$
>> F=sym('s*100/(s*(s+10))'); >>Kv=limit(F,'s',0)	Kv =10	$K_v=10$
>> F=sym('s^2*100/(s*(s+10))'); >> Ka=limit(F,'s',0)	Ka =0	$K_a=0$

【例 10-7】 已知一个单位反馈系统的开环传递函数为 $G(s)=\dfrac{15}{s(s+9)}$,求当系统输入为阶跃信号时的稳态误差。

解:(1)首先判定系统的稳定性。

```
>>num=[15];
>> [den]=conv([1 0],[1 9]);
>>FI=tf(num,den);
>>sys=feedback(FI,1);
>>roots(sys.den{1})        %求传递函数分母多项式的根
```

运行结果为

```
ans =
    -6.7913
    -2.2087
```

即所求系统闭环的全部特征根都是负值,说明此闭环系统稳定,可以进行稳态误差的计算。

（2）当输入为阶跃信号时,在 MATLAB 命令窗口输入如下程序,阶跃响应曲线与误差响应结果如图 10-5 所示。

```
>>num=[15];
>>[den]=conv([1 0],[1 9]);
>>FI=tf(num,den);
>>sys=feedback(FI,1);
>>step(sys);
>>t=[0:0.001:10];
>>y=step(sys,t);
>>subplot(211),plot(t,y),grid
>>subplot(212),ess=1-y;
>>plot(t,ess),grid
```

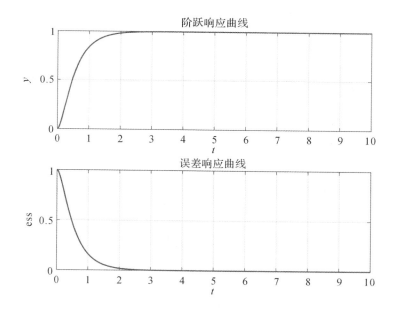

图 10-5 单位阶跃输入响应曲线与误差响应曲线

由图 10-5 中的误差响应曲线可得,此系统的稳态误差为 0。

10.3 稳定性分析

1.利用控制系统稳定的充要条件直接判断

由前面章节的学习已了解控制系统稳定的充要条件是系统的闭环特征根全部位于复平面左半平面,因此可以直接求出闭环特征的根,由其在复平面的位置判断系统的稳定性。求取闭环极点或特征根的函数如表 10-6 所示。

表 10 – 6　求取闭环极点或特征根的函数

函　　数	功　　能
p＝eig(G)	求矩阵的特征根。系统的模型 G 可以是传递函数、状态方程和零极点模型，可以是连续或离散的
P＝pole(G)	求系统 G 的极点
Z＝zero(G)	求系统 G 的零点
[p,z]＝pzmap(sys)	求系统 sys 的极点和零点数值,并不绘制零极点图
r＝roots(P)	求特征方程的根。P 是系统闭环特征多项式降幂排列的系数向量

【例 10 – 8】　已知一个系统的闭环传递函数为

$$\Phi(s)=\frac{s^3+3s+6}{s^6+2s^5+4s^4+10s^3+20s^2+16s+32}$$

用 MATLAB 来判定其稳定性。

解:先在 MATLAB 命令窗口输入如下程序:

```
>> num=[1 0 3 6];
>> den=[1 2 4 10 20 16 32];
>> G=tf(num,den)    %得到系统模型
```

运行结果为

```
G =
                    s^3 + 3 s + 6
       ---------------------------------------------
       s^6 + 2 s^5 + 4 s^4 + 10 s^3 + 20 s^2 + 16 s + 32
```

Continuous – time transfer function。

然后输入如下任何一条语句,都可获得其极点值,由此可直接判断系统的稳定性。

```
>> p=eig(G)        %求系统的特征根
>> p=pole(G)       %求系统的极点
>> p=roots(den)    %求系统特征方程的根
```

运行结果为

```
p =
    -1.7772 + 0.9790i
    -1.7772 - 0.9790i
     0.8938 + 1.7195i
     0.8938 - 1.7195i
    -0.1166 + 1.4339i
    -0.1166 - 1.4339i
```

由此可以看到,此系统的 6 个特征根有 4 个是位于 s 的左半平面上,而另外 2 个位于 s 的右半平面上,所以此系统是不稳定的。

2.利用零极点图判定系统稳定性

【例 10 - 9】　已知一个反馈系统的开环传递函数为 $G(s)=\dfrac{s+6}{s^4+2s^3+4s^2+1}$,用 MATLAB 判断此系统的稳定性。

解: 在 MATLAB 命令窗口输入如下程序,运行结果如图 10 - 6 所示。

```
>> num=[1 6];
>> den=[1 2 4 1];
>> sys=tf(num,den);
>> pzmap(sys)
```

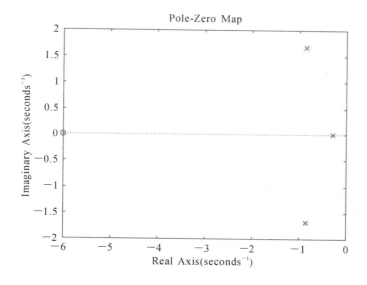

图 10 - 6　零极点图

由图 10 - 6 可知,此系统的特征根全部位于 s 平面的左半平面,因此此负反馈系统是稳定的。

10.4　基于 Simulink 的控制系统分析

MATLAB 除了提供上述函数实现仿真外,通过在 Simulink 中搭建相关模型同样可以实现控制系统的响应仿真及分析。本书第 7 章对 Simulink 已做过详细的介绍。

【例 10 - 10】　已知某控制系统为负反馈系统,其反馈通道的传递函数为 $G_2=0.002$,前向通道传递函数为 $G_1=\dfrac{1.875s^3+6s^2+15.62s+6}{s^4+154s^3+204.2s^2+213.8s+62.5}$,求其在阶跃信号 $u=20$ 时的响应曲线。

解: 利用 Simulink 模块库里的相应模块建立的仿真模型如图 10 - 7 所示,运行后得到的响应曲线如图 10 - 8 所示。

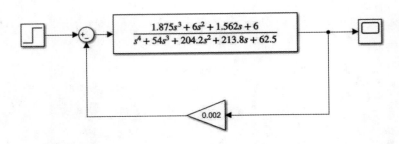

图 10-7　例 10-10 的 Simulink 模型

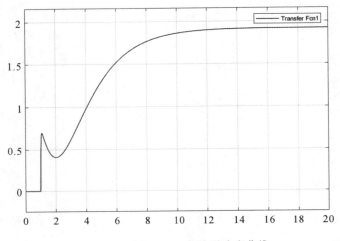

图 10-8　例 10-10 的阶跃响应曲线

【**例 10-11**】　设一单位负反馈系统,系统输入信号为 $r(t)=\sin(t)$,前向通道传递函数为

$$G_1(s) \cdot G_2(s) = \frac{s+2}{(s+1)(s+3)}\frac{s^2+1}{s^2+2s+1}$$,利用 Simulink 比较系统的输入和输出曲线。

解:在 Simulink 软件中建立的系统仿真模块如图 10-9 所示,运行后得到的响应曲线如图 10-10 所示。

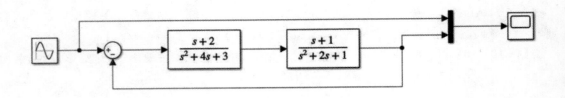

图 10-9　正弦信号响应模型

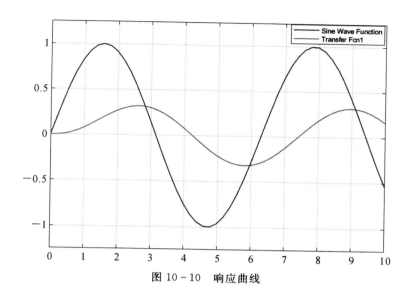

图 10-10　响应曲线

习　题　10

1. 已知一典型二阶系统的传递函数为 $\Phi(s) = \dfrac{\omega_n^2}{s^2 + 2\zeta\omega_n s + \omega_n^2}$。其中：自然频率 $\omega_n = 6$，绘制当阻尼比 ζ 分别为 $0.1, 0.2, 0.707, 1.0, 2.0$ 时系统的单位阶跃响应。

2. 已知一单位反馈系统的开环传递函数为 $G(s) = \dfrac{s+2}{s^2 + 10s + 1}$，求其在指定三角波信号（见图 10-11）作用下的响应，并将输入、输出信号对比进行显示。

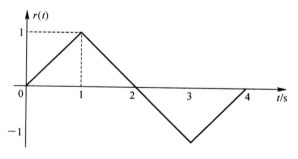

图 10-11　三角波信号

3. 已知一单位负反馈系统的开环传递函数为 $G(s) = \dfrac{s+1}{s^3 + 2s^2 + 9s + 10}$，用 MATLAB 直接计算其极点值和特征根来判断稳此系统的定性。

4. 已知一单位负反馈系统的开环传递函数为 $G(s) = \dfrac{10}{s(s+4)}$，求当系统输入分别为阶跃、速度、加速度时的稳态误差。

5.已知一二阶系统的传递函数为 $G(s) = \dfrac{10s}{s^2 + 5s + 20}$，求该系统的动态性能指标。

6.已知一单位负反馈系统的开环传递函数为 $G(s) = \dfrac{10}{s(s+6)}$，求该系统的阻尼比 ζ 和自然振荡频率 ω_n。

7.已知一单位负反馈系统的开环传递函数为 $G(s) = \dfrac{8}{s(s+7)}$，求其初始条件为 $[0\ 1]$ 时的零输入响应及正弦信号作用下的响应。

8.已经三个单位负反馈系统的开环传递函数如下，首先判定其稳定性。若稳定，求出位置误差系数 K_p、速度误差系数 K_v 和加速度误差系数 K_a。

(1) $G(s) = \dfrac{50}{(0.1s+1)(2s+1)}$；

(2) $G(s) = \dfrac{10}{s(s^2 + 4s + 10)}$；

(3) $G(s) = \dfrac{5(2s+1)}{s^2(s^2 + 5s + 20)}$。

9.已经一单位负反馈系统开环传递函数 $G(s) = \dfrac{8}{s(s+5)}$，计算其稳态误差并分别绘制出在阶跃响应下系统的输出响应曲线与误差响应曲线。

第 11 章　控制系统的根轨迹分析

根据相关章节的学习,系统的闭环极点位于 s 平面的位置是决定该系统是否稳定的重要条件,其动态响应也与系统的极点位置息息相关。根轨迹与系统性能之间有着密切的联系,借由根轨迹进行控制系统的相关分析显得十分必要。MATLAB 控制系统工具箱提供了用于根轨迹分析的相关函数。

11.1　利用 MATLAB 控制系统工具箱函数绘制根轨迹

1. rlocus 函数

rlocus 函数用于计算并绘制根轨迹图,其调用格式及功能如表 11-1 所示。

表 11-1　rlocus 函数使用方法及说明

函数调用格式	功　能
rlocus(sys)	绘制指定系统的根轨迹。缺省情况下,k 由系统自动确定
rlocus(sys,k)	绘制开环系统 sys 的闭环根轨迹,增益 k 由用户指定
rlocus(sys1,sys2,…,sysN)	在同一个窗口中绘制多个系统的根轨迹
[r,k]= rlocus(sys)	不绘制图形,计算并返回系统 sys 的根轨迹值
r=rlocus(sys,k)	不绘制图形,计算并返回系统的根轨迹值,增益 k 由用户指定

说明:(1)系统 sys 为开环系统。

(2)返回根轨迹参数。r 为复根位置矩阵,有 length(k)列,每列对应增益的闭环根返回指定增益 k 的根轨迹参数。

(3)此函数同时适用于连续时间系统和离散时间系统。

【例 11-1】　若一个单位反馈系统的开环传递函数为 $G(s) = \dfrac{K^*}{s(s+2)(s+4)}$,绘制此系统的根轨迹。

解:在 MATLAB 的命令窗口键入如下程序,运行的结果如图 11-1 所示。

```
>> num=1;
>> den=conv([1 2 0],[1 4]);
>> rlocus(num,den)        %绘制根轨迹
```

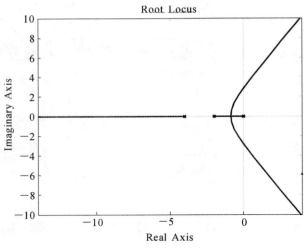

图 11 - 1　例 11 - 1 根轨迹图

```
>> r=rlocus(num,den)     %返回根轨迹参数
```

运行结果为

```
r =

    1.0e+02 *

    0.0000 +0.0000i   -0.0200 + 0.0000i   -0.0400 + 0.0000i
   -0.0011 +0.0000i   -0.0180 + 0.0000i   -0.0409 + 0.0000i
   -0.0013 +0.0000i   -0.0177 + 0.0000i   -0.0411 + 0.0000i
   -0.0015 +0.0000i   -0.0172 + 0.0000i   -0.0412 + 0.0000i
   -0.0018 +0.0000i   -0.0167 + 0.0000i   -0.0414 + 0.0000i
   -0.0022 +0.0000i   -0.0161 + 0.0000i   -0.0416 + 0.0000i
   -0.0027 +0.0000i   -0.0154 + 0.0000i   -0.0419 + 0.0000i
   -0.0033 +0.0000i   -0.0145 + 0.0000i   -0.0422 + 0.0000i
   -0.0042 +0.0000i   -0.0133 + 0.0000i   -0.0425 + 0.0000i
   -0.0056 +0.0000i   -0.0115 + 0.0000i   -0.0428 + 0.0000i
   -0.0082 +0.0000i   -0.0088 + 0.0000i   -0.0431 + 0.0000i
   -0.0085 +0.0000i   -0.0085 - 0.0000i   -0.0431 + 0.0000i
   -0.0085 +0.0003i   -0.0085 - 0.0003i   -0.0431 + 0.0000i
   -0.0084 +0.0022i   -0.0084 - 0.0022i   -0.0432 + 0.0000i
   -0.0082 +0.0045i   -0.0082 - 0.0045i   -0.0437 + 0.0000i
   -0.0079 +0.0062i   -0.0079 - 0.0062i   -0.0442 + 0.0000i
   -0.0076 +0.0076i   -0.0076 - 0.0076i   -0.0447 + 0.0000i
   -0.0073 +0.0090i   -0.0073 - 0.0090i   -0.0453 + 0.0000i
   -0.0070 +0.0103i   -0.0070 - 0.0103i   -0.0460 + 0.0000i
   -0.0067 +0.0116i   -0.0067 - 0.0116i   -0.0467 + 0.0000i
   -0.0063 +0.0129i   -0.0063 - 0.0129i   -0.0475 + 0.0000i
```

$-0.0058 + 0.0142i$	$-0.0058 - 0.0142i$	$-0.0483 + 0.0000i$
$-0.0054 + 0.0156i$	$-0.0054 - 0.0156i$	$-0.0493 + 0.0000i$
$-0.0049 + 0.0169i$	$-0.0049 - 0.0169i$	$-0.0503 + 0.0000i$
$-0.0043 + 0.0184i$	$-0.0043 - 0.0184i$	$-0.0513 + 0.0000i$
$-0.0037 + 0.0198i$	$-0.0037 - 0.0198i$	$-0.0525 + 0.0000i$
$-0.0031 + 0.0213i$	$-0.0031 - 0.0213i$	$-0.0538 + 0.0000i$
$-0.0024 + 0.0229i$	$-0.0024 - 0.0229i$	$-0.0551 + 0.0000i$
$-0.0017 + 0.0245i$	$-0.0017 - 0.0245i$	$-0.0565 + 0.0000i$
$-0.0010 + 0.0262i$	$-0.0010 - 0.0262i$	$-0.0581 + 0.0000i$
$-0.0001 + 0.0280i$	$-0.0001 - 0.0280i$	$-0.0597 + 0.0000i$
$0.0007 + 0.0298i$	$0.0007 - 0.0298i$	$-0.0615 + 0.0000i$
$0.0017 + 0.0318i$	$0.0017 - 0.0318i$	$-0.0633 + 0.0000i$
$0.0027 + 0.0338i$	$0.0027 - 0.0338i$	$-0.0653 + 0.0000i$
$0.0037 + 0.0359i$	$0.0037 - 0.0359i$	$-0.0674 + 0.0000i$
$0.0048 + 0.0381i$	$0.0048 - 0.0381i$	$-0.0697 + 0.0000i$
$0.0060 + 0.0404i$	$0.0060 - 0.0404i$	$-0.0720 + 0.0000i$
$0.0073 + 0.0428i$	$0.0073 - 0.0428i$	$-0.0745 + 0.0000i$
$0.0086 + 0.0453i$	$0.0086 - 0.0453i$	$-0.0772 + 0.0000i$
$0.0100 + 0.0480i$	$0.0100 - 0.0480i$	$-0.0800 + 0.0000i$
$0.0115 + 0.0508i$	$0.0115 - 0.0508i$	$-0.0830 + 0.0000i$
$0.0131 + 0.0537i$	$0.0131 - 0.0537i$	$-0.0861 + 0.0000i$
$0.0147 + 0.0568i$	$0.0147 - 0.0568i$	$-0.0895 + 0.0000i$
$0.0165 + 0.0600i$	$0.0165 - 0.0600i$	$-0.0930 + 0.0000i$
$0.0184 + 0.0634i$	$0.0184 - 0.0634i$	$-0.0967 + 0.0000i$
$0.0203 + 0.0669i$	$0.0203 - 0.0669i$	$-0.1007 + 0.0000i$
$0.0224 + 0.0707i$	$0.0224 - 0.0707i$	$-0.1048 + 0.0000i$
$0.0246 + 0.0746i$	$0.0246 - 0.0746i$	$-0.1092 + 0.0000i$
$0.0269 + 0.0788i$	$0.0269 - 0.0788i$	$-0.1138 + 0.0000i$
$0.0294 + 0.0831i$	$0.0294 - 0.0831i$	$-0.1187 + 0.0000i$
$0.0319 + 0.0877i$	$0.0319 - 0.0877i$	$-0.1239 + 0.0000i$
$0.0347 + 0.0925i$	$0.0347 - 0.0925i$	$-0.1293 + 0.0000i$
$0.0375 + 0.0976i$	$0.0375 - 0.0976i$	$-0.1351 + 0.0000i$
$0.0406 + 0.1030i$	$0.0406 - 0.1030i$	$-0.1411 + 0.0000i$
$1.3911 + 2.4441i$	$1.3911 - 2.4441i$	$-2.8423 + 0.0000i$
$Inf + 0.0000i$	$Inf + 0.0000i$	$Inf + 0.0000i$

【例 11 - 2】　已知一负反馈控制系统的结构框图如图 11 - 2 所示,其中:$G(s) = \dfrac{5}{s(s-2)}$;$H(s) = s + 1$,绘制其闭环系统的根轨迹。

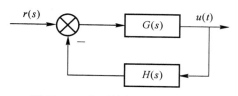

图 11 - 2　负反馈控制系统的框图

解:(1)在 MATLAB 命令窗口键入如下程序,运行结果如图 11-3 所示。

```
>> G=tf([5],[1 -1 0]);
>> H=tf([0.5 1],[1]);
>> sys=G * H;
>>rlocus(sys)
```

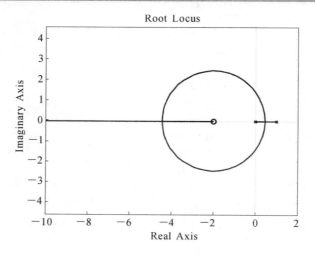

图 11-3   例 11-2 系统的根轨迹

使用鼠标右键菜单可以添加网格线;使用鼠标左键单击图上任意一点,可以得到当前点的详细信息,如图 11-4 所示。

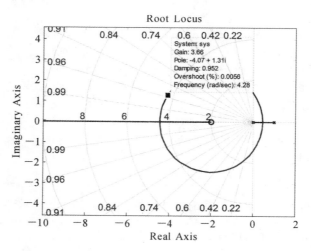

图 11-4   例 11-2 系统的根轨迹修饰和指定点信息

2. sgrid 函数

sgrid 函数用于为连续时间系统的根轨迹图添加网格线,其格式如下:

sgrid(z,wn)   为根轨迹图添加网格线,等阻尼比范围和等自然频率范围分别由向量 z 和 wn 确定

说明:(1)网格线包括等阻尼比线和等自然频率线。

（2）向量 z 和 wn 可缺省。缺省情况下,等阻尼比 z 步长为 0.1,范围为 0～1;等自然频率 wn 步长为 1,范围为 0～10。

例如,在 MATLAB 中,使用 sgrid 函数为例 11-2 中根轨迹添加网格线,结果如图 11-5 所示。

```
>>sgrid
```

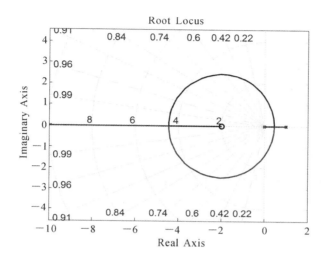

图 11-5　例 11-2 中根轨迹添加网格线

说明:sgrid 函数,在缺省 z 和 wn 的情况下,和使用鼠标右键添加网格线的结果是完全相同的。

3. rlocfind 函数

获得根轨迹上任一点对应的增益和闭环极点值,其调用格式如下:

[K,POLES]＝rlocfind(G)　　在根轨迹上单击一个极点,同时给出该增益所有对应极点值

[K,POLES]＝rlocfind(G,P)　　返回 P 所对应根轨迹增益 K,及 K 所对应的全部极点值

【例 11-3】　若一单位负反馈控制系统的开环传递函数为 $G(s) = \dfrac{K^*(s+0.3)}{s(s+1)(s+3)(s+5)}$,

（1）绘制此系统的根轨迹;

（2）确定当此系统稳定时,参数的取值范围;

（3）当阻尼比 $\zeta = 0.707$ 时,此系统的闭环极点。

解:（1）在 MATLAB 命令窗口键入如下程序,绘制出此系统的根轨迹如图 11-6 所示。

```
>> num＝[1 0.3];
>> den＝conv([1 1 0],[1 8 15]);
>> G＝tf(num,den);
>> K＝0:0.05:200;
>> rlocus(G,K)        % 绘制系统的根轨迹
```

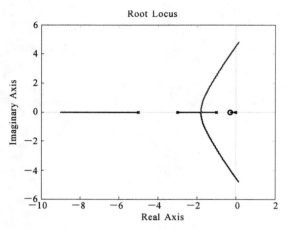

图 11-6   例 11-3 系统的根轨迹图

（2）确定根轨迹与虚轴的交点。

`>> [K,POLES]=rlocfind(G)%确定根轨迹与虚轴交点的 K 值`

```
Select a point in the graphics window
selected_point =
        0.0041 + 4.5722i
K =
      173.2049
POLES =
      -8.7517
        0.0183 + 4.5647i
        0.0183 - 4.5647i
      -0.2849
```

（3）绘制根轨迹上 $\zeta=0.707$ 时的系数线，如图 11-7 所示。

`>> sgrid(0.707,[])        %只画 ζ=0.707 系数线`

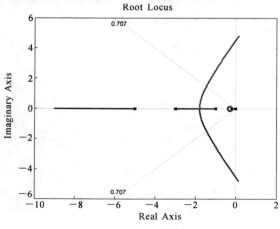

图 11-7 $\zeta=0.707$ 系数线

〔K1,POLES1〕=rlocfind(G)　%运行后,点击根轨迹与ζ=0.707 线交点,获得交点开环增益及极点值

```
Select a point in the graphics window
selected_point =
       −1.4675 + 1.4668i
K1 =
       13.8257
POLES1 =
       −5.9157
       −1.4602 + 1.4640i
       −1.4602 − 1.4640i
       −0.1640
```

说明:由于根轨迹图上选点的误差,临界点的值一般接近于根轨迹与虚轴的交点。此题中,系统稳定的增益范围为 $0<K<173$ 。

11.2　利用 rltool 绘制和分析系统根轨迹

MATLAB 图形化根轨迹法分析与设计工具 rltool 是对单输入单输出系统进行分析设计的,既可以分析系统根轨迹,又能对系统进行设计。在设计零极点的过程中,能够不断地观察系统的响应曲线,看其是否满足控制性能的要求,以此来达到提高系统控制性能的目的。

(1)用户在 MATLAB 命令窗口输入 rltool 命令,即可打开图形化根轨迹法分析与设计工具,如图 11-8 所示,该界面的具体介绍见 13.2 节。

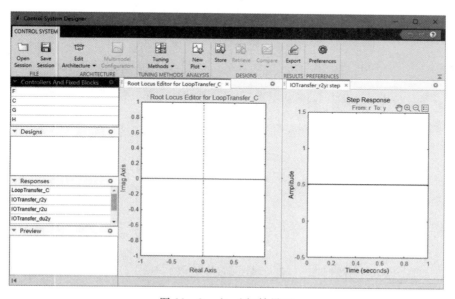

图 11-8　rltool 初始界面

(2)用 rltool 命令也可以打开此界面,其调用格式及功能如表 11-2 所示。

表 11 - 2　rltool 命令调用格式及功能

函数调用格式	功　能
rltool(Gk)	指定开环传递函数
rltool(Gk,Gc)	指定待校正传递函数和校正环节
rltool(Gk,Gc,LocationFlag,... FeedbackSign)	指定待校正传递函数和校正环节,并同时指定校正环节的位置和反馈类型 LocationFlag = 'forward':位于前向通道 LocationFlag = 'feedback':位于反馈通道 FeedbackSign = −1:负反馈 FeedbackSign = 1:正反馈
rltool(Gk)	指定开环传递函数

　　用户还可以通过 Select Control Architecture 窗口进行系统模型的修改,也可在不同的环节导入已有模型数据,如图 11 - 9 所示。

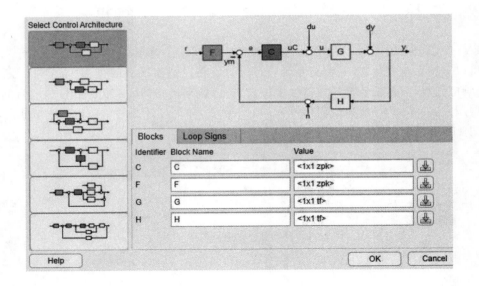

图 11 - 9　rltool 工具的 Select Control Architecture 窗口

　　用户还可以通过点击根轨迹绘制区域切换到"ROOT LOCUS EDITOR"窗口进行校正环节参数的修改,如增加或删除零极点来改变系统的性能,同时在右侧显示阶跃响应曲线,如图 11 - 10 所示。

　　【例 11 - 5】　已知一系统开环传递函数为 $G(s) = \dfrac{K^*(s+2)}{s(s+1)(s+3)}$,用根轨迹设计器查看此系统增加开环零点或开环极点后对系统的性能的影响。

　　解:(1)打开 rltool 工具。在 MATLAB 命令窗口输入如下程序,运行结果如图 11 - 11 所示。

```
>> G=tf([1 2],conv([1 1 0],[1 3]));
>> rltool(G)
```

（2）增加开环零点。在图 11－11 中点击根轨迹区域，系统切换到"ROOT LOCUS EDITOR"窗口，在其工具条中选择增加一对共轭复数零点的图标，在窗口相应位置点击鼠标左键，加入相应零点，根轨迹也随之发生变化。这里选择增加零点－0.476±4.04j，根轨迹和选中点的阶跃响应如图 11－12 所示。

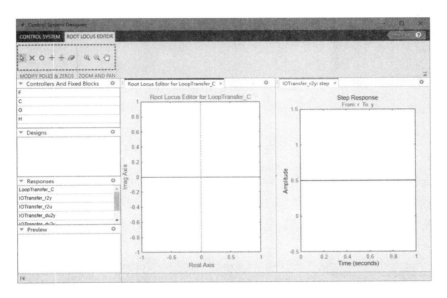

图 11－10　rltool 工具 Root Locus Editor 窗口

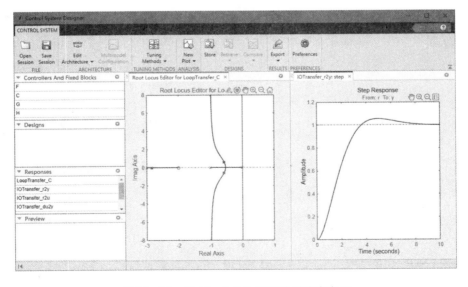

图 11-11　例 11-5 根轨迹和阶跃响应窗口

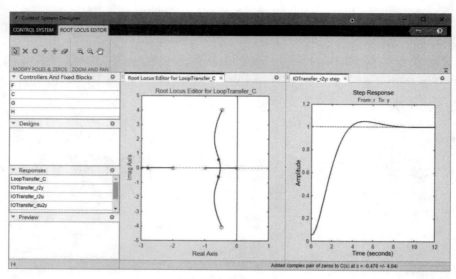

图 11-12　增加零点后的根轨迹和阶跃响应

由此可见,增加开环零点－0.476±4.04j 后,系统的根轨迹在 s 平面左侧,系统是稳定的。

(3)增加开环极点。增加开环极点－0.476±4.04j 后,系统的根轨迹和选中点的阶跃响应如图 11-13 所示。

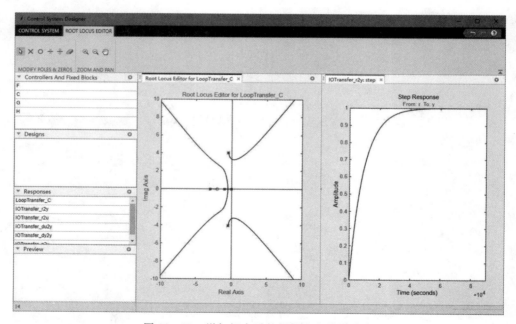

图 11-13　增加极点后的根轨迹和阶跃响应

由此可见,增加开环极点－0.476±4.04j 后,此系统的根轨迹跨过虚轴进入 s 平面的右侧,系统出现不稳定的情况。

习　题　11

1.绘制下列单位负反馈系统的根轨迹,如果与虚轴相交,求出交点的 K^* 值。

$(1)G(s) = \dfrac{K^*(s+6)}{s(s+2)(s^2+4s+16)}$;

$(2)G(s) = \dfrac{K^*(s+4)}{s(s^2+8s+16)}$;

$(3)G(s) = \dfrac{K^*(s+5)}{s(s+2)(s^2+4s)}$ 。

2.已知一单位负反馈系统的开环传递函数为 $G(s) = \dfrac{K^*(s+1)}{s^3+4s^2+2s+9}$,绘制此系统的根轨迹。

3.已知一系统的开环传递函数为 $G(s) = \dfrac{K^*(s^2+5s+6)}{s^3+8s^2+3s+25}$,求:(1)绘制此系统根轨迹;(2)确定此系统稳定的 K 的范围;(3)分别绘制 K 为 1 和 5 时闭环系统的阶跃响应。

4.利用 rltool 工具设计开环传递函数为 $G(s) = \dfrac{s+0.125}{s^2(s+5)(s+20)(s+50)}$ 的单位反馈系统,使其阶跃响应具有良好的性能。

第 12 章　控制系统的频率特性分析

常用的频率特性曲线有三种：对数频率特性曲线（Bode 图）、幅相频率特性曲线（Nyquist 曲线）和对数幅相曲线（Nichols 曲线）。频域分析方法的基本内容之一就是绘制这三种曲线。本章仅介绍 Bode 图和 Nyquist 曲线。

12. 1　Nyquist 曲线

nyquist 函数用来计算并绘制线性定常系统的幅相频率特性曲线，其使用方法及说明如表 12‐1 所示。

表 12‐1　nyquist 函数的使用方法及说明

使用方法	说　明
nyquist(sys1,…,sysN)	在同一个图形窗口中同时绘制 N 个系统 sys1,…,sysN 的 Nyquist 曲线
nyquist(sys1,…,sysN,w)	指定频率范围 ω
nyquist(sys1,'PlotStyle1',…,sysN,'PlotStyleN')	定义曲线属性 PlotStyle
[re,im,w]＝nyquist(sys)	计算系统 sys 的幅相频率特性数据值
[re,im]＝nyquist(sys,w)	指定频率范围,计算系统 sys 的幅相频率特性数据值

说明：

（1）此函数用于绘制频率 ω 从 −∞ 变化至 ＋∞ 的幅相曲线,曲线关于实轴对称。

（2）频率范围 ω 可缺省,缺省情况下由 MATLAB 根据数学模型自动确定;用户指定 ω 的方法为 w＝{wmin,wmax}。

（3）re 表示幅相频率特性的实部向量,im 表示幅相频率特性的虚部向量,w 表示幅相频率特性的频率向量。

【例 12‐1】　已知一单位负反馈系统的开环传递函数为 $G(s)=\dfrac{8(s+0.2)}{s(s+1)(s+5)}$,试绘制其 Nyquist 曲线。

解：（1）在 MATLAB 命令窗口键入如下程序,绘制的 Nyquist 曲线如图 12‐1 所示。

```
>> z=[−2];p=[0 −1 −5];k=8;
>> G=zpk(z,p,k);
>>nyquist(G)
```

（2）添加网格线。用鼠标右键单击图中任意一处,选择菜单项"Grid"即可添加网格线,运行结果如图 12‐2 所示。

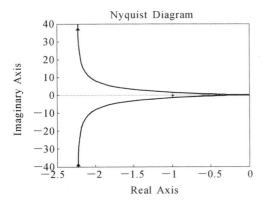

图 12-1　例 12-1 的 Nyquist 曲线

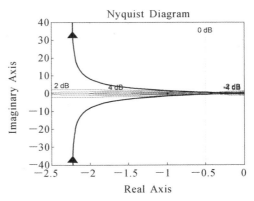

图 12-2　例 12-1 的 Nyquist 曲线添加网格线

（3）绘制 ω 从 0 变化至 $+\infty$ 的 Nyquist 曲线。默认 Nyquist 曲线的绘制是 ω 从 $-\infty$ 变化至 $+\infty$，如果只绘制 ω 从 0 变化至 $+\infty$ 的 Nyquist 曲线，可以使用鼠标右键单击图中任意一处，先选择菜单项"Show"，然后去掉勾选项"Negative Frequencies"，运行结果如图 12-3 所示。

（4）判断系统的稳定性。用鼠标右键单击图中任意一处，在菜单项中选择"Characteristics"，并选择其中的"Minimum Stability Margins"，运行结果如图 12-4 所示。此时，很容易判断此闭环系统稳定性。

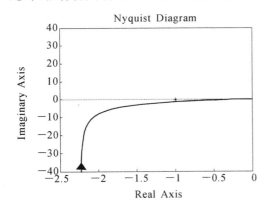

图 12-3　例 12-1 的 Nyquist 曲线（ω:0～$+\infty$）

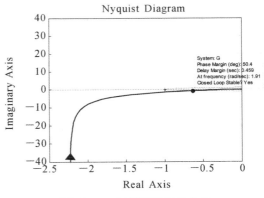

图 12-4　系统稳定属性显示

从图 11-4 中可得，系统的相位裕度为 50.4°，此闭环系统稳定。

12.2　Bode 图的绘制

Bode 图由对数幅频特性曲线和对数相频特性曲线组成，是工程中广泛使用的一组曲线。两条曲线的横坐标相同，均按照 $\lg\omega$ 分度（单位：rad/s）。对数幅频特性曲线的纵坐标按照线性分度（单位：dB）；对数相频特性曲线的纵坐标按照线性分度（单位：度）。

1. bode 函数

bode 函数用来计算并绘制线性定常连续系统的对数频率特性曲线,其使用方法及说明如表12－2所示。

表 12－2　bode 函数的使用方法及说明

使用方法	说　明
bode(sys1,…,sysN)	在同一个图形窗口中绘制 N 个系统 sys1,…,sysN 的 Bode 图
bode(sys1,…,sysN,w)	指定频率范围 w,w＝{wmin,wmax}
bode(sys1,'PlotStyle1',…,sysN,'PlotStyleN')	定义曲线属性 PlotStyle
[mag,phase,w]＝ bode(sys)	不绘制曲线,得到幅值向量、相位向量和频率向量

说明:系统 sys 既可为单输入单输出系统,又可以是多输入多输出系统,其形式可以是传递函数模型、状态空间模型或零极点增益模型等多种形式。

【例 12－2】　已知一系统的开环传递函数为 $G(s)=\dfrac{10(s+1)}{(s+4)(s+0.1)(s+2)}$,试绘制其 Bode 图。

解:(1)在 MATLAB 命令窗口键入如下程序,运行结果如图 12－5 所示。

```
>> G=zpk(-1,[-4,-0.1,-2],10);
>> bode(G)
```

(2)获得指定点的幅值和频率。用鼠标左键单击曲线上任意一点,可得到这一点的对数幅频(或相频)值以及相应的频率值,如图 12－6 所示。

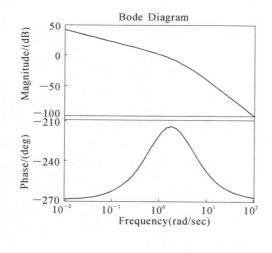

图 12－5　例 12－2 的 Bode 图

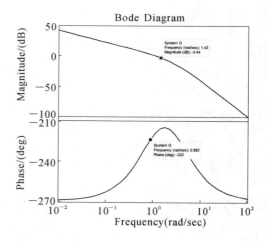

图 12－6　例 12－2 的 Bode 图指定点值

(3)显示特性设置。用鼠标右键单击图中任意处,会弹出相应的菜单,在菜单"Show"中可以选取显示或隐藏对数幅频特性曲线(Magnitude)或对数相频特性曲线(Phase),如图 12－7 所示。

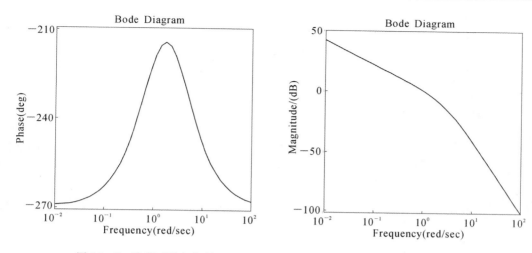

图 12-7　隐藏对数幅频特性曲线（Magnitude）或对数相频特性曲线（Phase）

（4）添加网格线。用鼠标右键单击图中任意处，会弹出相应的菜单，在弹出菜单中选择
"Grid"来添加网格线，添加网格后的效果如图 12-8 所示。

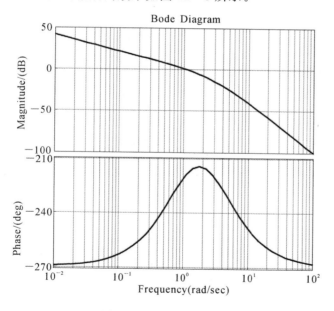

图 12-8　Bode 图添加网格线

2. margin 函数

margin 函数用来计算开环系统所对应的闭环系统频域指标，其调用格式如下：

margin(sys)　　　　绘制 Bode 图，并将稳定裕度及相应的频率标示在图上

$[G_m,P_m,W_{cg},W_{cp}]=$ margin(sys)　　　不绘制曲线，得到稳定裕度数据值

$[G_m,P_m,W_{cg},W_{cp}]=$ margin(mag,phase,w)　　　w 为频率范围

说明：（1）在绘制的 Bode 图中，稳定裕度所在的位置将用垂直线标示出来。

（2）每次只能计算或绘制一个系统的稳定裕度。

(3)返回值中,G_m 表示幅值裕度;P_m 表示相位裕度(单位:度);W_{cg} 表示截止频率;W_{cp} 表示穿越频率。

【例 12-3】 设一单位负反馈的开环传递函数为 $G(s) = \dfrac{K}{s(s+1)(0.1s+1)}$,计算 $K=5$ 和 $K=20$ 时的稳定裕度。

解:(1)在 MATLAB 命令窗口键入如下程序,$K=5$ 时的 Bode 图如图 12-9 所示。

```
>> G=zpk([],[0 -1 -10],50);
>> margin(G)
```

(2)求 $K=5$ 稳定裕度数据值。

```
>> [Gm,Pm,Wcg,Wcp]=margin(G)
```

运行结果为

```
Gm =
    2.2000
Pm =
    13.5709
Wcg =
    3.1623
Wcp =
    2.1020
```

(3)在 MATLAB 命令窗口键入如下程序,$K=20$ 时的 Bode 图如图 12-10 所示。

```
>> G1=zpk([],[0 -1 -10],200);
>> margin(G1)
```

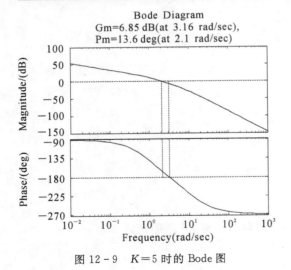

图 12-9 $K=5$ 时的 Bode 图

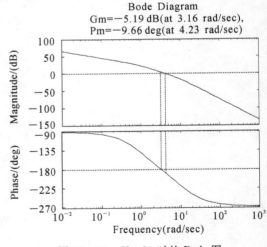

图 12-10 $K=20$ 时的 Bode 图

(2)求 $K=20$ 稳定裕度数据值。

```
>> [Gm,Pm,Wcg,Wcp]=margin(G1)
```

运行结果为

```
Gm =
    0.5500
Pm =
    -9.6566
Wcg =
    3.1623
Wcp =
    4.2337
```

★注：MATLAB 绘制的 Bode 图中 Gm 的单位不是分贝。若要用分贝表示,则需按照 20lg(Gm)进行计算。

3. allmargin 函数

allmargin 函数用于计算系统的稳定裕度及截止频率,其调用格式如下:

S＝allmargin(sys)

说明:(1)返回变量 S 包括以下几个内容。

GMFrequency:穿越频率(单位:rad/s);

GainMargin:幅值裕度(单位:(°));

PMFrequency:截止频率(单位:rad/s);

PhaseMargin:相位裕度(单位:(°));

DelayMargin:延迟裕度(单位:s)及临界频率(单位:rad/s);

Stable:相应闭环系统稳定(含临界稳定)时值为 1,否则为 0。

(2)系统 sys 不能为频率响应数据模型。

(3)输出为无穷大时,用 Inf 表示。

【例 12-4】　设一单位反馈伺服系统的开环传递函数为 $G(s) = \dfrac{40}{s^2 + 5s}$,计算其稳定裕度及相应的穿越频率、截止频率。

解:在 MATLAB 命令窗口输入如下程序:

```
>> G=tf(2000,[1 10 0]);
>> S=allmargin(G)
```

运行结果为

```
S =
    GainMargin：Inf
    GMFrequency：Inf
    PhaseMargin：42.7008
    PMFrequency：5.4183
    DelayMargin：0.1375
    DMFrequency：5.4183
         Stable：1
```

★注:这里返回的 S 为结构数组。

习　题　12

1.绘制一阶惯性环节 $G(s)=\dfrac{3}{5s+1}$ 的 Nyquist 曲线。

2.已知某系统的开环传递函数为 $G(s)=\dfrac{10}{s^2+2s+10}$ ，绘制其 Bode 图。

3.已知某系统的开环传递函数为 $G(s)=\dfrac{K}{s(0.5s+1)(0.1s+1)}$ ，试用 MTLAB 分析在不同 K 值下此系统的稳定性。

4.已知一单位负反馈系统的开环传递函数 $G(s)=\dfrac{2}{s(s+1)(s+2)}$ ，试利用 MTLAB 求此系统的稳定裕度。

5.已知一线性定常系统的零极点增益模型为 $G(s)=\dfrac{2(s+0.5)}{(s+4)(s+2)(s+0.1)}$ ，绘制其 Bode 图、显示网格线，并分析网格线呈现非线性分布的原因。

6.设有如下四个单位负反馈开环传递函数，分别求出以下系统的 Nyquist 曲线及 Bode 图，同时还要求出这些系统的截止频率、穿越频率、幅值裕度、相位裕度及闭环系统是否稳定。

$(1)G(s)=\dfrac{50}{(s+1)(s+2)(s+3)}$ ；

$(2)G(s)=\dfrac{4(s+0.5)}{(s+0.1)(s+5)(s+10)}$ ；

$(3)G(s)=\dfrac{4(s+0.8)}{(s+1)(s+10)}$ ；

$(4)G(s)=\dfrac{8(s+0.2)(s+2)}{(s+0.1)(s+0.5)(s+10)}$ 。

第 13 章　控制系统的校正

当控制系统的动、静态性能不能满足实际工程中所要求的性能指标时,用户可以调整现有系统的参数,或是在原有系统中增添一些装置和元件,从而改变系统的结构和性能,使之满足实际要求的性能指标,这一方法称为校正。校正的设计方式比较灵活,MATLAB 依据控制原理提供了相应的设计手段,可以方便地设计控制器。

13.1　编程实现校正

MATLAB 提供了大量的函数,通过编程很容易实现对控制系统的校正,避免了的大量的计算和手工绘图;能够直观、快速地给出相应的校正系统。

【例 13 - 1】 设一单位反馈系统的开环传递函数为 $G_0(s) = \dfrac{40}{s(0.2s+1)(0.062\,5s+1)}$,要求设计串联滞后校正装置,使校正后系统的相角裕度为 $50°$,幅值裕度大于 15 dB。

解:(1)由要求的校正后相角裕度 γ' 计算校正后截止频率 ω'_c 。

选取 $\varphi(\omega'_c) = -6°$,而校正后的 $\gamma' = 50°$,于是校正装置的 $\gamma(\omega'_c) = \gamma' - \phi(\omega'_c) = 56°$ 。由 $\gamma = 90° - \arctan 0.2\omega'_c - \arctan 0.062\,5\omega'_c = 56°$ 解得, $\omega'_c = 2.38$ rad/s。

(2)在 MATLAB 命令窗口键入如下程序:

```
>>num1 = 40;
>>den1 = conv([0.2 1 0],[0.0625 1]);
>>sys1 = tf(num1,den1);
```

运行结果为

```
Transfer function:
            40
————————————————————————
0.0125 s^3 + 0.2625 s^2 + s
```

(3)绘制 Bode 图,计算校正前幅值裕度和相角裕度,如图 13 - 1 所示。

```
margin(sys1);        %获得校正前幅值裕度和相角裕度
```

(4)由校正后的截止频率计算对数幅值裕度。

```
>>w=2.4;
>>[mag]=bode(sys1,w);
>>magL = 20 * log10(mag)        %计算对数幅值裕度
```

运行结果为

```
magL =
    23.4399
```

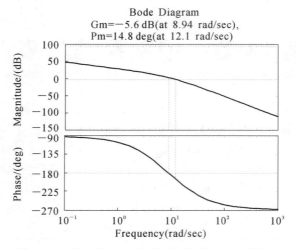

图 13-1　校正前 Bode 图获得幅值裕度和相角裕度

（5）计算校正装置，并绘制校正后的系统 Bode 图，如图 13-2 所示。

```
>> b = 10^(-mag/20);%滞后
>> T = 1/(0.1 * w * b);
>> num2 = conv([40],[b * Tz 1]);
>> den2 = conv([0.01251 0.26255 1 0],[Tz 1]);
>> sys2 = tf(num2,den2);
>> margin(sys2)
```

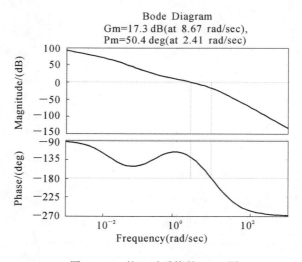

图 13-2　校正后系统的 Bode 图

由计算可以得到，滞后校正装置为

$$G_c(s) = \frac{1+4.2s}{1+61.92s}$$

13. 2　SISO 设计工具实现校正

1. 简介

SISO 设计工具(SISO Design Tool)是 MATLAB 提供的能够分析及调整单输入单输出反馈控制系统的图形用户界面。使用 SISO 设计工具可以设计五种类型的反馈系统，如图 13-3 所示。图中 $C(s)$ 为校正装置的数学模型；$G(s)$ 为被控对象的数学模型；$H(s)$ 为传感器(反馈环节)的数学模型；$F(s)$ 为滤波器的数学模型。

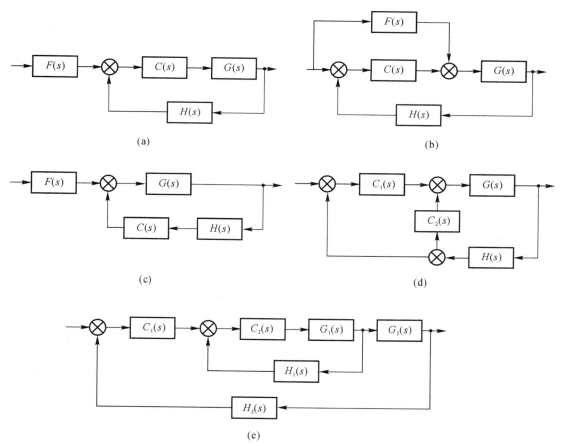

图 13-3　SISO 设计工具中的四种反馈系统

(a)校正装置位于前向通道；　(b)按输入补偿的复合校正；　(c)校正装置位于反馈通道；

(d)校正装置位于局部回路；　(e)具有内反馈回路的校正系统

SISO 设计工具的应用包括：①应用根轨迹法改善闭环系统的动态特性；②改变开环系统 Bode 图的形状；③添加校正装置的零点和极点；④添加及调整超前/滞后网络和滤波器，检验闭环系统响应；⑤调整相位及幅值裕度；⑥实现连续时间模型和离散时间模型之间的转换。

2. 步骤

(1)首先编写 M 文件,建立各环节的传递函数；

（2）在 MATLAB 命令行输入 sisotool，然后按回车键，打开 GUI 界面；

（3）将 workspace 中的模型导入 sisotool；

（4）利用相应的工具进行分析或设计。

3. 工作界面

（1）初始界面。初始弹出的界面为控制系统设计界面（Control System Designer），如图 13-4 所示。

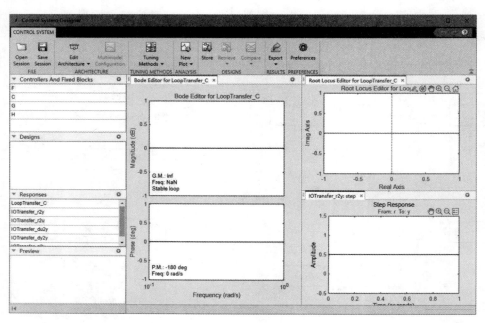

图 13-4　控制系统设计界面

（2）控制系统选项卡（CONTROL SYSTEM）。如图 13-4 所示，在"Control System"选项卡中有"FILE""ARCHITECTURE""TUNING METHODS""ANALYSIS""DESIGNS""RESULTS"和"PREFERENCES"菜单卡，下面依次介绍其功能。

· File 菜单卡有打开会话（Open Session）和存储会话（Save Session）两个工具，这里的事件个体被称为会话。

· Architecture 菜单卡中有编辑结构（Edit Architecture）和多模型窗口（Multimodel Configuration）两个工具。

在"Architecture"菜单中点击"Edit Architecture"图标后，出现的界面如图 13-5 所示。该界面用于选择合适的模型结构，可导入模型 data；点击"Select Control Architecture"选项中的五种模型可以选择模型的结构；在"Blocks"选项卡中可以导入结构图中相应环节的参数值；在"Loop Signs"选项卡中可以设置控制系统的正或负反馈符号。

· Tuning Methods（校正方式）菜单卡分为图形校正（Graphical Tuning）和自动校正（Automated Tuning）两种方式，如图 13-6 所示。

在 Graphical Tuning 方式中有波特图编辑器、闭环波特图编辑器、根轨迹编辑器、尼科尔斯曲线编辑器，主要用于控制要显示的图像，如根轨迹校正肯定要选择根轨迹编辑器，频域校正选择开环 Bode 图等。在 Automated Tuning 中可选择的有 PID 校正（PID tuning）、最优化校正(Optimization Based Tuning)、线性二次高斯控制器设计(LQG Design)、回路成形法(Loop Shaping)、内模控制校正(Internal Model Control Tuning),点击相应图标就可以实现相应的功能。例如,自动校正中提供了 PID 自动整定的功能,实际上 PID 校正是开环零极点配置,PI 控制增加了一个位于原点的开环极点,减小稳态误差,同时也增加了位于左半平面的开环零点,使响应能够迅速。点击以上菜单项可获得相应的校正方法设计界面,该界面是校正器编辑界面,用于选择校正的参数、调整参数以及同步参数的变化。

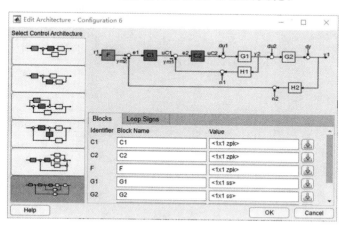

图 13 - 5　Edit Architecture 窗口

可以在一个窗口中显示多种类型的图形。设计工作就是在所显示的图形上完成的。例如,在 graphic tuning 的 root locus 图中使用鼠标在图中增加了开环零极点或改变了闭环极点的位置,响应的变化会在该界面同步更新,显示增益,及所增加的开环零极点的具体数值。

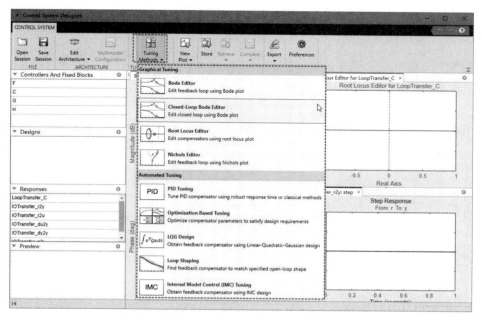

图 13 - 6　Tuning Methods 菜单

·点击 Analysis 菜单中的 NewPlot 选项,打开后的界面如图 13-7 所示,控制系统的参数变化后可选择重新绘制阶跃响应、伯德图、脉冲响应、零极点图等曲线,充分展示系统响应曲线的变化。参数调整后效果好不好,需要看相应的曲线图,该界面控制要显示那些用于分析系统性能的图形。

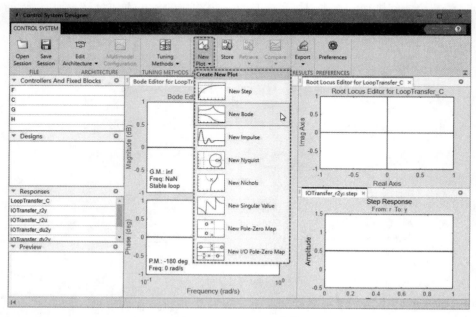

图 13-7 Analysis 菜单

·Designs 菜单中有 Store(存储)、Retrieve(恢复)和 Compare(比较)三种功能,用于修改模块参数后对设计结果进行处理。

·Results 菜单中有两个选项:Export Tuned Blocks 用来将调整的框图值输送到工作空间;Create Simulink Mode 用来以调整的框图值创建 Simulink 模型。

(3)Bode 图编辑器和根轨迹编辑器界面。当在图 13-7 控制系统设计界面中点击 Bode 图或根轨迹图时会显示 Bode 图编辑器和根轨迹编辑器界面,如图 13-8 所示。在控制器设计中可以直接通过拖动 Bode 图中的对数幅频或相频曲线(根轨迹图和阶跃响应曲线会相应变化)到理想的特性,也可以通过增加零极点(Bode 图和阶跃响应曲线会相应变化)来改善系统的性能。

4. 应用实例

【例 13-1】 已知某电磁阀数学模型为一单位负反馈系统,其开环传递函数为 $G(s)=\dfrac{1}{s^2+s}$,试利用 SISOtool 为此单位负反馈系统设计 PID 控制器,要求调节时间小于 6 s,超调量小于 5%。

解:(1)建立被控系统模型。

```
num=[1]
den=[1 1 0]
```

G＝tf(num,den)

G1＝feedback(G,1)

（2）打开 SISO 设计工具窗口。

＞＞sisotool

运行后,点击"Control System"选项卡中的"Architecture"菜单,如图 13 - 9 所示。进一步点击 G 右侧的按钮(带向下箭头的虚线框)将 G1 的数据从工作空间导入系统,如图 13 - 10 所示。

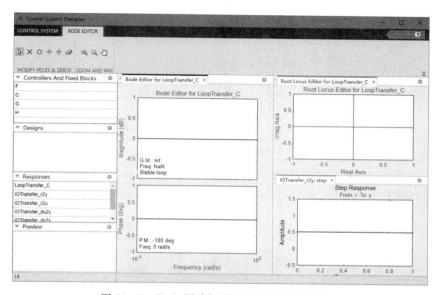

图 13 - 8　Bode 图编辑器和根轨迹编辑器界面

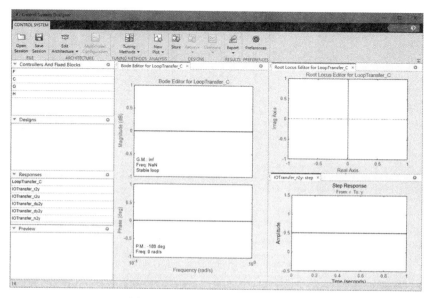

图 13 - 9　打开 Architecture 界面

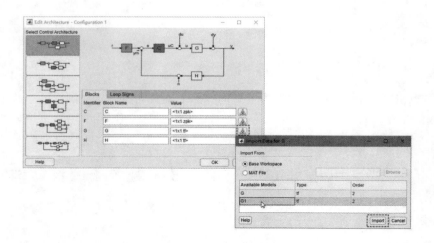

图 13 - 10　导入 G1 数据

　　导入数据完成后点击如图 13 - 10 所示的"OK"按钮,可以得到闭环系统的 Bode 图、根轨迹和阶跃响应曲线,如图 13 - 11 所示。从图中可见,此时控制器 $C=1$。对于这个电磁阀而言,超调量和调节时间都偏长,因此必须设计控制器来提高系统的性能,这里采用 PID 控制来改善控制效果。

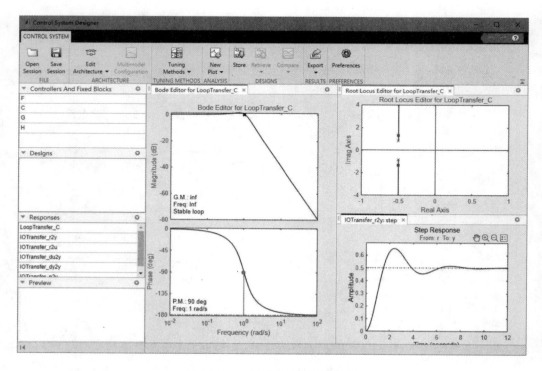

图 13 - 11　系统的各类性能曲线

（3）设计 PID 控制器。选择控制系统设计界面"Tuning Methods"菜单下的"Automated Tuning"方式中的"PID Tuning"，打开的设计界面如图 13－12 所示。其中：C 表示所设计的控制器数学模型，根据设计可自动生成，可以看到这里 C＝1；Select Loop to Tune 表示在所选调优方法的对话框中，在"补偿器"部分中，选择要调优的补偿器和循环，可以点击"Add new loop…"按钮使用"补偿器编辑器"来指定补偿器结构，在"开环传递功能"对话框（见图 13－13）中，选择信号和环路开口，配置环路传递功能，创建一个要调优的新环路。这里不做改动。

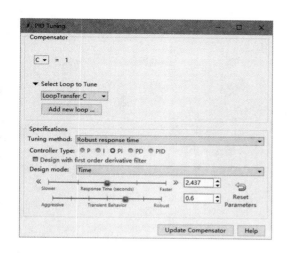

图 13－12　PID Tuning 界面

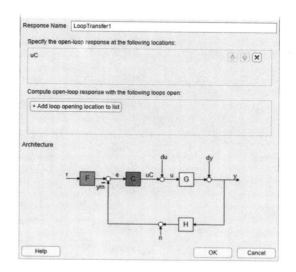

图 13－13　Open－loop Transfer Function 界面

在如图 13－12 所示的规格（Specifications）中可以设置如下几种调节方式。

第一种是：Robust response time（鲁棒响应时间）。

采用鲁棒响应时间算法可以自动调整 PID 参数，以平衡系统的性能和鲁棒性。使用鲁棒响应时间方法可以调整任何类型的系统（包括稳定的、不稳定的系统）PID 控制器的所有参数。使用此方法调整补偿器的步骤是：

1）在"PID Tuning"对话框中，在"Specification"部分的"Tuning method"下拉列表中，选择"Robust response time"。

2）选择控制器类型。可以选择的控制器类型有 P、I、PI 、PD 或 PID。在控制器中加入微分会使算法具有更大的自由度，既能获得足够的相位裕度，又能获得更快的响应时间。如果选择 PD 或 PID，须勾选检查选项"Design with first order derivative filter"，分别设计 PDF 或 PIDF 控制器。

3）在"Design mode"的下拉列表中，选择以下选项之一：

•　Time（时间）——使用时域参数指定控制器性能。这种情况下有两个参数可以通过标尺调节（见图 13－14）：一个是 Response Time（响应时间），此参数可指定更快或更慢的控制器响应时间；另一个是 Transient Behavior（瞬态行为），用来指定控制器的瞬态行为，可以使控制器在抗干扰时更有抑制性，或者对不确定性更有鲁棒性。

• Frequency(频率)——使用频域参数指定控制器性能。这种情况下有两个参数(见图 13-15)可以调节：一个是 Bandwidth(带宽)，此参数控制系统的闭环带宽，可以增加带宽，获得更快的响应时间；另一个是 Phase Margin(相位裕度)，此参数为系统指定一个目标相位裕度，增加相位裕度可以减少超调量，并使控制器更具鲁棒性。

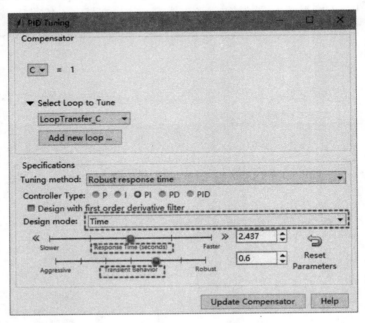

图 13-14　标尺调节 Response Time 和 Transient Behavior

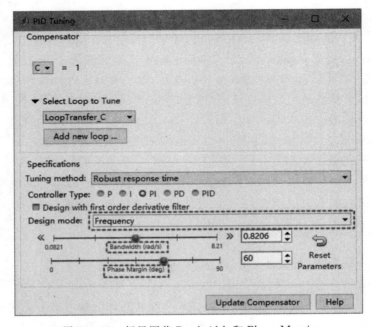

图 13-15　标尺调节 Bandwidth 和 Phase Margin

4）将指定的控制器设计应用于所选的补偿器，单击"Update Compensator（更新补偿器）"按钮。

第二种是：Classical Design Formulas（经典的设计公式）。

采用经典的 PID 设计公式也可以来调整 P，PI，PID 和 PIDF 控制器。此方法调整补偿器的步骤是：

1）在"PID Tuming"对话框的"Sepecification"区域框中，在"Tuning methud"下拉列表框中，选择"经典设计公式"。

2）选择控制器类型。可以选择的控制器类型有 P、PI、PID 或 PID with derivative filter。

3）在"Formula"选项的下拉列表中，选择经典的设计公式，如图 13 - 16 所示。

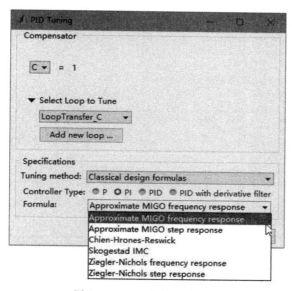

图 13 - 16　经典的设计公式

图 13 - 16 中的六种公式分别为：

· Approximate MIGO frequency response：近似的 MIGO 频率响应使用闭环、频域、近似 m 约束积分增益优化计算控制器参数。

· Approximate MIGO Step response：近似的 MIGO 阶跃响应使用开环、时域、近似 m 约束积分增益优化计算控制器参数。

· Chien - Hrones - Reswick：将被测对象近似为带有时滞的一阶模型，并采用 Chien - Hrones - Reswick 算法查表计算 PID 参数以实现无超调和抗干扰。

· Skogestad IMC：将被测对象近似为带有时间延迟的一阶模型，并使用 Skogestad 设计规则计算 PID 参数。

· Ziegler - Nichols frequency response：该频率响应方法根据系统的最终增益和频率，从 Ziegler - Nichols 查表计算控制器参数。

· Ziegler - Nichols step response：该阶跃响应方法将被测对象近似为带有时滞的一阶模型，并使用 Ziegler - Nichols 设计方法计算 PID 参数。

4）将指定的控制器设计应用于选定的补偿器，点击"Update Compesator"按钮更新补偿器。

在本例中选用"Robust Response Time",采用"PID"控制方式,相关的参数设置及控制器模型如图 13-17 所示,控制系统性能曲线如图 13-18 所示。

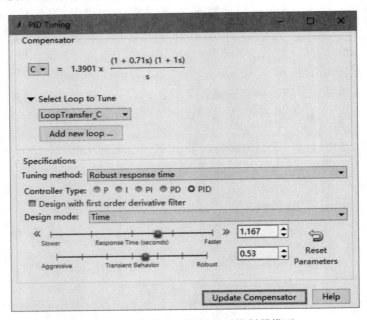

图 13-17　相关的参数设置及控制器模型

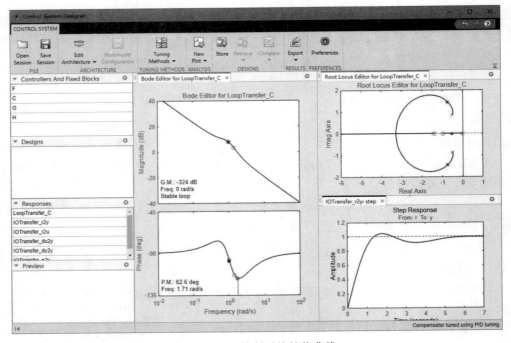

图 13-18　控制系统性能曲线

由图 13-18 可以很容易得到,控制器结构为 $G_c(s) = 1.390\,1 \times \dfrac{(1+0.71s)(1+s)}{s}$;由图 13-14 可以得到,系统的调节时间为 5.5 s,超调量为 0.2%,这些指标能够满足系统设计要求。

注意:PID 控制策略是最早发展起来的控制策略之一。由于其控制结构简单,实际应用中又便于整定,所以它在工业过程控制中有着十分广泛地应用。PID 控制器的数学描述为

$$G(s) = K_p + \frac{T_i}{s} + T_d s$$

其中:K_p 为比例系数;T_i 为积分时间常数;T_d 为微分时间常数。

习　题　13

1. 设一单位负反馈系统的开环传递函数为 $G_0(s) = \dfrac{40}{s(0.2s+1)(0.0625s+1)}$,要求设计串联滞后校正装置,使校正后系统的相角裕度为 50°,幅值裕度大于 15 dB。

2. 某单位负反馈系统的开环传递函数为 $G_0(s) = \dfrac{10}{(s+1)(0.2s+1)(s/30+1)}$,利用 SISO 设计工具设计 PID 控制器,使 $\sigma\% \leqslant 20\%$。

第三部分　上机实验

实验一　MATLAB 中的基本操作

一、实验目的

1. 学习并掌握 MATLAB 软件的安装与卸载；
2. 熟悉 MATLAB 软件的特点、平台结构、基本功能；
3. 熟悉 MATLAB 语言的基本操作方法；
4. 掌握 MATLAB 命令窗口的使用；
5. 掌握 MATLAB 帮助文件的获取。

二、实验要求

1. 在个人计算机上提前安装好 MATLAB 2014 或以上版本；
2. 熟悉 MATLAB 软件平台；
3. 练习 MATLAB 软件平台的基本操作；
4. 每位学生独立完成上机任务，书写实验报告。

三、实验仪器与软件

1. 计算机 1 台；
2. MATLAB 2014 或以上版本。

四、实验内容

本次实验为本课程的第一次上机实验，实验内容以熟悉 MATLAB 环境和输入规则为主。

1. 开启计算机，进入 MATLAB 软件平台。

2. 查看 MATLAB 界面的各个窗口：命令行窗口（Command windows）、工作区（Workspace）、命令历史记录（Command history）、当前文件夹（Current directory）、帮助窗口（Help Windows），熟悉其结构、菜单及功能。

3. 熟悉帮助命令的使用，分别查找 sqrt、plot、sin 函数的使用方法。

4. 建立自己的工作文件夹 mydoc，并将该文件夹设置到 MATLAB 搜索路径下，再用 help 命令能否查到该工作文件夹。

5. 在 MATLAB 命令窗口进行以下运算，注意各类符号的输入，观察结果特征（变量名、格式等）是否与所给出结果一致？

(1)矩阵运算：已知 $A=[1\ 2;3\ 4]$；$B=[5\ 5;7\ 8]$；求 A^2 * B。

解：

```
>> A=[1 2;3 4];B=[5 5;7 8]; A^2 * B
```

ans =

```
105    115
229    251
```

(2)矩阵除法。已知 $A=[1\ 2\ 3;4\ 5\ 6;7\ 8\ 9]$;$B=[1\ 0\ 0;0\ 2\ 0;0\ 0\ 3]$;求 A/B,A\B。

解：

```
>>A=[1 2 3;4 5 6;7 8 9];B=[1 0 0;0 2 0;0 0 3];A/B
ans =
    1.0000    1.0000    1.0000
    4.0000    2.5000    2.0000
    7.0000    4.0000    3.0000
A=[1 2 3;4 5 6;7 8 9];B=[1 0 0;0 2 0;0 0 3];A\B
ans =
   1.0e+16 *
    0.3153   -1.2610    0.9458
   -0.6305    2.5220   -1.8915
    0.3153   -1.2610    0.9458
```

(3)矩阵的转置及共轭转置。已知 $A=[15+i,2-i,1;6\times i,4,9-i]$;求 A.′,A′。

解：

```
>>A=[15+i,2-i,1;6*i,4,9-i];A.′
ans =15.0000 + 1.0000i   0.0000 + 6.0000i
      2.0000 - 1.0000i   4.0000 + 0.0000i
      1.0000 + 0.0000i   9.0000 - 1.0000i
```

(4)用冒号选出指定元素。已知 $A=[1\ 2\ 3;4\ 5\ 6;7\ 8\ 9]$;求(1)$A$ 中第 3 列前 2 个元素;(2)A 中所有第 2 行的元素。

解：

```
>>A=[1 2 3;4 5 6;7 8 9]

A =
    1    2    3
    4    5    6
    7    8    9
>>A(1:2,3)

ans =
    3
    6
>>A(2,1:3)

ans =
    4    5    6
```

(5)用冒号删除指定元素。已知 $A=\begin{bmatrix}16&2&3&13\\5&11&10&8\\9&7&6&12\\?\ 4&14&15&1\end{bmatrix}$,删除该矩阵的第 4 列元素。

解：

```
>> A=[16 2  3  13;5  11 10  8;9  7  6  12;4  14  15  1]
A =
    16     2     3    13
     5    11    10     8
     9     7     6    12
     4    14    15     1
>> A(:,4)=[]

A =
    16     2     3
     5    11    10
     9     7     6
     4    14    15
```

（6）求多项式 $P(x)=x^3-2x-4$ 的根。

解：

```
>> P=[1,0,-2,-4];roots(P)

ans =
    2.0000 + 0.0000i
   -1.0000 + 1.0000i
   -1.0000 - 1.0000i
```

（7）已知 $\boldsymbol{A}=[1.2\ 3\ 5\ 0.9;5\ 1.7\ 5\ 6;3\ 9\ 0\ 1;1\ 2\ 3\ 4]$，求矩阵 $\boldsymbol{A}$ 的特征多项式。

解：

```
>>A=[1.2 3 5 0.9;5 1.7 5 6;3 9 0 1;1 2 3 4]
>>B=poly(A)

A =
    1.2000    3.0000    5.0000    0.9000
    5.0000    1.7000    5.0000    6.0000
    3.0000    9.0000         0    1.0000
    1.0000    2.0000    3.0000    4.0000
B =
    1.0000   -6.9000   -77.2600   -86.1300   604.5500
```

求矩阵多项式中未知数为 20 时的值：

```
>>c=polyval(B,20)

c =
    7.2778e+004
```

把矩阵 $\boldsymbol{A}$ 作为未知数代入到多项式中：

```
>>D=polyval(B,A)
```

```
D =
    1.0e+03 *

     0.3801    -0.4545    -1.9951     0.4601
    -1.9951     0.2093    -1.9951    -2.8880
    -0.4545    -4.8978     0.6046     0.4353
     0.4353     0.0840    -0.4545    -1.1617
```

6.在 MATLAB 命令窗口运行以下程序,注意书写方式和结果格式。

(1)编写命令文件:计算 $1+2+\cdots+n<2\,000$ 时的 n 的值。

解:

```
>>s=0;n=0;
>>while(s<2000),s=s+n;n=n+1;
>>end;
>>[s,n]

ans =
    2016    64
```

(2)编写函数文件:分别用 for 循环和 while 循环结构编写程序,计算 2 的 0 次幂到 2 的 10 次幂的和。

解: for 方案:

```
>>s=0;n=0;
for n=0:1:10
s=s+2^n;n=n+1;
end;[s,n]
ans =
    2047        11
```

while 方案:

```
>> s=0;n=0;
while(n<=10),s=s+2^n;n=n+1;
end;
[s,n]

ans =
    2047        11
```

(3)对一个变量 x 自动赋值。当从键盘输入 y 或 Y 时(表示是),把 x 自动赋值为 1;当从键盘输入 n 或是 N 时(表示否),把 x 自动赋值为 0,输入其他字符时终止程序。

解:

```
>>R=input('yes or no(input y(Y)or n(N))','s');
if(R=='y'|R=='Y'),x=1
elseif(R=='N'|R=='n'),x=0
else
end
```

五. 实验报告

1.完成实验内容中的 2、3、4，按要求截图展示、总结实验结果。

2.完成实验内容中的 5 和 6，把在 MATLAB 命令窗口中输入的程序和输出的结果截图展示，总结实验结果。

3.简述 MATLAB 软件的特点。

4.总结 MATLAB 编程的主要特点。

5.简述 MATLAB 不同窗口的功能。

实验二 MATLAB中的数值运算

一、实验目的

1.熟悉 MATLAB 中的各类数据，尤其是矩阵的定义、赋值和运用；
2.掌握 MATLAB 中的矩阵分析函数以及求线性方程组的数值解；
3.熟悉多项式运算函数、数值插值。

二、实验要求

每位学生独立完成上机任务，书写实验报告。

三、实验仪器与软件

1.计算机 1 台；
2.MATLAB 2014 或以上版本。

四、实验内容

1.输入下列向量和矩阵。
解：

```
>>g＝[2 1 4 3];h＝[4 3 2 1];
```

2.分别执行以下矩阵运算。
解：

```
>>s1＝g＋h, s2＝g.＊h, s3＝g.^h, s4＝g.^2, s5＝2.^h
```

3.已知 A＝[5,4,3,1;8,9,10,-3;12 -3 1 8;0 7 5 -3]；计算以下矩阵值，并说明其作用。
解：

```
>>A(:,1);A(2,:);A(1:2,2:3);A(2:3,2:3);A(:,1:2);A(2:3);A(:);A(:,:)
```

4.运行以下矩阵指令，说明这些指令各自的作用。
解：

```
>>A=[ ]
>> A=magic(4)
>>A=eye(10)
>>A=ones(5,10)
>> A=rand(10,15)
>> A=randn(5,10)
>>A=zeros(5,10)
```

5.输入下列矩阵及矩阵函数。

解:

```
>>A=[2 0 −1;1 3 2];  B=[1 7 −1;4 2 3;2 0 1];
>>M = A * B                    %矩阵 A 与 B 按矩阵运算相乘
>>det_B = det(B)               %矩阵 A 的行列式
>>rank_A = rank(A)             %矩阵 A 的秩
>>inv_B = inv(B)               %矩阵 B 的逆矩阵
>> [V,D] = eig(B)              %矩阵 B 的特征值矩阵 V 与特征向量构成的矩阵 D
>>X = A/B                      %A/B = A * B−1,即 XB=A,求 X
>>Y = B\A                      %B\A = B−1 * A,即 BY=A,求 Y
```

6.多项式运算。

解:

```
>> p=[1 2 0 −5 6]              %表示多项式 P(x)=x⁴+2x³−5x+6
>>rr=roots(p)                  %求多项式 p 的根
>> pp=poly(rr)                 %由根的列向量求多项式系数
>> s=[0 0 1 2 3]               %表示多项式 s(x)=x²+2x+3
>> c=conv(p,s)                 %多项式乘积
>> d=polyder(p)                %多项式微分
>> x=−1:0.1:2;
>> y=polyval(p,x)              %计算多项式的值
```

7.有理多项式: $G(s)=\dfrac{20(s+1)(s+3)}{(s+5)(s+8)(s^2+2s+3)}$。

解:

```
>>n=20 * conv([1 1],[1 3])            %定义分子多项式
>> d=conv(conv([1 5],[1 8]),[1 2 3])  %定义分母多项式
>> [r,p,k]=residue(n,d)               %进行部分分式展开
>>[num,den]=residue(r,p,k)            %根据 r,p,k 的值求有理多项式
```

8.函数拟合和插值运算。

(1)已知 $x=1:10$, $y=[0\ 2\ 3.6\ 5\ 6\ 9\ 8\ 3.4\ 1.5\ 0.4]$,绘制曲线拟合结果。

解:输入程序如下,拟合结果如实验图 2-1 所示。

```
x=1:10;
y=[0 2 3.6 5 6 9 8 3.4 1.5 0.4]
p=polyfit(x,y,6)
xi=linspace(1,10,100);
yi=polyval(p,xi);                    %多项式求值
plot(x,y,'* r',xi,yi)                %绘制样本点和拟合曲线
axis([1,12,0,12])                    %限定坐标抽取值范围
xlabel('x');                         %横轴名称注释
ylabel('y');                         %纵轴名称注释
legend('原始数据','6 阶曲线')          %标注图例
```

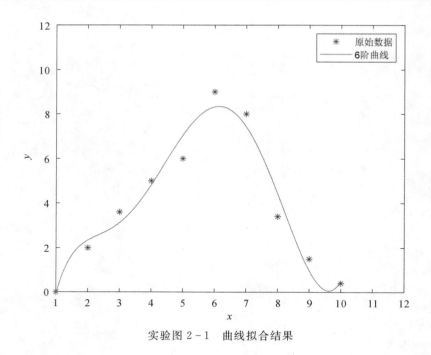

实验图 2-1　曲线拟合结果

(2)已知样本点 $x0 = [\,1\ 3.4\ 4.7\ 6.5\ 10\,]$，$y0 = [\,0\ 5\ 7\ 9\ 3\,]$，采用插值法获得其曲线。

解：输入程序如下，拟合结果如实验图 2-2 所示。

```
x0＝[ 1 3.4 4.7 6.5 10];
y0＝[ 0 5 7 9 3];
x1＝1:0.1:10;
y1＝interp1(x0,y0,x1);
y2＝interp1(x0,y0,x1,'spline');
plot(x0,y0,'k * ',x1,y1,'r:',x1,y2,'b—')
```

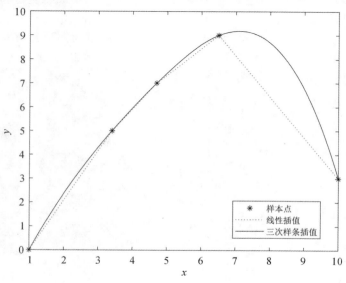

实验图 2-2　插值曲线拟合结果

五、实验报告

1.完成上述 1～8 项实验内容,并将实验结果写在实验报告上。

2 利用所学知识,完成以下题目,将程序和结果写在实验报告上。

(1)已知矩阵 $A = \begin{bmatrix} 3 & 1 & 1 \\ 2 & 1 & 2 \\ 1 & 2 & 3 \end{bmatrix}$, $B = \begin{bmatrix} 1 \\ 2 \\ - \end{bmatrix}$, 求 B^{-1}, $4A^2 - 3B^2$, AB, BA, $AB - BA$。

(2)在 MATLAB 中判断下列方程组解的情况,若有多个解,写出其通解。要求使用左除(\)或求逆(inv)求解下面系统方程的解。

① $\begin{cases} x_1 - x_2 + 4x_3 - 2x_4 = 0 \\ x_1 - x_2 - x_3 + 2x_4 = 0 \\ 3x_1 + x_2 + 7x_3 - 2x_4 = 0 \\ x_1 - 3x_2 - 12x_3 + 6x_4 = 0 \end{cases}$; ② $\begin{cases} 2x_1 + 3x_2 + x_3 = 4 \\ x_1 - 2x_2 + 4x_3 = -5 \\ 3x_1 + 8x_2 - 2x_3 = 13 \\ 4x_1 - x_2 + 9x_3 = -6 \end{cases}$

3.在 MATLAB 中将表达式 $(x-4)(x+5)(x^2-6x+9)$ 展开为多项式形式,并求其对应的一元 n 次方程的根。

4.总结实验中的主要结论、实践技能和心得体会。

实验三　MATLAB 中的符号运算

一、实验目的

1. 熟悉 MATLAB 中符号变量和符号表达式的定义、转换；
2. 掌握符号表达式的相关运算；
3. 能够利用 MATLAB 解决一般的微积分和方程求解问题。

二、实验要求

每位学生独立完成上机任务，书写实验报告。

三、实验仪器与软件

1. 计算机 1 台；
2. MATLAB 2014 或以上版本。

四、实验内容

1. 已知 $x=6, y=5$，利用符号表达式求 $z=\dfrac{x+1}{\sqrt{3+x}-\sqrt{y}}$。

解：

```
>>x=6;
>>y=5;
>>z=(x+1)/(sqrt(3+x)-sqrt(y))
z=
    9.1631
```

2. 求下列极限。

(1) $\lim\limits_{x\to 0}\dfrac{\cos x-\dfrac{e^{\frac{x^2}{2}}}{2}}{4}$。

解：

```
>>syms x                          % 把字符 x 定义为符号
>>limit((cos(x)-exp(-x^2/2))/x^4)
ans =
    -1/12
```

(2) 求 $\lim\limits_{x\to 0^-}\dfrac{1}{x}$。

解：

```
>>sgms x
>>limit (/x,x,0,'left')
ans=
    -Inf
```

3.求导数。已知 $f(x)=ax^2+bx+c$，求 $f(x)$ 的一阶、二阶导数。

解：

```
>>syms a b c x
>> f=a*x^2+b*x+c
f =
    a*x^2+b*x+c
>>diff(f, x)
ans =
    2*a*x+b
>> diff(f,2)
ans =
    2*a
```

4.求积分。

（1）求定积分 $\int_{\pi/4}^{\pi/3} \dfrac{x^2}{\sin^2 x}\mathrm{d}x$。

解：

```
>> syms x
>> I=int(x/sin(x)^2,x,pi/4,pi/3)
I =
    pi/4 + log((2^(1/2)*3^(1/2))/2) - (pi*3^(1/2))/9
```

（2）求不定积分 $\int (3-x^2)^3\mathrm{d}x$。

解：

```
>>syms x t;
>> f=(3-x^2)^3;
>>int(f)
```

5.数学表达式的化简。对数学表达式 $f_1=(a-1)^2+(b+1)^2+a+b$ 分别进行化简、因式分解及展开。

解：

```
>>syms a b
>> f1=str2sym('(a-1)^2+(b+1)^2+a+b');
>> collect(f1)
ans =
b^2+3*b+(a-1)^2+1+a
```

```
>> expand(f1)
ans =
a^2 − a + b^2 + 3 * b + 2
```

6. 求常微分方程(组)的解析解。求微分方程 $y''=1+y'$ 满足初值条件 $y|_{x=0}=1$, $y'|_{x=0}=0$ 的特解。

解:

```
>>dsolve('D2y=1+Dy','y(0)=1','Dy(0)=0')
ans =
     −t+exp(t)
```

7. 求方程(组)的解。

(1)求二次方程 $ax^2+bx+c=0$ 的根。

解:

```
>> f=a * x^2+b * x+c;
>> solve(f)
ans =
−(b + (b^2 − 4 * a * c)^(1/2))/(2 * a)
−(b − (b^2 − 4 * a * c)^(1/2))/(2 * a)  %方程的两个根
>>syms a x
>> f=a * x^2+b * x+c;
>> solve(f,a)
ans =
−(c + b * x)/x^2
```

(2)分别求含周期函数的方程 $\cos(x)-\dfrac{\sqrt{2}}{2}=0$ 和 $1+x-\sin(x)=0$ 的解。

解:

```
syms  x
>> solve(cos(x)−sqrt(2)/2)        %含有周期函数方程求解时,可能有无穷多个解,
                                  %但 MATLAB 只求出零附近的有限的几个解
ans =
−pi/4
pi/4
>>solve(1+x−sin(x))
ans =
−1.9345632107520242675632614537689
```

(3)求线性方程组 $\begin{cases}x+y=10\\x-y+z=0\\2x-y-z=-4\end{cases}$ 的解。

解:

```
>> eq1=str2sym('x+y+z=10');
>> eq2=str2sym('x−y+z=0');
```

```
>> eq3=str2sym('2*x-y-z=-4');
>> [x,y,z]=solve(eq1,eq2,eq3)
x =
    2
y =
    5
z =
    3
```

8.建立以下函数的符号表达式并化简。

$(1) f_1 = a^3 b^3$;

$(2) f_2 = \sin^2(a) + \cos^2(a)$;

$(3) f_3 = \dfrac{15xy - 3x^2}{x - 5y}$;

9.已知 $y = x^2 - 1$,对其进行因式分解。

10.将 $y = 5(a+b)^3$ 和 $e^{(a+b)^3}$ 进行展开。

11.求极限 $\lim\limits_{x \to \infty}\left(1 + \dfrac{2t}{x}\right)^{3x}$ 的值。

12.求方程组 $\begin{cases} x+y+z=1 \\ x-y+z=2 \\ 2x-y-z=1 \end{cases}$ 的解。

五. 实验要求

1.利用所学知识,完成上述1~12项实验内容,并将程序、实验结果写在实验报告上。

2.总结实验中的主要结论、实践技能和心得体会。

实验四　用 MATLAB 绘图

一、实验目的

1. 熟悉用 MATLAB 绘制二维图形和三维图形，以及对图形的标注和修饰；
2. 能够利用 MATLAB 解决一般的数据可视化问题。

二、实验要求

每位学生独立完成上机任务，书写实验报告。

三、实验仪器与软件

1. 计算机 1 台；
2. MATLAB 2014 或以上版本。

四、实验内容

1. 分别在同一窗口和不同窗口绘制出 $y = \sin(x)$ 在 $x \in [0, 2\pi]$ 上的图形，并加以标注。

解：程序如下，拟合结果如实验图 4-1 所示。

```
>> x = 0:pi/100:2 * pi;
>> y = sin(x);
>> plot(x,y)
```

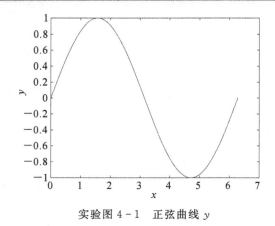

实验图 4-1　正弦曲线 y

2. 绘制 $[0, 4\pi]$ 区间上的 $x_1 = 10\sin t$ 曲线，要求：

(1) 线形为点画线，颜色为红色，每十个数据点标记为加号；

(2) 坐标轴控制：显示范围、刻度线、比例、网络线；

（3）标注控制：坐标轴名称、标题、相应文本。

解：程序如下，拟合结果如实验图 4-2 所示。

```
>> x =0:pi/10:4 * pi;
>> y = 10 * sin(x);
>> plot(x,y,'r-.+')
>> axis([0 4 * pi -10 10])
>> xlabel('t')
>> ylabel(' x1=10sint ')
>> title('Graph of the sine function')
>> grid on
```

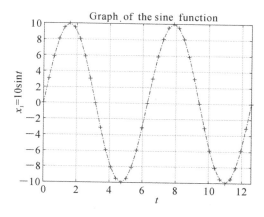

实验图 4-2　正弦曲线 $x1$

3.用蓝色虚线绘制星形线 $\begin{cases} x=2\cos^3 t \\ y=2\sin^3 t \end{cases}$ 在 $t\in[0,2\pi]$ 内的图形。

解：程序如下，拟合结果如实验图 4-3 所示。

```
>> t=0:pi/100:2 * pi;
>> x=2 * (cos(t)).^3;
>> y=2 * (sin(t)).^3;
>> plot(x,y,'b-');
```

4.绘制 $z=x^2+y^2$ 的三维立体图，加以标注，并改变观察点获得不同的图形。

解：程序如下，拟合结果如实验图 4-4 所示。

```
>> [X,Y] = meshgrid(-2:0.1:2);
>> Z = X.^2 + Y.^2;
>> surf(X,Y,Z)
```

5.在矩形区域 $x\in[-10,10]$，$y\in[-10,10]$ 上分别绘制函数 $z=x^2+y^2$ 与 $y=\dfrac{\sin\sqrt{x^2+y^2}}{\sqrt{x^2+y^2}}$ 对应的三维网格表面图和三维曲面图。

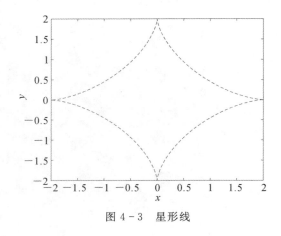

图 4 - 3 星形线

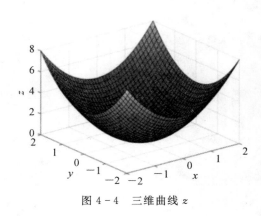

图 4 - 4 三维曲线 z

6. 绘制以参数方程 $\begin{cases} x = \mathrm{e}^{-0.2t}\cos\dfrac{\pi}{2}t \\ y = \dfrac{\pi}{2}\mathrm{e}^{-0.2t}\sin t \\ z = t \end{cases}$, $t \in [0,20]$ 表示的三维曲线。

7. 绘制 $z = x^{(x^2 - y^2)}$ 的曲面图。

8. 绘制以极坐标方程 $r = a(1 + \cos\varphi), a = 1, \varphi \in [0, 2\pi]$ 表示的心脏线。

五. 实验报告

1. 利用所学知识, 完成上述 8 项实验内容, 并将实验用到的程序和实验结果写在实验报告上。

2. 对 MATLAB 中的几种绘图方式进行总结和比较。

3. 简述 surf 函数和 mesh 函数的区别是什么？

实验五　MATLAB 中的基本编程

一、实验目的

1. 掌握 MATLAB 软件使用的基本方法；
2. 熟悉 MATLAB 程序设计的基本方法。

二、实验要求

每位学生独立完成上机任务，书写实验报告。

三、实验仪器与软件

1. 计算机 1 台；
2. MATLAB 2014 或以上版本。

四、实验原理

根据 MATLAB 基本数值计算、数据分析和图形函数的功能，按程序设计要求完成对象计算的 MATLAB 程序。

五、实验内容

1. 编写命令文件：计算 $1+2+\cdots+n<2\,000$ 时最大的 n 值。

解：

```
n=0;s=0;
while s<2000
    n=n+1;
    s=s+n;
end
n=n-1
```

2. 编写函数文件：分别用 for 循环和 while 循环结构编写程序，求 2 的 0 次幂到 2 的 15 次幂的和。

解：

方法 1：

```
n=15;
sum=0;
for m=0:n
sum=sum+2^m;
end
sum
```

方法 2：

```
n=15;
sum=0;m=0;
while m<=n
sum=sum+2^m;
m=m+1;
end
sum
```

3. 对一个变量 x 自动赋值。当从键盘输入 y 或 Y 时（表示是），对 x 自动赋值为 1；当从键盘输入 n 或 N 时（表示否），对 x 自动赋值为 0，输入其他字符时终止程序。

解：

```
s =input( 'please input a key：' ,'s' )
while (s=='n'||s=='N'||s=='y'||s=='Y')
if (s=='y'||s=='Y')
clc;
x=1;
disp( 'x=');
disp(x);
else(s=='n'||s=='N')
clc;
x=0;
disp('x=');
disp(x);
end
s=input('please input a key','s')
clc;
end
```

4. 用 while 循环结构编程完成对等比数列 $a_n=\left(\dfrac{1}{3}\right)^n$ 的前 100 项求和。

5. 对输入的数字进行判断，大于 10 输出 1，小于或等于 10 输出 0，输入非数字则显示 error。

6. 编写函数文件：分别用 for 循环和 while 循环结构编写程序，判断当 $2^n \geqslant 10\ 000$ 时 n 的值。

六、实验报告

1. 利用所学知识，完成上述 6 项实验内容，并将实验用到的程序和实验结果写在实验报告上。

2. 总结用 for 语句和 while 语句编程有何不同。

3. 总结用户数据的输入有哪几种函数？

实验六　Simulink 的基本应用

一、实验目的

1. 熟悉 Simulink 的操作环境并掌握绘制系统模型的方法；

2. 掌握 Simulink 中子系统模块的建立与封装技术；

3. 对简单系统的数学模型能够通过 Simlink 建立仿真模型。

二、实验要求

每位学生独立完成上机任务，书写实验报告。

三、实验仪器与软件

1. 计算机 1 台；

2. MATLAB 2014 或以上版本。

四、实验原理

1. Simulink 的基本操作。

(1) 运行 Simulink。

(2) 常用的标准模块。

(3) 模块的操作。

2. 系统仿真及参数设置。

(1) 算法设置（Solver）。

(2) 工作空间设置（Workspace I/O）。

五、实验内容

1. 利用 Simulink 仿真下面的曲线，

$$x(wt) = \sin wt + \frac{1}{3}\sin 3wt + \frac{1}{5}\sin 5wt + \frac{1}{7}\sin 7wt + \frac{1}{9}\sin 9wt$$

其中：$w = 2\pi$。

解：在 Simulink 中建立系统的模型如实验图 6 - 1 所示，其仿真结果如实验图 6 - 2 所示。

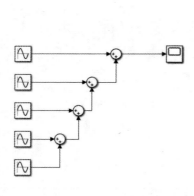

实验图 6-1　示例1模型

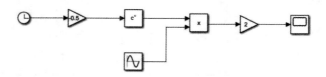

实验图 6-2　示例1结果曲线

2.建立一个子系统 $y=2\mathrm{e}^{-0.5x}\sin(2\pi x)$,然后利用该子系统产生曲线。

解:在 Simulink 中建立系统的模型如实验图 6-3 所示,其仿真结果如实验图 6-4 所示。

实验图 6-3　示例2模型

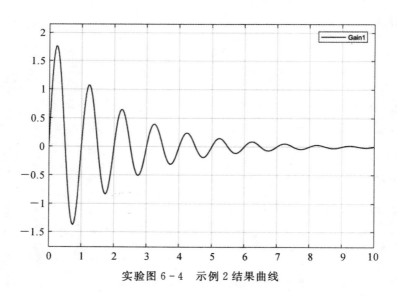

实验图 6-4　示例2结果曲线

3.已知某二阶系统传递函数 $G(s)=\dfrac{-4s+1}{s^2+2s+10}$,求其在幅值为 1、宽度为 0.5 的脉冲信号作用下的输出响应曲线。

解:在 Simulink 中建立的系统模型如实验图 6-5 所示,其仿真结果如实验图 6-6 所示。

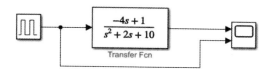

实验图 6-5　示例 3 模型

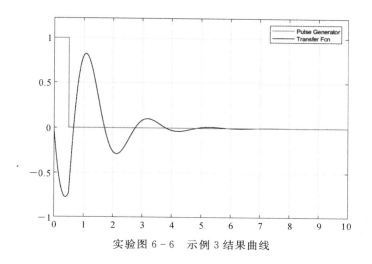

实验图 6-6　示例 3 结果曲线

4. 已知某单位负反馈系统的开环传递函数分别为 (1) $H_1(s) = \dfrac{1}{s} \cdot \dfrac{4}{s+2}$; (2) $H_2(s) = \dfrac{1}{s+1} \cdot \dfrac{4s+3}{s+2}$; (3) $H_3(s) = \dfrac{1}{s+1} \cdot \dfrac{4s}{s+2}$, 搭建此系统单位阶跃信号作用下闭环系统模型, 并利用 To Workspace 模块将数据输出到工作空间中, 做出系统的闭环阶跃响应曲线, 最后由响应曲线说明其稳态误差与系统参数之间的关系。

解: 在 Simulink 中建立其模型如实验图 6-7 所示, 其仿真结果如实验图 6-8 所示。

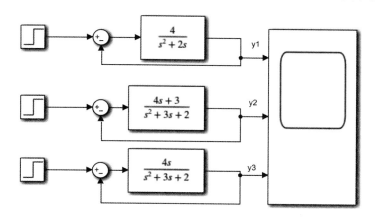

实验图 6-7　示例 4 模型

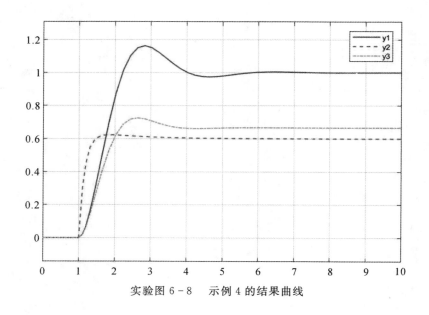

实验图 6-8　示例 4 的结果曲线

六、实验报告

1. 利用所学知识,完成上述实验内容,并将实验用到的程序(或模型)和结果写在实验报告上。

2. 利用 Simulink 建立系统模型,实现以下函数的输出:

$(1) y = e^{-u}\cos 2\pi u$；$(2) y = ue^{-u} + \sin \pi u$；$(3) y = e^{-u}\cos 2\pi u$。

3. 采用 S 函数来构建非线性分段函数 $y = \begin{cases} 0.5t, & 0 \leqslant t \leqslant 4 \\ 2, & 4 \leqslant t \leqslant 8 \\ 6 - \dfrac{t}{2}, & 8 \leqslant t \leqslant 10 \\ 1, & t \leqslant 10 \end{cases}$,并进行模块测试。

4. 在 Simulink 中搭建如图 6-9 所示系统模型,将控制器部分建成子系统,然后再给出其在单位阶跃作用下的仿真结果。

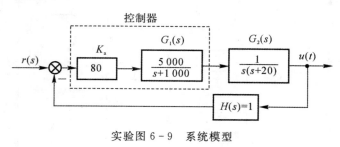

实验图 6-9　系统模型

实验七　控制系统建模

一、实验目的

1. 熟悉 MATLAB 建立控制系统常用模型的方法；
2. 掌握用 MATLAB 进行方块图的等效变换；
2. 掌握常用模型之间的转换。

二、实验要求

每位学生独立完成上机任务，书写实验报告。

三、实验仪器与软件

1. 计算机 1 台；
2. MATLAB 2014 或以上版本。

四、实验内容

1. 求微分方程 $y''' + 11y'' + 11y' + 10y = u'' + 4u' + 8u$ 所表示的系统传递函数。

2. 求传递函数 $G(s) = \dfrac{(s+2)(s^2+3s+5)}{s^2(s+5)(s^3+7s^2+6s+1)}$ 的分子和分母多项式，并求出其零极点。

3. 将传递函数 $\dfrac{B(s)}{A(s)} = \dfrac{s^3+4s^2+5s+7}{s^4+3s^3+5s^2+7s+2}$ 按部分分式展开。

4. 求 $\dfrac{\mathrm{d}u}{\mathrm{d}t} = 1 + 3u + u^2$ 的解。

5. 给定连续系统状态空间方程为 $\dot{x} = \begin{bmatrix} 0.3 & 0.1 & 0.05 \\ 1 & 0.1 & 0 \\ 1.5 & 8.9 & 0.05 \end{bmatrix} x + \begin{bmatrix} 2 \\ 0 \\ 4 \end{bmatrix} u$，$y = \begin{bmatrix} 1 & 2 & 3 \end{bmatrix} x$，分别求其传递函数模型和零极点模型，并判断其稳定性。

6. 已知某系统的方框图如实验图 7-1 所示，利用 MATLAB 求出其传递函数，并与用方框图法得到的传递函数进行比较。

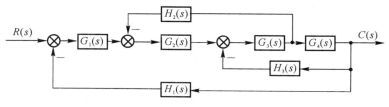

实验图 7-1　系统方框图

五、实验报告

1. 完成实验内容中的 1~6 项，按要求截图展示、总结实验结果。
2. 总结利用 MATLAB 建立控制系统模型的方法。

实验八　控制系统分析

一、实验目的

1. 掌握 MATLAB 控制系统时域分析方法；
2. 掌握 MATLAB 控制系统复域分析方法；
2. 掌握 MATLAB 控制系统频域分析方法。

二、实验要求

每位学生独立完成上机任务，书写实验报告。

三、实验仪器与软件

1. 计算机 1 台；
2. MATLAB 2014 或以上版本。

四、实验内容

1. 已知某典型二阶系统 $\phi(s) = \dfrac{\omega_n^2}{s^2 + 2\xi\omega_n s + \omega_n^2}$，其中：$\omega_n$ 为自然频率（无阻尼振荡频率）；ξ 为相对阻尼系数，要求如下：

（1）当 $\omega_n = 4$，ξ 分别为 $0.1, 0.2, 0.3, 0.4, 0.5, 0.7, 0.8, 0.9, 1.0, 2.0, 3.0$ 时，在同一图上绘制其单位阶跃响应曲线。

（2）当 $\xi = 0.707$，ω_n 分别为 $1, 3, 5, 7, 9, 11, 13$ 时，在同一图上绘制其单位阶跃响应曲线。

2. 编程计算二阶系统 $\varphi(s) = \dfrac{4}{s^2 + 3s + 4}$ 的时域指标（上升时间，超调量，峰值时间，调节时间）。（可以利用公式，也可以根据阶跃响应的输出值，利用定义得到）

3. 某单位负反馈控制系统的开环传递函数为 $G(s) = \dfrac{K(s+5)}{(s+2)(s+7)(s^2 + 3s + 4)}$，绘制此系统的根轨迹，确定根轨迹上任一点的增益 K 及极点值。

4. 已知某单位负反馈系统开环传递函数为 $G(s) = \dfrac{2\,000(s+0.5)}{s(s+10)(s+50)}$，绘制此系统的 Nyquist 曲线，判断闭环系统的稳定性，同时绘制出闭环系统的脉冲响应曲线。

五、实验报告

1. 完成实验内容中的 1～4 项，按要求截图展示、总结实验结果。
2. 总结 ξ、ω_n 变化对于系统阶跃响应性能指标的影响。

实验九　控制系统的综合仿真

一、实验目的

1. 熟悉利用 MATLAB 进行控制系统分析的基本方法；
2. 掌握利用 MATLAB 进行控制系统设计的基本方法；
3. 对一些具体的数学问题能够通过 Simlink 建立其仿真模型。

二、实验要求

每位学生独立完成上机任务，书写实验报告。

三、实验仪器与软件

1. 计算机 1 台；
2. MATLAB 2014 或以上版本。

四、实验原理

利用 MATLAB 的分析工具分析控制系统的根轨迹、频域响应，通过 Simulink 建立控制系统模型。

五、实验内容

1. 一个典型二阶系统的开环传递函数为 $\dfrac{\omega_n^2}{s(s+2\zeta\omega_n)}$，其中 $\omega_n=1$，分别令 $\xi=0,0.2,0.4,0.6,0.9,1.2,1.5$，在 Simulink 中搭建系统模型，绘制该系统的单位阶跃响应曲线。

2. 已知某非单位负反馈系统的前向通道传递函数为 $G(s)=\dfrac{K}{(s+2)(s^2+8s+32)}$，反馈通道的传递函数为 $H(s)=\dfrac{s+8}{s}$，利用 rltool 工具绘制该系统的根轨迹图，通过此图观察随着根变化阶跃响应曲线的变化，然后分析两者之间的关系。

3. 已知某高阶系统的开环传递函数为 $G(s)=\dfrac{5(0.017s+1)}{s(0.03s+1)(0.0025s+1)(0.001s+1)}$，利用 MATLAB 绘制该系统的 Bode 图，并求出该系统的相角稳定裕量和幅值稳定裕量。

4. 利用 Zieger - Nichols 的 PID 参数整定方法与 Simulink 仿真系统，为单位负反馈系统 $G(s)=\dfrac{4}{(180s+1)}e^{-90s}$ 设计 PID 控制器，并封装该 PID 控制器，然后比较校正前后的阶跃响应曲线。

5. 已知某单位负反馈系统，被控对象为三阶 $G(s)=\dfrac{1}{(s+1)(s+2)(s+5)}$，采用比例控制

器 K,比例系数 K 分别选为 $0.1,2.0,2.4,3.0,3.5$,在 Simulink 中分别搭建对应系数控制模型,生成阶跃曲线,分析不同 K 值对系统性能指标的影响。

6. 已知某高阶系统的开环传递函数为 $G(s) = \dfrac{K(0.017s+1)}{s(0.03s+1)(0.002\,5s+1)(0.001s+1)}$,分别绘制 $K=5,500,800$ 时该系统的 Bode 图,然后计算该系统稳定裕量,并分析其变化趋势。

六、实验要求

1. 利用所学知识,完成上述 1～6 项实验内容,并将实验用到的程序和结果写在实验报告上,按要求分析结果。

2. 总结实验中的主要结论、实践技能和心得体会。

参 考 文 献

[1] 张志涌. 精通 MATLAB 6.5 版[M]. 北京:航空航天大学出版社,2003.

[2] 黄忠霖. 控制系统 MATLAB 计算及仿真[M]. 北京:国防工业出版社,2009.

[3] 王正林,王胜开,陈国顺,等. MATLAB/Simulink 与控制系统仿真[M]. 4 版. 北京:电子工业出版社,2017.

[4] 槐创锋,郝勇. MATLAB 2020 从入门到精通[M]. 北京:人民邮电出版社,2021.

[5] 薛定宇. 控制系统计算机辅助设计:MATLAB 语言与应用[M]. 3 版. 北京:清华大学出版社,2012.

[6] 张磊,任旭颖. MATLAB 与控制系统仿真[M]. 北京:电子工业出版社,2018.

[7] 薛山. MATLAB 基础教程[M]. 4 版. 北京:清华大学出版社,2019.

[8] 刘超,高双. 自动控制原理的 MATLAB 仿真与实践[M]. 北京:机械工业出版社 2015.

[9] 李昕. MATLAB 数学建模[M]. 北京:清华大学出版社,2017.

[10] 王赫然. MATLAB 程序设计:重新定义科学计算工具学习方法[M]. 北京:清华大学出版社,2020.

[11] 姜增如. 控制系统建模与仿真:基于 MATLAB/Simulink 的分析与实现[M]. 北京:清华大学出版社,2020.

[12] 孙忠潇. Simulink 仿真及代码生成技术入门到精通[M]. 北京:北京航空航天大学出版社,2015.

[13] 付文利,刘刚. MATLAB 编程指南[M]. 北京:清华大学出版社,2017.

[14] 邱杰,原渭兰. 数字计算机仿真中消除代数环问题的研究[J]. 计算机仿真,2003,20(7):33-35,40.

[15] 贾秋玲,袁冬莉,栾云凤. 基于 MATLAB 7. x/Simulink/Stateflow 系统仿真、分析及设计[M]. 西安:西北工业大学出版社,2006.

[16] 范影乐,杨胜天,李轶. MATLAB 仿真应用详解[M]. 北京:人民邮电出版社,2001.